建筑深基坑工程施工安全技术规范理解与应用

王自力　周同和　主编

中国建筑工业出版社

图书在版编目(CIP)数据

建筑深基坑工程施工安全技术规范理解与应用/王
自力,周同和主编. —北京:中国建筑工业出版社,
2015.3
ISBN 978-7-112-17916-9

Ⅰ.①建… Ⅱ.①王…②周… Ⅲ.①深基坑-基
坑工程-工程施工-安全规程 Ⅳ.①TU46-65

中国版本图书馆 CIP 数据核字(2015)第 051787 号

本书详细解读了《建筑深基坑工程施工安全技术规范》JGJ311-2013,并阐述
了很多未写入规范的深基坑工程施工技术,辅以深基坑工程安全事故案例分析和
深基坑工程风险评估与控制等方面内容。全书涵盖了全国各类地基土质和各种类
型基坑,且备有各种图表,又有具体案例,是很有参考价值的。

责任编辑:向建国 李 阳
责任设计:张 虹
责任校对:李美娜 关 健

建筑深基坑工程施工安全技术规范理解与应用
王自力 周同和 主编
*
中国建筑工业出版社出版、发行(北京西郊百万庄)
各地新华书店、建筑书店经销
北京科地亚盟排版公司制版
北京市书林印刷有限公司印刷
*
开本:787×1092毫米 1/16 印张:19¼ 字数:480千字
2015年6月第一版 2015年6月第一次印刷
定价:43.00元
ISBN 978-7-112-17916-9
(27141)

本书编委会

主　编：王自力　周同和
顾　问：钱力航　应惠清
委　员：王自力　宋建学　周同和　徐建标　郭院成　李耀良
　　　　马宏良　刘兴旺　胡群芳　张成金　朱沈阳　栗　新
　　　　郑炎铭　张哲彬　严　训　康景文　贾国瑜　邓小华
　　　　李　迥　许建民　黄欢仁　邓迎芳　顾辉军　吴国明
　　　　李　星

参编单位：

上海星宇建设集团有限公司

郑州大学

中国建筑科学研究院

上海市基础工程有限公司

同济大学

上海市建委科技委

中冶北方工程技术有限公司

浙江省建筑设计研究院

上海市建工设计研究院有限公司

陕西省建设工程质量安全监督总站

序

《建筑深基坑工程施工安全技术规范》JGJ311-2013已于2014年4月1日正式实施，这是关乎我国建筑工程安全施工的一件大事。

改革开放以来，我国城市建设取得了举世瞩目的成就，施工技术也取得很大的进步。随着高层建（构）筑物越来越多，越来越高，越来越大，其地下部分所占空间也越来越大，埋置深度越来越深。深基坑工程的施工技术、施工方法和施工管理，取得了突破性进步，积累了丰富的实际经验，极大地提升了深基坑工程的技术水平。

由于对深基坑工程的施工安全技术没有统一的认识和意见，没有统一的标准予以规范，建设各方对深基坑工程施工安全技术也不够重视，深基坑工程的施工安全事故时有发生，有的甚至造成重大伤亡事故，给国家及有关单位造成重大损失。因此，住房和城乡建设部为了更好地规范建筑深基坑工程的施工安全技术，于2013年10月9日批准颁布了行业标准《建筑深基坑工程施工安全技术规范》JGJ311-2013，并于2014年4月1日起正式实施。为了更好地贯彻实施该规范，规范编制组编写了《建筑深基坑工程施工安全技术规范理解与应用》。

《建筑深基坑工程施工安全技术规范理解与应用》的重点是解读《建筑深基坑工程施工安全技术规范》，但并不局限于规范中的施工安全技术，也阐述了很多未写入规范而又与深基坑工程施工技术有关的内容；并且增加了深基坑工程安全事故案例分析和深基坑工程风险评估与控制两方面内容，这是这本书的特色与亮点。全书篇幅不是很长，但内容涵盖全国各类地基土质和各种类型基坑，且备有各种图表，又有具体案例，是很有参考价值的。

经过编委会多次会议的深入讨论和精心修改，在全体参编者的共同努力下，本书充分体现了实用性、全面性和指导性。一是实用性，本书收集了大量的各基坑工程事故实例，具体阐述了典型事故的工程地质和环境条件、事故原因的分析、性质等，使本书向一线工程技术人员，提供了基坑工程理论和处理实际问题的经验等各种知识，使之能较好地解决工程实际问题。二是全面性，本书除了施工安全技术，也阐述了基坑工程施工技术、检查与监测、使用与维护等的基本知识，特别是对支护结构施工、地下水与地表水控制和土石方开挖施工作了详细的阐述；同时工程地域覆盖全国各地各种地基和土质条件，包括软土和硬质土等复杂地基。三是指导性，本书密切结合近期难度大的、复杂的基坑工程施工实践，反映了最新的技术进步、最新的发展，吸收了国内外最新研究的技术成果、经验教训、发展趋势，大量增加了近十年来深基坑工程领域涌现的成熟应用的技术成果；本书还附录了基坑工程施工安全专项方案、监测方案、现场勘查与环境调查实例等，对一线施工技术人员有很强的可操作性和指导作用。

　　本书是目前深基坑工程领域中理论与实践相结合方面处于技术前沿的应用性工程技术指导书，具有丰富的技术含量和实用价值，希望工程技术人员能从中受益。

中国建筑科学研究院研究员　钱力航

同济大学教授　　　　　　　应惠清

2014 年 10 月 8 日

前　言

《建筑深基坑工程施工安全技术规范》JGJ311-2013已于2014年4月1日正式实施，这是我国工程建设施工企业的一件大事。

改革开放以来，我国城市建设取得了举世瞩目的成就，工程施工技术也取得了很大的进步。随着高层建（构）筑越来越多，越来越高，越来越大，其地下部分所占空间也越来越大，埋置深度越来越深，基坑的开挖面积已达数万平方米，甚至几十万平方米，深度20m左右的已属常见，最深已超过30m。我国的建筑施工技术有了快速发展，也随着地下空间的面积和埋深的增加，施工技术水平日趋提高，相应地，基坑工程施工安全技术的重要性也日趋显现，特别是深基坑工程的施工安全技术越显重要。

由于对深基坑工程的施工安全技术没有统一的认识和意见，没有统一的标准予以规范，建设各方对深基坑工程施工安全技术也不够重视，深基坑工程的施工安全事故时有发生，有的甚至造成重大伤亡事故，给国家或有关单位造成重大财产损失和人员伤亡。

由于我国幅员辽阔，全国各地的工程地质条件、水文地质条件，工程周边环境，基坑支护结构类型及使用年限，施工工期等因素各不相同，严重影响了基坑的施工安全和使用安全，在全国统一的《建筑深基坑工程施工安全技术规范》出版以后，为了便于指导该规范的宣贯与实施，我们《建筑深基坑工程施工安全技术规范》编制组，组织了十几位主要编写人员，共同编写了本书。本书编写分工如下：绪论，王自力、严训；第1章，宋建学；第2章，王自力、朱沈阳；第3章，王自力、栗新、郑炎铭；第4章，李耀良、张哲彬；第5章，王自力、宋建学、郭院成、康景文；第6章，马宏良、徐建标；第7章，张成金、康景文；第8章，刘兴旺、宋建学、郑炎铭；第9章，胡群芳、朱沈阳；第10章，胡群芳；第11章，王自力、周同和、李耀良、宋建学、刘兴旺；附录，郑炎铭、王自力。

我们希望本书能成为深基坑施工各方的工具书，以指导施工企业和建设各方的施工行为，减少乃至杜绝深基坑工程的安全隐患和伤亡事故，确保施工安全和周边环境安全及基坑使用安全。同时，也真诚地期待读者提出宝贵意见和建议，以便在今后的修订工作中使本书日臻完善。

目　　录

绪　　论

0.1　建筑深基坑工程的发展与现状

随着我国城市化、城镇化进程的逐步加快，城市和城镇建设快速发展，高层建（构）筑物越来越多，越来越高，越来越大，地下空间也越来越受到重视，各类建（构）筑物，特别是高层建筑的地下部分所占空间越来越大，埋置深度越来越深，随之而来的基坑开挖面积已达数万平方米，深度 20m 左右的已属常见，最深已超过 30m。具体表现为以下四个特点。

1. 深基坑离周边建筑距离越来越近

由于城市的改造与开发，特别是在中心城区，基坑四周往往紧贴各种重要的建（构）筑物，如轨道交通设施、地下管线、隧道、历史保护建筑、老式居民住宅、大型建筑物等，在上海陆家嘴，上海金茂大厦、上海环球金融中心大厦和"上海中心"大厦三幢超高层建筑紧靠在一起，如设计或施工不当，均会对周边建筑造成不利影响。

2. 深基坑工程越来越深

随着地下空间的开发利用，基坑越来越深，对设计理论与施工技术都提出了更严格的要求。如北京"中国尊"工程基坑最深处达 40m；上海中心大厦工程深基坑达 31m，已挖到了承压水层。

3. 基坑的规模与尺寸越来越大

2008 年 8 月建成的上海环球金融中心大厦，建筑面积 38.1 万 m²，地上 101 层，高492m，地下 3 层，埋深 21.89m，地下面积 7.85 万 m²。

已于 2014 年 7 月封顶的"上海中心"大厦，建筑面积 57.4 万 m²，总高度 632m，地上 124 层，地上建筑面积约 41 万 m²，地下 5 层，埋深 31.4m，地下面积 16.4 万 m²，建成后将成为我国最高、最深的超高层建筑。

这类基坑在支护结构的设计、施工中，特别是支撑系统的布置、围护墙的位移及坑底隆起的控制均有相当的难度。

4. 施工场地越来越紧凑

市区大规模的改造与开发，其中不少以土地出让形式吸引外资、内资开发，为充分利用土地资源，常要求建筑物地下室做足红线。场地可用空间狭小，大大地增加了施工难度，这必须通过有效的资源整合才能顺利实现。

基坑工程技术，包括设计、施工、设备及安装等技术，也随着地下空间的面积和埋深的增加而日趋提高，相应地，基坑工程施工安全技术的重要性也日趋显现，特别是深基坑工程的施工安全技术越显重要。

深基坑工程是最近 30 多年中迅速发展起来的一个领域。以前的几十年中，由于建筑物的高度不高,基础的埋置深度很浅,很少使用地下室,基坑的开挖一般仅作为施工单位的施工措施,最多用钢板桩解决问题,没有专门的设计,也并没有引起工程界太多的关注。

近30多年来,由于高层建筑、地下空间的发展,深基坑工程的规模之大、深度之深,成为岩土工程中事故最为频繁的领域,给岩土工程界提出了许多技术难题,当前,深基坑工程已成为国内外岩土工程中发展最为活跃的领域之一。

回顾历史,深基坑工程发展主要经历了以下三个阶段。

第一阶段:20世纪七八十年代,伴随着大城市高层、超高层建筑的兴建,深基坑工程问题逐渐凸现。但那时2~3层地下室的工程还比较少,基坑主要的围护结构形式是水泥搅拌桩的重力式结构,对于比较深的基坑则采用排桩结构,如果有地下水,再加水泥搅拌桩截水帷幕。

在国内,那时地下连续墙用得比较少,SMW工法正在进行开发研究。由于缺乏经验,深基坑的事故比较多,引起了社会和工程界的关注。从那时起,国内施工人员开始研究深基坑工程的监测技术与数值计算,当时虽然有一些施工技术指南,但还没有开始编制基坑工程的规范。

复合式土钉墙在浅基坑中推广使用,SMW工法开始推广使用,地下连续墙被大量采用。逆作法施工、支护结构与主体结构相结合的设计方法开始得到重视和运用。商业化的深基坑设计软件大量使用。在施工中,基坑内支撑出现了大直径圆环的形式和两道支撑合用围檩的方案,最大限度地克服了支撑对施工的干扰。

第二阶段:1990年代,在国内,通过总结施工经验,开始制定基坑规范,这一时期出现了包括武汉、上海、深圳等的地方规范和两本行业规范。一些地方政府建立了深基坑方案的审查制度。国内外工程界开始出现超深、超大的深基坑工程,基坑面积达到2万~3万m^2,深度达到20m左右。

但由于理论研究滞后、设计缺陷、施工等方面的原因,深基坑工程施工与相邻环境的相互影响形势更趋严峻,出现了新一波的深基坑工程事故。

这一时期,我国采用支护结构与主体结构相结合并用逆作法施工的深基坑工程已达100多项,并且出现了第二波基坑工程规范的修订与编制。

第三阶段:进入21世纪以后,国内外,伴随着超高层建筑和地下铁道的发展,地下工程向更深处发展空间,出现了更深、更大的深基坑工程,基坑面积达到了4万~5万m^2,深度超过30m,最深达50m,逆作法施工、支护结构与主体结构相结合的设计方法在更多的工程中推广应用。

通过20多年的工程实践和业内人士的努力,深基坑工程领域取得了很大的进展,主要表现为下面五个方面:

(1) 设计思想不断更新;

(2) 施工技术不断发展;

(3) 设计方法不断进步;

(4) 管理制度不断完善;

(5) 标准化工作的开展。

由于之前对深基坑工程施工安全技术没有统一的认识,没有统一的标准规范,建设各方对深基坑工程施工安全技术也不够重视,深基坑工程安全事故时有发生,甚至造成重大伤亡事故，给国家或有关单位造成了重大财产损失和人员伤亡。

由于深基坑工程大部分位于中心城区，基坑周边地面建（构）筑物较多，且有不少历史保护建筑或老式居民住宅，基坑周边环境复杂，地下市政设施、管线密布，有的基坑紧邻地铁、隧道，给深基坑工程施工带来了很多隐患和风险。基坑周边环境安全与基坑工程安全具有同等重要性。

《建筑深基坑工程施工安全技术规范》经住房和城乡建设部批准实施，要求对涉及深基坑工程的现场环境调查、施工安全专项方案、支护结构施工、地下水控制、土石方开挖施工、安全检查与监测、基坑的使用与维护等各个方面的安全技术作出规定，以确保深基坑工程施工安全和周边环境安全，适应当前建设的需要。

0.2　深基坑工程基本要求

按照住房和城乡建设部《危险性较大的分项分部工程安全管理办法》的规定：深基坑工程是指"（一）开挖深度超过5m（含5m）的基坑（槽）的土方开挖、支护、降水工程。（二）开挖深度虽未超过5m，但地质条件、周边环境和地下管线复杂，或影响毗邻建（构）筑物安全的基坑（槽）的土方开挖、支护、降水工程"，是属于"超过一定规模的危险性较大的分项分部工程范围"。

0.2.1　深基坑工程施工安全等级的划分

深基坑工程安全等级的划分涉及基坑变形控制指标要求、基坑监测方案评审要求、基坑工程安全风险分析与评估要求等，《规范》充分考虑了现行国家标准《建筑地基基础设计规范》GB50007、《建筑地基基础工程施工质量验收规范》GB50202和国家行业标准《建筑基坑支护技术规程》JGJ120等规范中有关"地基基础设计等级"、"支护结构安全等级"、"基坑变形控制等级"等划分原则和定义，考虑基坑施工安全的特点、重要性、安全技术要求等，将基坑安全等级划分为一级、二级两个等级，从严控制深基坑工程安全等级划分。

0.2.2　基坑工程支护结构体系的作用和要求

基坑工程的最基本作用是为了给基坑土方开挖和地下结构工程的作业施工创造安全的条件，并控制土方开挖和地下结构工程施工对周围环境可能造成的不利影响。随着高层、超高层建筑和城市地下工程的开发利用，基坑工程的开挖越来越深，面积越来越大，基坑围护结构的施工越来越复杂，所需要的理论和技术越来越高。

为了给基坑土方开挖和地下结构工程的施工创造条件，基坑围护结构体系必须满足如下要求：

（1）适度的施工空间。有能安全地进行土方开挖和地下结构施工的作业场地，且围护结构体系的变形也不会影响土方开挖和地下结构施工。

（2）干燥的施工空间。采取降水、排水、截水等各种措施，保证地下工程施工的作业面在地下水位以上，方便地下工程的施工作业，并确保施工安全。

（3）安全的施工空间。地下工程施工期间，应严格控制支护结构体系变形，确保基坑本体安全和周边环境，包括临近的市政道路、管线、周边建（构）筑物的安全。

0.2.3 深基坑工程的主要特点

1. 安全储备较小，风险较大

基坑支护体系是临时性结构，具有较大的风险性。基坑支护体系在设计计算时，有些荷载，如地震作用不予考虑，相对于永久性结构，在强度、变形、防渗、耐久性等方面的要求较低一些，安全储备要求可以小一些；再加上某些建设方对基坑工程认识上的偏差，为降低造价，对设计提出一些不合理要求，实际的安全储备可能会更低一些。因此，基坑工程具有较大的风险性，必须有合理的应对措施。

2. 制约因素较多

基坑工程与自然条件和周边环境有很大关系。

（1）区域性差别很大

施工场地的工程地质条件和水文地质条件对基坑开挖有很大影响。中国幅员辽阔，各地的工程地质条件和水文地质条件差别很大，软黏土地基、砂性土地基、黄土地基等地基中的基坑工程性状差别很大。同是软黏土地基，天津、上海、宁波、杭州、福州、昆明等各地软黏土地基性状也有较大差异。地下水，特别是承压水对基坑工程性状影响很大，而各地承压水特性差异很大，承压水对基坑工程性状影响的差异也很大。

（2）周边环境复杂

基坑支护体系受周边环境，包括临近的市政道路、管线、周边建（构）筑物的影响很大，周边环境的容许变形量、重要程度都对基坑工程的设计与施工产生了较大影响，甚至成为基坑工程成功与否的关键。因此，在满足基坑安全及周边环境保护的前提下，要合理地满足施工的易操作性和工期要求。

（3）时空效应强

基坑工程的空间大小和形状对支护体系受力具有较大影响，基坑土方开挖顺序也对支护体系受力具有较大影响，另外，土具有蠕变性，随着蠕变的发展，变形增大，抗剪强度降低，因此，基坑工程具有时空效应。在基坑开挖时要重视和利用基坑工程的时空效应。

3. 设计计算理论不完善

基坑工程作为地下工程，所处的地质条件复杂，影响因素较多，人们对岩土力学性质的了解还不深入，许多设计理论还不完善。

作用在基坑围护结构上的土压力不仅与土压力中的稳定、变形和渗流有关，还与时间有关，而且涉及岩土工程、结构工程两门学科。土压力理论还不完善，实际设计计算中往往采用经验取值，还是一门发展中的学科。

4. 基坑工程系统性强

基坑工程包括：基坑支护结构设计、支护结构施工、降排水、土方开挖、监测、维护等，是一个系统工程。特别是深基坑工程的施工，对设计与施工人员的综合性知识和经验的要求较高，不仅要有岩土工程方面的知识，也要有结构工程方面的知识，而且需要有丰富的施工现场实践经验，还要熟悉工程所在地的施工条件和经验。

0.2.4 深基坑支护结构分类与适用条件

深基坑工程按支护形式或开挖形式均分为两大类。

1. 无支护的基坑工程

(1) 大开挖，是以放坡开挖的形式，在施工场地处于空旷环境、周边无建（构）筑物和地下管线条件下的普遍常用的开挖方法；

(2) 开挖放坡护面，以放坡开挖为主，在坡面辅以钢筋网混凝土护坡；

(3) 以放坡开挖为主，辅以坡脚采用短木桩、隔板等简易支护。

2. 有支护的基坑工程

(1) 加固边坡形成的支护

对基坑边坡土体的土质进行改良或加固，形成自立式支护。如：水泥土重力坝支护结构、加筋水泥土墙支护结构、土钉墙支护结构、复合土钉墙支护结构、冻结法支护结构等。

(2) 挡墙式支护结构

分为悬臂式挡墙式支护结构、内撑式挡墙式支护结构、锚拉式挡墙式支护结构、内撑与锚拉相结合挡墙式支护结构。

挡墙式支护结构常用的有：排桩墙、地下连续墙、板桩墙、加筋水泥土墙等。

排桩墙中常用的桩型有：钻孔灌注桩、沉管灌注桩等，也有采用大直径薄壁筒桩、预制桩等的。

(3) 其他形式的支护结构

其他形式支护结构常用的形式有：门架式支护结构、重力式门架支护结构、拱式组合型支护结构、沉井支护结构等。

每一种支护形式都有一定的适用条件，而且均随着工程地质条件和水文地质条件，以及周边环境条件的差异，其合理的支护高度也可能产生较大的差异。比如：当土质较好，地下水位在 10 多 m 深的基坑可能采用土钉墙支护或其他简易支护形式，而对软黏土地基，采用土钉墙支护的极限高度就只有 5m 以内了，且其变形也较大。

各支护结构的适用条件，如表 0.2.4-1 所示。

各类支护结构的适用条件   表 0.2.4-1

结构类型		适用条件		
		安全等级	基坑深度、环境条件、土类和地下水条件	
支挡式结构	锚拉式结构	一级、二级、三级	适用于较深的基坑	1. 排桩适用于可采用降水或截水帷幕的基坑 2. 地下连续墙宜同时用作主体地下结构外墙，可同时用于截水 3. 锚杆不宜用在软土层和高水位的碎石、砂土层中 4. 当邻近基坑有建筑物地下室、地下构筑物等，锚杆的有效锚固长度不足时，不应采用锚杆 5. 当锚杆施工会造成基坑周边建（构）筑物的损害或违反城市地下空间规划等规定时，不应采用锚杆
	支撑式结构		适用于较深的基坑	
	悬臂式结构		适用于较浅的基坑	
	双排桩		当锚拉式、支撑式和悬臂结构不适用时，可考虑采用双排桩	
	支护结构与主体结构结合的逆作法		适用于基坑周边环境条件很复杂的深基坑	

结构类型		适用条件	
	安全等级	基坑深度、环境条件、土类和地下水条件	
土钉墙 单一土钉墙	二级、三级	适用于地下水位以上或经降水的非软土基坑，且基坑深度不宜大于12m	当基坑潜在滑动面内有建筑物、重要地下管线时，不宜采用土钉墙
预应力锚杆复合土钉墙		适用于地下水位以上或经降水的非软土基坑，且基坑深度不宜大于15m	
水泥土桩垂直复合土钉墙		用于非软土基坑时，基坑深度不宜大于12m；用于淤泥质土基坑时，基坑深度不宜大于6m；不宜用在高水位的碎石土、砂土、粉土层中	
微型桩垂直复合土钉墙		适用于地下水位以上或经降水的基坑，用于非软土基坑时，基坑深度不宜大于12m；用于淤泥质土基坑时，基坑深度不宜大于6m	
重力式水泥土墙	二级、三级	适用于淤泥质土、淤泥基坑，且基坑深度不宜大于7m	
放坡	三级	1. 施工场地应满足放坡条件 2. 可与上述支护结构形式结合	

注：1. 当基坑不同部位的周边环境条件、土层状况、基坑深度不同时，可在不同部位分别采用不同的支护形式。
2. 支护结构可采用上、下部以不同结构类型组合的形式。
3. 本表为《建筑基坑支护技术规程》JGJ120—2012中的表3.2.2，其安全等级为支护结构的安全等级，而非本规范的基坑施工安全等级。

0.3 深基坑工程施工

深基坑工程是开挖深度大于5m的基坑工程，是超过一定规模的危险性较大的分项分部工程。深基坑工程施工必须慎重、认真地对待，从编制施工安全专项方案开始到支护结构体系施工、降排水施工到土石方开挖，从对施工全过程的检查与监测到基坑的使用与维护，都必须从安全角度出发，认真组织、协调、实施，确保基坑施工安全。

0.3.1 深基坑工程施工安全专项方案

深基坑工程施工前除了应编制基坑工程施工组织设计以外，还必须编制施工安全专项方案。施工安全专项方案应包括：

（1）工程概况，应包含基坑所处位置、基坑规模、基坑安全等级、现场勘查及环境调查结果、支护结构形式及相应附图。

（2）工程地质与水文地质条件，应包含对基坑工程施工安全的不利因素的分析。

（3）危险源分析，应包含基坑工程本体安全、周边环境安全、施工设备及人员生命财产安全的危险源分析。

（4）各施工阶段与危险源控制相对应的安全技术措施，应包含：围护结构施工、支撑系统施工及拆除、土方开挖、降水等施工阶段的危险源控制措施；各阶段的施工用电、消防、防台防汛等安全技术措施。

（5）信息施工法实施细则，应包含对施工监测成果信息的发布、分析、决策与指挥系统。

（6）安全控制技术措施、处理预案。

（7）安全管理措施，应包含安全管理组织及人员教育培训等措施。

（8）对突发事件的应急响应机制，应包含信息报告、先期处理、应急启动和应急终止。

0.3.2　深基坑工程施工全过程安全控制

施工全过程安全控制应包括以下方面：

1. 确保施工条件与设计条件的一致性

（1）保证基坑开挖全过程与设计工况保持一致，严禁超越工况，或者合并工况。

（2）周边环境保护与设计条件的一致性。包括坑顶堆载条件、周边保护管线、建（构）筑物边界条件及保护要求等。

（3）开挖基坑条件、水文地质条件与勘察报告反映情况是否一致。如个别工程因孔距过大未能反映实际情况，包括河道、填土、障碍物等，应及时调整设计或施工参数。

2. 重视施工全过程的安全检查与监测

安全检查与监测应按施工前、施工期和开挖期三个阶段进行：

（1）施工前应检查周边环境包括市政道路、管线、建（构）筑物是否符合基坑施工安全要求。

（2）应检查整个施工期，包括围护结构施工、支撑系统施工及拆除、土方开挖、降水等施工阶段的用电、消防、防台防汛等安全技术措施是否落实，机械设备的使用和维护的安全技术措施是否落实。

（3）基坑开挖期间，应检查降水效果是否符合土方开挖的要求，围护墙及坑底是否有渗漏水、流砂、管涌等状况，挖土是否按照分层分段开挖原则进行；支护结构体系的变形是否在可控范围，及时检查基坑变形的监测数据，并进行分析，确保基坑安全。

3. 开展信息化施工

基坑施工及开挖过程中，应开展信息化施工，严格按照监测方案实施监测，及时了解基坑变形情况，判断变形程度，调整相关施工参数，如施工顺序、施工进度、监测频率等，发现异常情况，立即启动应急预案，防止事故发生。

0.3.3　深基坑支护体系施工安全要点

（1）施工前应根据设计文件，结合现场条件和周边环境保护要求、气候等情况，编制支护结构施工方案。

（2）基坑支护结构施工应与降水、土方开挖施工相互协调，各工况和工序应符合设计要求。

（3）基坑支护结构施工与拆除，不应影响主体结构、邻近地下设施与周围建（构）筑物等的正常使用，必要时应采取减少不利影响的措施，控制邻近建（构）筑物产生过大的不均匀沉降。

当遇有可能产生相互影响的邻近工程进行桩基施工、基坑开挖、边坡工程、盾构顶进、爆破等施工作业时，应协商确定相互间合理的施工顺序和方法，必要时应采取措施减少相互影响。

（4）支护结构施工和土方开挖过程中，应对支护结构自身、已施工的主体结构和邻近道路、市政管线、地下设施、周围建（构）筑物等进行施工监测。

（5）施工现场道路布置、材料堆放、车辆行走路线等应符合设计荷载控制要求；当设置施工栈桥时，应按设计文件编制施工栈桥的施工、使用及保护方案。

（6）遇有雷雨、6级以上大风等恶劣天气时，应暂缓施工，并对现场的人员、设备、材料等采取相应的保护措施。

0.3.4 深基坑土石方开挖原则

（1）基坑开挖分为无支护结构基坑开挖、有支护结构基坑开挖和基坑暗挖（即逆作法施工开挖）。基坑开挖的方式方法应综合考虑基坑平面尺寸、开挖深度、工程地质与水文地质条件、周边环境保护要求、支护结构形式、施工方法和气候条件等因素。

（2）基坑开挖前，应根据基坑支护设计、降排水方案和施工现场条件等，编制基坑开挖专项施工方案，其主要内容应包括工程概况、地质勘探资料、施工平面及场内道路、挖土机械选型、挖土工况、挖土方法、排水措施、季节性施工措施、支护结构变形控制和环境保护措施、监测方案、应急预案等，专项施工方案应按规定履行审批手续。

（3）基坑开挖应按照分层、分段、限时、限高和均衡、对称的原则确定开挖的方法和顺序，挖土机械的通道布置、开挖顺序、土方驳运、材料堆放等，都应避免引起对支护结构、工程桩、支撑立柱、降水管井、坑内监测设施和周边环境等的不利影响。

（4）基坑开挖前，基坑支护结构的混凝土强度和龄期应达到设计要求，采用钢支撑时，应在施加预应力并符合设计要求后方可进行下层土方开挖。且降水及坑内加固应达到要求。

（5）无内支撑基坑的坡边和坑顶都不得堆载，有内支撑基坑的坑顶应按设计要求控制堆载，不得超载。

（6）当挖土机械、土方运输车辆等进入坑内作业时，应采取必要措施保证车道的稳定，其入坑坡道宜按照不大于1∶8的要求设置，坡道宽度应保证车辆正常行驶。

（7）施工栈桥应根据基坑形状、支撑形式、周边场地及环境、挖土方法等情况进行设置。施工过程中，应按设计要求对施工栈桥的荷载进行严格控制。

（8）基坑开挖过程中，当基坑周边相邻工程进行桩基、基坑支护、土方开挖、爆破等施工作业时，应根据相互之间的施工影响，采取可靠的安全技术措施。

（9）邻近基坑边的局部深坑宜在大面积垫层完成后开挖。

0.3.5 地下水控制的基本原则

（1）降排水施工必须根据工程地质与水文地质条件、周边环境状况和基坑支护结构，选择合理、有效、可靠的地下水控制方案，确定地下水控制方法。

（2）减少开挖土体含水量，严格防止基坑边坡和坑底渗水，保证坑底干燥，便于施工。

（3）增加基坑边坡和抗渗流稳定性，防止边坡和坑底的土层颗粒流失，防止流砂产生。

（4）应有效提高土体的抗剪强度和坑底的稳定性，减少支护体系变形。

（5）减少承压水头对基坑底板的顶托力，防止坑底突涌。

0.4 建筑深基坑工程施工安全状况

深基坑工程是随着高层建筑的发展而不断发展的，是应建筑物的地下空间结构的产生和发展而来的。随着地下空间的面积和埋深的增加，深基坑工程施工的各种安全隐患越来越多，而建设各方对深基坑工程施工安全重要性和复杂性认识不足，深基坑工程施工安全技术还不完善，对深基坑工程施工安全隐患未能有效防治，致使施工安全事故时有发生。

深基坑工程安全质量问题类型很多，成因也较为复杂。在水土压力作用下，支护结构可能发生破坏，支护结构形式不同，破坏形式也有差异。渗流可能引起流土、流砂、突涌，造成破坏。围护结构变形过大及地下水流失，引起周围建筑物及地下管线破坏也属基坑工程事故。粗略地划分，深基坑工程事故形式可分为以下几类。

0.4.1 基坑周边环境破坏

在深基坑工程施工过程中，由于降水、土方开挖会对周围土体有不同程度的扰动，引起周围地表不均匀下沉，从而影响周围建筑、构筑物及地下管线的正常使用，造成路面开裂、管道断裂、邻近建筑物沉降、倾斜等严重的工程事故。

引起周围地表沉降的因素大体有：

（1）基坑墙体变位、失稳，周边土体滑动；

（2）基坑回弹、隆起；

（3）井点降水引起的地层固结；

（4）坑边堆载过大，导致基坑变形；

（5）抽水造成砂土损失、管涌流砂等。

因此，如何预测和减小施工引起的地面沉降已成为深基坑工程界亟需解决的难点问题。

0.4.2 深基坑支护体系破坏

深基坑支护体系的破坏包括以下四个方面的内容。

1. 基坑围护体系折断事故

主要是由于施工抢进度，超量挖土，支撑架设跟不上，使围护体系缺少大量设计上必需的支撑，或者由于施工单位不按图施工，抱侥幸心理，少加支撑，致使围护体系应力过大而折断或支撑轴力过大而破坏或产生大变形。表现为：

（1）立柱桩垂直度偏差大，拆撑后长细比过大，导致立柱桩和支撑失稳；

（2）土方开挖：支撑剪断、基坑垮塌；

（3）土方车超载，栈桥破损；

（4）挖土机、运输车辆开过支撑上：导致支撑剪断、基坑垮塌。

2. 基坑围护体整体失稳事故

深基坑开挖后，土体沿围护墙体下形成的圆弧滑面或软弱夹层发生整体滑动失稳的破坏。表现为：围护施工：槽壁塌方。

3. 基坑围护踢脚破坏

由于深基坑围护墙体插入基坑底部深度较小，同时由于底部土体强度较低，从而发生围护墙底向基坑内发生较大的"踢脚"变形，同时引起坑内土体隆起。表现为：土方开挖放坡较陡，导致滑坡。

4. 坑内滑坡导致基坑内撑失稳

在火车站、地铁车站等长条形深基坑内区放坡挖土时，由于放坡较陡、降雨或其他原因引起的滑坡，可能冲毁基坑内先期施工的支撑及立柱，导致基坑破坏。

0.4.3 土体渗透破坏

土体渗透破坏，包括以下三个方面的内容。

1. 基坑壁流土破坏

在饱和含水地层（特别是有砂层、粉砂层或者其他的夹层等透水性较好的地层），由于围护墙的止水效果不好或止水结构失效，致使大量的水夹带砂粒涌入基坑，严重的水土流失会造成地面塌陷。

2. 基坑底突涌破坏

由于对承压水的降水不当，在隔水层中开挖基坑，当基底以下承压含水层的水头压力冲破基坑底部土层时，将导致坑底突涌破坏。表现为：

（1）基坑底部：突涌管涌；

（2）土方开挖：槽段接缝渗水、涌砂。

3. 基坑底管涌破坏

在砂层或粉砂底层中开挖基坑时，在不打井点或井点失效后，会产生冒水翻砂（即管涌），严重时会导致基坑失稳。

0.4.4 其他方面的原因

由于机械设备故障、施工失误或天气等因素造成的基坑安全事故：

（1）塔式起重机倾覆；

（2）钢筋笼起吊散架：高处坠落；

（3）支撑底模坠落伤人；

（4）栈桥或基坑坡顶临边防护跌落；

（5）监测点破坏，无法信息化施工；

（6）台风、暴雨等恶劣天气：应急措施不到位；

（7）混凝土浇筑夹泥、空洞；

（8）浇筑混凝土时，炸泵。

以上深基坑工程安全问题，只是从某一种形式上表现了基坑破坏，反映了建筑深基坑工程施工安全严峻的隐忧，实际上深基坑工程事故发生的原因往往是多方面的，具有复杂性，深基坑工程事故的表现形式往往具有多样性，因此有必要制定深基坑工程施工安全技术标准，规范深基坑工程施工安全行为，避免乃至杜绝重大伤亡事故，确保财产和人员安全。

0.5　《建筑深基坑工程施工安全技术规范》简介

0.5.1　制订《规范》的依据

根据住房和城乡建设部《关于印发〈2011年工程建设标准规范制订、修订计划〉的通知》（建标〔2011〕17号）第30页第120项，工程建设行业标准《建筑施工深基坑工程安全技术规范》列入编制计划，后经申报批准改名为《建筑深基坑工程施工安全技术规范》（以下简称《规范》）。《规范》于2011年开始组织编写，经过初稿、征求意见稿、送审稿，在征求全国建筑界，特别是地基基础专家的意见基础上，经过反复斟酌、修改，经过全体编制组成员2年多的努力，于2013年5月完成报批稿，2013年10月由住房和城乡建设部批准颁布。

0.5.2　《规范》对深基坑工程的施工安全技术作了明确规定

《规范》总则对编制原则、适用范围、实施要求和符合相关规范的原则作了规定。

（1）为保障施工安全及周边环境安全，需对深基坑工程的施工安全技术进行规范。

随着城市化、城镇化进程的逐步加快，城市和城镇建设快速发展，地下空间越来越引起重视，各类建（构）筑物的地下部分所占空间越来越大，埋置深度越来越深，基坑的开挖面积已达数万平方米，深度20m左右已属常见，最深已超过30m，基坑工程的施工安全技术至关重要，亟需规范。

由于这些深基坑工程大部分位于中心城区，基坑周边建（构）筑物较多，且有不少历史保护建筑或老式居民住宅，基坑周边地下市政设施、管线密布，有的基坑紧邻地铁、隧道。基坑周边环境安全与基坑工程安全具有同等重要性。为保证深基坑及周边环境安全，要求对涉及深基坑工程的现场环境调查、施工安全专项方案、现场施工、安全监测、周边环境保护、基坑的使用与维护等各个方面的安全技术作出规定，以适应当前建设的需要。

（2）本规范适用于开挖深度大于或等于5m的建筑深基坑工程的施工安全技术、安全使用与维护管理。

根据目前的习惯划分，本规范适用范围为基坑深度在5m及以上的基坑、基坑深度虽不足5m但地质状况或周边环境较差的基坑。本规范不限定基坑深度的上限，是基于随着科学技术的进步，高层建（构）筑物的高度和深度会逐步提高或加深的考虑。

中国幅员辽阔，建设工程的基坑涉及的地质、水文条件差别较大，在深基坑工程的现场环境调查、施工组织设计、现场施工、安全监测、周边环境保护、基坑的使用与维护时应根据深基坑工程的安全等级和环境保护等级，选择适当的围护与支撑结构和施工、降排水、挖土及检测与监测方案，确保深基坑工程使用和周边环境安全。

深基坑工程是复杂、变化的系统工程，是含有一定经验性的工程技术，因此深基坑工程的现场环境调查、施工组织设计、现场施工、安全监测、周边环境保护应当充分重视以往的经验，做到施工方案合理，技术措施周密，检查和监测手段齐全，切实保障深基坑工程安全。

（3）建筑深基坑工程应根据深基坑及其周边的工程地质条件、水文地质条件、周边环境保护要求、支护结构类型及使用年限、施工工期等因素，结合地区经验制订施工安全技术措施和安全应急预案。

中国幅员辽阔，建设工程的基坑涉及的工程地质、水文地质条件差别较大，在深基坑工程的现场环境调查、安全专项施工方案、现场施工（包括：围护与支撑结构的施工、降排水、土方开挖等）、安全监测、周边环境保护、基坑的使用与维护时应根据深基坑工程的安全等级和环境保护等级，选择适当的围护与支撑结构形式与施工方法、降排水方式、土方开挖及检测与监测方案，确保深基坑工程使用安全和周边环境安全。

（4）建筑深基坑工程施工安全技术，除应符合本规范外，尚应符合国家现行有关标准的规定。

本规范既涵盖了现场环境调查、施工安全专项方案、现场施工、检查与监测、使用与维护等专业，又涉及软土、膨胀土、可能发生冻胀、高灵敏度土等地基，除遵守本规范外，还应符合下列现行标准的规定：

《建筑地基基础设计规范》GB50007；

《建筑地基基础工程施工质量验收规范》GB50202；

《建筑基坑工程监测技术规范》GB50497；

《建筑基坑支护技术规程》JGJ120；

《建筑施工土石方工程安全技术规范》JGJ180；

《湿陷性黄土地区建筑基坑工程安全技术规程》JGJ167；

《建筑桩基技术规范》JGJ94；

《混凝土结构设计规范》GB50010；

《岩土工程勘察规范》GB50021。

在符合上述标准的基础上形成基坑工程系列的技术标准，除强调自身的完整性外，力图对上述标准在考虑施工安全与技术措施方面的缺憾作出补充与完善，使之具有较强的可操作性和较好的适用性。

0.5.3 深基坑工程新技术发展展望

《规范》作为建筑深基坑工程施工安全技术的标准规范，是在总结我国20多年来高层建筑深基坑工程施工安全技术经验的基础上，针对当前建筑深基坑工程施工安全状况及存在问题编制的，以指导全国建筑深基坑工程施工，使深基坑工程施工安全状况得到改善。

（1）《规范》紧密结合已发布的建设施工的各项标准规范的要求，以便通过本《规范》的实施，推动施工安全风险的有效控制，改善深基坑工程施工和周边环境的安全状况，减少安全伤亡事故。

（2）《规范》的编制是以"安全"角度出发，仅限于建筑深基坑工程的施工安全技术与管理，从安全风险控制的角度，全面覆盖深基坑工程施工全过程。

（3）《规范》是对建筑深基坑工程施工安全技术的基本要求，并不是深基坑工程施工安全技术的最高要求，因此在执行本《规范》的同时，应鼓励企业根据施工实际的需要，进行技术创新，不断提高安全施工能力和技术水平。

（4）随着科学技术的创新与进步，深基坑工程施工安全技术将会有更大提高。

1 总则与基本规定

1.1 总则

1.1.1 我国基坑工程发展现状与分析

近 20 年来，随着高层建筑和城市地下空间的发展，我国基坑工程数量迅猛增加。基坑围护体系的设计方法、施工技术、检测手段以及基坑工程理论都有了很大的进步。但由于基坑工程的特殊性，包括区域性、个体差异性等，基坑工程发生事故的概率往往大于主体工程，根据工程实际调查，基坑工程事故率可达到 20% 左右。基坑工程事故造成的危害包括两个方面，一方面是基坑支护结构本体破坏，对施工人员产生伤害，工期延误，造成经济损失；另一方面，基坑工程事故可能导致基坑周边建（构）筑物及地下市政管线的损坏，严重时还会造成火灾、爆炸、有毒有害物质泄漏，给人民生命财产造成严重威胁。规范基坑工程相关技术标准，降低基坑事故发生概率，提高基坑工程安全度，具有重要的现实意义。

根据天津大学顾晓鲁教授等国内有关专家提供的基坑工程事故调查报告可以得出，基坑工程事故原因涉及工程勘察、设计、施工、监理、第三方监测以及建设单位等各方面。根据现有资料统计分析，可以得到基坑工程事故原因调查结果，如图 1.1.1-1 所示。

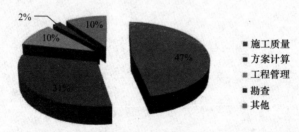

图 1.1.1-1 基坑工程事故原因调查

由图 1.1.1-1 可见，由施工方面原因造成的基坑工程事故大约占到 50%。设计原因引起的基坑事故约占 1/3，其中，包括支护结构选型不合理，以及支护结构设计计算中的错误。支护结构设计计算书中存在的问题，常包括岩土工程参数指标选取不合理，以及支护结构计算中，不同工况条件下安全指标不满足相关规范要求。实际工程中，个别设计单位为了在竞争中获胜，在没有补充勘察的条件下擅自提高土体强度指标，给基坑工程带来隐患。另外，以土钉墙支护结构为代表的支护结构，设计验算中应采用"增量法"，要求在每一步开挖的工况下，基坑整体滑动稳定性验算都应满足规范中对应的安全指标，而有些

14

设计人员则片面地认为开挖到底的工况下基坑处于最不利状态，只要该工况安全验算满足，其他工况下安全指标不必完全满足规范要求。这种错误的理解，也造成一些支护结构的事故发生。从基坑工程的管理角度来看，建设单位、监理单位、第三方监测有时也会在基坑工程事故中负有重要责任。例如，第三方监测，没有及时、准确地发现支护结构内力和变形突变，没有及时给出安全预警；建设单位和监理单位在第三方监测提供安全预警的条件下，没有及时采取措施，或者没有采取正确的应急措施，延误基坑抢险时机，甚至导致基坑工程事故发生。从统计结果来看，由于岩土工程勘察单位提供的勘察成果与实际条件不符从而造成基坑事故的情况较少发生，仅占2%左右。

以上分类是按照基坑工程事故的责任主体来划分的。从基坑工程的直接成因来看，相当多数量的基坑工程事故与"水"有关，这里的"水"包括地表水、地下水，以及基坑周边市政管线中的流动水等。雨期施工的基坑，由于基坑防排水措施不当，基坑可能被雨水冲塌。从基坑降水的环境效应影响来看，除了高灵敏性土地区（例如基坑开挖深度范围内存在深厚淤泥或淤泥质土）之外，基坑工程降水对周边环境的影响，就其范围和影响幅度来看，都要超过基坑开挖对周边环境的影响。基坑施工过程中抽排地下水将造成基坑周边地面下沉，地下管线开裂，相邻建筑物不均匀沉降，甚至开裂、倾斜直至倒塌。基坑侧壁变形和周边地下管线的渗漏相互推动，不可逆转。很多供水管线、排水管线本来就存在着一定的渗漏，当管线附近基坑开挖和基坑降水时，将造成更大的管线变形，产生更多的渗漏。管线渗漏会有两种后果，其一是土体自重增加，导致基坑侧壁主动土压力增大；其二是土体强度指标严重下降。这两种效应都会增大基坑的变形，而新的基坑变形将更进一步推动周边管线变形和渗漏，这种相互作用的结果如果不能及时处理，最终会导致基坑事故发生。

综上所述，基坑工程事故原因是复杂的，可能与勘察、设计、施工、监理、第三方检测甚至建设单位有关系。现阶段，我国已出台一系列与基坑工程相关的国家或行业规范，部分规范如表1.1.1-1所示。

基坑工程相关规范一览表 表1.1.1-1

序 号	类 型	规范名称	编 号
1	勘察	岩土工程勘察规范	GB50021
2		岩土工程勘察安全规范	GB50585
3	设计	建筑地基基础设计规范	GB50007
4		建筑基坑支护技术规程	JGJ120
5		复合土钉墙基坑支护技术规范	GB50739
6	施工	湿陷性黄土地区建筑基坑工程安全技术规程	JGJ167
7		建筑深基坑工程施工安全技术规范	JGJ311
8	验收	建筑地基基础工程施工质量验收规范	GB50202
9	监测	建筑基坑工程监测技术规范	GB50497

从表1.1.1-1可以看出，在涉及基坑工程的勘察、设计、施工、监理、监测等各个环节中，施工环节相对薄弱，尚没有专门针对基坑支护结构施工的有关规范出台，因此，《建筑深基坑工程施工安全技术规范》JGJ311—2013将完善相关内容。本规范将主要集中在基坑工程的施工、使用和维护阶段有关安全控制的技术措施和原则要求等。

1.1.2 规范的适用范围

2009年5月13日住房和城乡建设部《关于印发〈危险性较大的分部分项工程安全管理办法〉的通知》（建质［2009］87号文），其中附件二"超过一定规模的危险性较大的分部分项工程范围"中列出深基坑工程的有关规定如下：

（1）开挖深度超过5m（含5m）的基坑（槽）的土方开挖、支护、降水工程。

（2）开挖深度虽未超过5m，但地质条件、周围环境和地下管线复杂，或影响毗邻建（构）筑物安全的基坑（槽）的土方开挖、支护、降水工程。

这一规定也是本规范界定"深基坑工程"适用范围的主要依据。

1.2 基本规定

1.2.1 深基坑工程施工的安全等级

基坑工程安全包括两个方面，一方面是支护结构本体不发生破坏；另一方面是基坑工程施工不对周边环境和相邻结构物造成过度影响，导致相邻工程结构物的损伤。因此，基坑工程施工既需要确保支护结构的安全，也需要确保基坑工程对周边环境的影响最小。为了明确基坑工程施工的风险大小，评价基坑工程施工对周边环境的影响程度，本规范将建筑深基坑工程施工安全等级划分为两级。

实际上，岩土工程和基坑工程已有类似的等级划分。《岩土工程勘察规范》GB50021根据工程重要性等级、场地复杂等级和地基复杂等级等，将工程勘察划分为甲、乙、丙三级。《建筑地基基础设计规范》GB50007根据地基复杂程度、建筑规模和功能特征，以及由于地基问题可能造成建筑物破坏或影响正常使用的程度，将工程划分为甲、乙、丙三个设计等级。《建筑地基基础工程施工质量验收规范》GB50202，根据基坑开挖深度和周边环境条件，将基坑安全等级划分一级、二级和三级。《建筑基坑支护技术规程》JGJ120考虑基坑周边环境和地质条件的复杂程度、基坑深度等因素，将支护结构的安全等级划分为一级、二级和三级，并规定：对同一基坑的不同部位，可采用不同的安全等级。《建筑基坑工程监测技术规范》GB50497也采用类似划分方法，也将基坑工程划分为一级、二级和三级。在本规范征求意见阶段，全国部分同行专家认为基坑工程施工安全等级划分较复杂，不便于施工单位接受，建议本规范全部或部分接受既有等级划分准则。然而，经过认真分析可以发现，现有的基坑等级划分没有充分反映基坑工程施工现场的具体条件，例如基坑的设计使用年限，基坑周边的地面超载，以及相邻基坑工程对本基坑工程的影响等。出于保障基坑工程施工安全的现实需求，划分基坑工程"施工安全等级"。为了便于工程应用，本规范将基坑施工安全等级，仅划分为一级和二级。只要基坑工程符合12个条件中的1条（详见规范文本），即可列为施工安全等级一级；基坑工程施工条件不符合这12条中的任何1条，则施工安全等级为二级，这样也方便实际工程界接受。

1.2.2 基坑工程施工前应具备的基本资料

本规范从业主、设计、施工、第三方监测等四个方面，规定了基坑工程施工前应具备的基本资料条件，以及支护设计和施工能够有的放矢，提高设计、施工的针对性，消除基坑工程施工的事故隐患。对于业主来说，基坑工程设计、施工之前应完成基坑环境调查，并出具环境调查报告。环境调查报告应明确基坑周边市政管线确切的平面位置和高程，以及相邻市政管线的渗漏情况和阀门位置等。为避免支护结构施工对周边建（构）筑物造成过量影响，需要了解周边建（构）筑物的确切平面位置、基础埋深等基本情况。现阶段，我国很多城市都设有高新技术开发区或经济技术开发区。在这些开发区里，同时会有很多基坑工程在相邻的区域内施工，因此，有必要对相邻区域内正在施工的基坑工程情况进行调查。2011 年 11 月 25 日，杭州××工程基坑和××工程基坑之间土方的外通通道发生塌方，$600m^2$ 的区域下陷 3m，导致土方外运车辆翻入深坑。当地建设局公布的事故调查认为，导致本次基坑事故的主要原因包括：该位置处土质松软；两工地同时施工，存在相互干扰；基坑支护设计没有考虑运输通道对基坑工程的影响。

1.2.3 基坑工程施工组织设计及专家论证

对于基坑施工单位来说，应编写基坑工程施工组织设计，明确基坑影响范围内的塔式起重机和临建工程位置。基坑工程支护设计中默认的地面超载为 20kPa，当塔式起重机产生的地面荷载超过 20kPa 时，其位置应经支护设计单位认可。施工过程中的临时建筑，特别是设有上、下水道的厨房和卫生间，将对边坡产生严重影响，应当慎重对待，严禁生活用水渗入基坑侧壁。

基坑支护设计图纸的评审和基坑工程施工组织设计的专家论证，是保证基坑安全的重要管理措施。基坑支护设计图纸的专家评审，将从支护结构选型和计算书的各个参数上把握支护结构安全性，发现设计存在的问题，从源头上杜绝不安全因素。基坑施工组织设计专家论证，将重点结合工程的具体条件，评判施工组织设计与基坑现场条件的符合程度，指出重大风险源的位置，分析施工的重点和难点，对提高工程的安全性有重要的作用。

由于岩土工程勘察孔位间距大约 30m，当孔位之间土层剧烈变化时，地质勘察报告可能与施工开挖中发现的地质条件不完全吻合。如果这种差异非常明显，并对基坑安全造成影响时，应暂停施工，及时会同勘察、设计单位，经过补充勘探，修改设计，完善施工方案，再重新施工。

1.2.4 基坑坡顶严禁地面超载

在基坑坡顶堆土将产生地面超载，将对边坡产生重大影响。由于城市用地寸土寸金，基坑工程现场条件往往十分狭小，因此完全禁止在设计预计的滑裂面范围内堆载是不现实的。如果基坑支护设计已考虑了对于堆载引起的超载，在支护结构达到设计强度后，在该范围内堆载是可以容许的。基坑开挖后的土方堆放将对周边的建筑物安全构成威胁。2009

年 6 月 27 日，上海市闵行区莲花南路罗阳路口一幢在建的 13 层住宅整体倾倒。调查发现，紧邻该建筑南侧正在施工地下车库，基坑开挖深度达 4.6m；建筑北侧在短期内堆土过高，最高处达 10m 左右。事故调查报告认为，该建筑两侧的压力差使土体产生水平位移，过大的水平位移超过了桩基抗侧移能力，导致房屋倒塌。这次工程事故震惊全国，由此也可以看出，基坑工程施工时临时土方的堆放应进行包括自身稳定性、邻近建筑物地基承载力等验算。

1.2.5 信息施工法

与上部结构施工不同，基坑土方开挖过程中可能发现土层分布、岩性条件等与工程勘察报告不尽相同；另外，施工前对地下既有工程结构物的认识也不甚全面，因此，对基坑工程应实施信息施工法。这里的信息包括内力和变形两个方面。由于基坑工程降水将导致周边环境变形，基坑工程的安全监测系统应在降水施工前安装、调试完毕。信息施工法通过对支护结构和周边岩土工程环境的监测，确定支护结构内力和变形的大小，监测其突变，可以作为评估基坑当前安全状况，调整下一步施工速度、工艺和方法的依据。信息法施工在保证基坑安全方面具有无可替代的重要价值。

1.2.6 安全巡视

基坑工程施工现场条件复杂，各参建单位人员业务素质参差不齐，另外，受施工工期和劳动承包制的影响，很多作业人员会盲目加快施工进度，这将给基坑施工带来风险。基坑工程现场应设有专业技术人员进行专门的安全巡视，发现事故隐患并及时整改，这样才能提高基坑工程的安全度。

1.2.7 基坑工程使用年限

从基坑工程的实际条件出发，《建筑基坑支护技术规程》JGJ120 第 3.1.1 条规定，基坑支护设计应规定设计使用年限，基坑支护的设计使用年限不应小于 1 年。本规范将设计使用年限超过 2 年的基坑工程列为施工安全等级一级工程。当基坑超过设计使用年限时应对基坑进行安全评估。安全评估发现其安全指标不能满足要求的工程应进行加固处理。

本章参考文献

[1] 国家标准. 岩土工程勘察安全规范 GB50585—2010 [S]. 北京：中国建筑工业出版社，2010.
[2] 国家标准. 岩土工程勘察规范 GB50021—2009 [S]. 北京：中国建筑工业出版社，2009.
[3] 国家标准. 建筑地基基础设计规范 GB50007—2011 [S]. 北京：中国建筑工业出版社，2011.
[4] 行业标准. 建筑基坑支护技术规程 JGJ120—2012 [S]. 北京：中国建筑工业出版社，2012.
[5] 国家标准. 复合土钉墙基坑支护技术规范 GB50739—2011 [S]. 北京：中国建筑工业出版社，2011.

[6] 行业标准. 土石方安全技术规范 JGJ/T 180—2009 [S]. 北京：中国建筑工业出版社，2009.

[7] 行业标准. 建筑与市政降水工程技术规范 JGJ/T111—98 [S]. 北京：中国建筑工业出版社，1998.

[8] 国家标准. 建筑地基基础工程施工质量验收规范 GB50202—2002 [S]. 北京：中国建筑工业出版社，2002.

[9] 国家标准. 建筑基坑工程监测技术规范 GB50497—2009 [S]. 北京：中国建筑工业出版社，2009.

2 施工环境调查

2.1 一般规定

2.1.1 施工环境调查

施工环境调查应在已有勘察报告和基坑设计文件的基础上，根据工程条件及拟采用的施工方法、工艺，初步判定需补充查明的地下埋藏物及周边环境条件。

工程勘察与背景环境调查是指基坑工程设计前对工程所在工地进行的勘察与调查。勘探和了解工程所在工地及周边的工程地质与水文地质单元分布情况，以及地表至基坑底面标高以下一定深度范围内的地层结构、土（岩）的物理力学性质、地下水分布、含水层性质、渗透系数和施工期间地下水位可能的变化等资料；调查工地及周边的地下管线与地下设施的位置、深度、结构形式、埋设时间及使用现状；调查邻近已有建筑物的位置、层数、高度、结构类型、完好程度、已建时间、重要程度、基础类型、埋置深度、主要尺寸以及沉降观测资料，对变形的敏感性程度，查明其与基坑平面和剖面的关系等。

施工环境调查是工程勘察与背景环境调查的补充与完善，是基坑工程施工开工的必要条件，以保证基坑工程及建筑物的质量与安全（包括正常使用）的最终目标的实现。

2.1.2 环境调查前应取得的资料

在进行基坑工程勘查与环境调查之前应取得或应搜集的一些与基坑有关的基本资料及工作内容主要包括能反映拟建建（构）筑物与已有建（构）筑物和地下管线之间关系的相关图纸，特别是目前我国市政设施管理部门不相统属（如给水排水部门、通信部门、电力部门、燃气部门等），地下设施比较凌乱，原设计文件对这些内容不可能完全调查清楚，所以，在施工前进行必要的现场勘查和环境调查是必需的；同时，还要调查拟开挖基坑失稳影响范围内的基本情况、基坑的深度、大小和当地的工程经验等。应取得下列资料：

（1）工程勘察报告和基坑工程设计文件。

（2）附有坐标的基坑及周边既有建（构）筑物的总平面布置图。

（3）基坑及周边地下管线、人防工程及其他地下构筑物、障碍物分布图。

（4）拟建建（构）筑物室内地坪标高、场地自然地面标高、坑底设计标高及其变化情况；结构类型、荷载情况、基础埋深和地基基础形式、地下结构平面布置图及基坑平面尺寸。

（5）工程所在地常用的施工方法和同类工程的施工资料、监测资料等。

2.1.3 环境调查的范围

基坑环境调查的范围主要由支护结构外侧地表变形影响范围决定。对于砂土等硬土层，墙后地表沉降的影响范围一般为 2 倍的基坑开挖深度，因此，对于这类地层条件下的基坑工程，一般只需调查基坑 2 倍的开挖深度范围内的环境状况即可。对于软土地层，墙后地表沉降的影响范围一般为 4 倍的基坑开挖深度，研究表明，墙后地表沉降可分为主影响区域和次影响区域，主影响区域为 2 倍的开挖深度，而在 2~4 倍的开挖深度范围内为次影响区域，即地表沉降在次影响区由较小值衰减到可以忽略不计的程度。因此，对于软土地层条件下的基坑工程，一般只需调查主影响区域即 2 倍开挖深度范围内的环境状况，但当在基坑的次影响区域内有重要的建（构）筑物如轨道交通设施、隧道、防汛墙、煤气总管、自来水总管、历代保护建筑等时，为了能全面掌握基坑可能对周边环境产生的影响，也应对这些环境情况进行调查。

2.1.4 环境调查结果的反馈

现场勘查与环境调查结果应及时反馈给设计和监理单位，并作为编制基坑工程施工组织设计和安全施工专项方案的依据之一。

2.2 现场勘查及环境调查要求

2.2.1 勘查与调查的范围

勘查与调查的范围应超过基坑开挖边线之外，且不得小于基坑深度的 2 倍。

2.2.2 勘查和环境调查的内容

基坑工程现场勘查和环境调查的内容：

（1）应查明既有建（构）筑物的高度、结构类型、基础形式、尺寸、埋深、地基处理和建成时间、沉降变形、损坏和维修等情况；

（2）应查明各类地下管线的类型、材质、分布、重要性、使用情况、对施工振动和变形的承受能力，地面和地下贮水、输水等用水设施的渗漏情况及其对基坑工程的影响程度；

（3）应查明存在的旧建（构）筑物基础、人防工程、其他洞穴、地裂缝、河流水渠、人工填土、边坡、不良工程地质等的空间分布特征及其对基坑工程的影响；

（4）应查明道路及运行车辆载重情况；

（5）应查明地表水的汇集和排泄情况；

（6）当邻近场地进行抽降地下水施工时，应查明降深、影响范围和可能的停抽时间，以及对基坑侧壁土性指标的影响；

（7）当邻近场地有振动荷载时，应查明其影响范围和程度；

（8）应查明邻近基坑与地下工程的支护方法、开挖和使用对本基坑工程安全的影响。

其中第（1）、（2）、（3）项应由建设单位提供给施工单位；（4）～（8）项由施工单位为主收集，建设单位提供帮助与支持。

2.2.3 基坑的勘查方法

《规范》4.2.2 条规定了对于不同安全等级基坑的勘查手段。由于归属于不同部门管理的地下管网（通信、电力、市政、军用等）造成各种地下管网分布的不清楚，业主单位也难以明白，近年来，由于基坑施工造成的各种管网损坏屡见不鲜，所以规范强调了勘查手段。

对施工安全等级为一级、分布有地下管网的基坑工程，宜采用物探为主、坑探为辅的勘查方法；对安全等级为二级的基坑工程，可采用坑探方法。

2.2.4 勘查孔和探井回填

为防止地表水沿勘探孔下渗，勘查孔和探井使用结束后，应及时回填，回填质量应满足相关规定。

回填土方应符合设计要求，回填土方中不得含有杂物，回填土方的含水率应符合相关要求。回填土方区域的基底、孔底、井底不得有垃圾、树根、杂物等；回填土方区域的基底、孔底、井底应排除积水。

勘查孔和探井的回填工作量较小，适用人工回填。人工回填一般采用分层回填的方法，分层厚度应符合规范要求，一般为 20～30cm。人工回填时，应按厚度要求回填一层夯实一层，并按相关要求检测回填土的密实度。

2.2.5 安全防护

基坑工程勘查与环境调查中的安全防护应按现行国家标准《岩土工程勘察安全规范》GB50585 的有关规定执行。

2.3 现场勘查与环境调查报告

2.3.1 现场勘查与环境调查的主要内容

（1）勘查与环境调查的目的、调查方法；

（2）基坑轮廓线与周围既有建（构）筑物荷载、基础类型、埋深、地基处理深度等；

（3）相关地下管线的分布现状、渗漏等情况；

（4）周边道路的分布及车辆通行情况；

（5）雨水汇流与排泄条件；

（6）实验方法、检测方法及结论和建议。

2.3.2 现场勘查与环境调查报告文件

现场勘查与环境调查报告应包括下列文件：

（1）基坑周边环境条件图；

（2）勘查点平面位置图；

（3）拟采用的支护结构、降水方案设计相关文件；

（4）基坑平面尺寸及深度，主体结构基础类型及平面布置图；

（5）实验和检测文件。

相对于一般岩土工程勘察报告所附图表而言，规范作出以下特殊规定：

（1）勘查点（也可使用原勘察报告的勘探点）平面位置图上应附有周围已有建（构）筑物、管线、道路的分布情况；

（2）必要时应绘制垂直基坑边线的剖面图；

（3）工程地质剖面图上宜附有基坑开挖线。

现场勘查与环境调查报告应在原勘察报告和设计文件的基础上，对设计方案和施工需要的岩土参数、周边条件给出明确的结论，还要说明岩土参数取值或变化的依据，施工过程中对周边建（构）筑物采取的安全措施、监测与检测方案。

2.3.3 现场勘查与环境调查报告的编写

现场勘查与环境调查报告应在原勘察报告和设计文件的基础上，明确引用场地原有岩土工程勘察报告的内容、核查变化情况，对设计方案和施工需要的岩土参数、周边条件给出明确的结论，还需说明岩土参数取值或变化的依据，对设计文件、施工组织设计的修改意见和建议，施工过程中对周边建（构）筑物采取安全措施的建议，以及基坑工程施工和使用过程中的重要事项。

同时，为保证现场勘查和环境调查质量及资料的规范完整，现场勘查与环境调查报告应签字盖章齐全。

2.4 现场勘查与环境调查实例

1. 工程概况

某工程位于××市，东临圆明园路，北抵南苏州河路，西倚虎丘路，南至北京东路，如图 2.4-1 所示。某工程是以办公、商业为主，精品酒店、高档公寓为辅的城市多功能街区，主体建筑为 1~6 号建筑，主体建筑地上结构 5~14 层不等，基坑面积约为 8400m²。1~5 号建筑设置 3 层地下室，地下室底板面设计相对标高为−13.400m；6 号建筑设置 1 层地下室，地下室底板面设计相对标高为−4.500m。主体结构底板厚度 1500 mm。基坑分为 A、B、C 三区，开挖深度分别为 6.5、15.4、15.4m。本工程位于市历史文化风貌保护区的核心地块，周边紧邻 12 栋上海市历史保护建筑（包括光陆大楼、广学大楼、真光大楼、亚洲文会大楼、安培洋行、女青年大楼、××大楼、中实大楼、美丰洋行、圆明园公寓、哈密大楼、协进大楼），且基坑周边分布有密集的市政管线，基坑的环境保护要求极高。

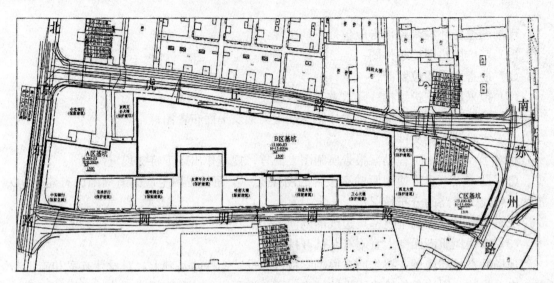

图 2.4-1　某基坑工程的周边环境情况

2. 基坑周边的市政管线调查

以基坑西侧的圆明园路为例，调查了该侧的有关市政管线情况。圆明园路下有一根上水管线、一根雨水管线、一根污水管线、一根电力管线、一根信息管线、一根燃气管线和两根上话管线。管线情况及与基坑的关系如表 2.4-1 所示。

圆明园路侧管线的情况及与基坑的关系　　　　　　　　　表 2.4-1

序　号	管线名称	管径（mm）或组、孔数	材　料	埋深（m）	距基坑最近距离（m）
1	信息	3孔	电缆	0.30	11.2
2	电力	1组	电缆	0.70	11.7
3	上话	2孔	电缆	0.45	12.6
4	上水	ϕ300	铁	0.80	13.6
5	污水	ϕ230	混凝土	2.10	14.3
6	雨水	ϕ600	混凝土	1.05	15.9
7	燃气	ϕ200	铁	0.50	17.0
8	上话	15孔	电缆	0.95	18.8

3. 基坑周边建筑物状况调查（以××大楼为例）

××大楼为市近代优秀保护建筑，是外侨在华最早的剧场××戏剧院的旧址。该建筑紧贴本工程的 B 区基坑，距基坑围护体外侧最近仅为 1.5m。房屋建于 1927 年，1956 年 3 月起由房管部门管理。

（1）原建筑、结构设计概况

房屋原设计为地上七层（屋面南侧另设有两层塔楼），北侧局部设有地下室。房屋平面为狭长矩形，一至五层平面布置基本无变化，六、七层向西收进一跨。外立面用深棕色面砖饰面，东、西两个立面风格相差很大。房屋南北向轴线总长 29.01m，东西向轴线总长 10.33m。地下室层高不详，一层层高 4.42m，二至七层层高均为 3.61m，屋面塔楼高 8.77m。房屋南侧为楼梯间，其中部设有一部电梯，通往上部楼层，房屋北侧为办公楼，塔楼部分为电梯机房。

房屋主要采用筏板基础，基础由南北两部分组成，如图 2.4-1 所示。北侧基础为地下室部分，其围护墙采用混凝土墙，墙厚 610mm，因图纸部分遗失，原配筋情况不详。南侧基础柱下位置沿东西和南北向分别设有大梁；南北向大梁宽 356～635mm，高 1525mm；东西向每跨内另有两道梁，梁均为 356mm×1525mm。梁顶设顶板，板厚 152mm；基础底板厚 254mm；南侧基础基底埋深为室内地坪以下约 1.64m。房屋上部主体采用钢筋混凝土框架结构（局部为混凝土墙），除七层和屋面向西收进一跨外，其他各层结构布置基本无变化。主框架沿双向布置，东西向 2 跨，跨度（柱距）5.03m；南北向 6 跨，主要跨度为 4.84m。混凝土墙分布在西侧一至五层间的 D/1～5 轴处，墙厚 203mm，单层配筋。柱均为方柱，由下至上逐层缩小。楼、屋盖采用主次梁结构，框架梁间沿东西向设置 2 道次梁。梁截面均为矩形，框架梁端加腋。楼板多数按单向板设计，厚度 102mm。

（2）现场建筑、结构布置及使用状况调查

房屋目前主要作为办公使用。现场对房屋的建筑和结构布置状况进行了复核调查。结果表明，原屋面 2 轴以北部分加建了一层，加层采用钢框架，上设木搁栅、彩钢板。整体上房屋除了加层以外基本上保留了原设计的平面布局及建筑风格，尤其是外立面保留较好。

现场检测发现原围护墙和内部填充墙主要采用实心黏土砖、混合砂浆砌筑，部分楼层加建了轻质隔墙分隔成若干房间使用。内侧面一般用纸筋灰和涂料装饰，外墙面仍然保留了原有的深棕色面砖，面砖多数为半砖（120mm）厚，部分楼层有后做的吊顶。大厅及楼梯间地坪为水磨石面层，面层及找平层厚约 50mm，水磨石地坪保存尚好，个别地方存在损坏现象，房间内多数有后装修的木地板。现场对 D/5 处基础进行了开挖检测，检测结果表明基础结构形式及构件尺寸与原设计基本一致，基础内目前积水，积水深度约 300mm。

（3）层高、轴网尺寸、构件及配筋检测

用测距仪抽样测试了柱间净距，再加上柱截面尺寸实测值，得到了轴网尺寸表（略）。现场实测结果表明房屋个别轴网尺寸与设计轴网尺寸相比有所偏差，按照实测结果绘制了轴线图。用测距仪抽样测试了各层净高，再加上楼板结构层与装饰层厚度实测值，得到了各层实际层高值（略）。现场抽查得到了柱、梁、墙等构件的尺寸（略），其中柱截面在凿除粉饰层后用钢卷尺检测；梁宽度在凿除粉饰层后用钢卷尺检测，梁高度为板底以下实测高度与楼板厚度设计值之和；墙厚为实测总厚度扣除粉饰及装修层厚度后推算所得。抽查的柱、梁、墙截面基本符合原设计要求，同类构件截面尺寸基本一致。采用 BOSCH 钢筋探测仪探测钢筋数量、间距，并凿开保护层用游标卡尺测量钢筋规格、保护层及粉饰层厚度，得到了柱、梁、墙等构件的配筋检测结果（略）。

（4）混凝土、砖及砂浆强度检测

现场用回弹法抽样检测了部分柱、梁、墙和板的混凝土强度，并用钻芯法进行了取芯修正，现场检测结果表明：1～5 层混凝土强度平均值为 20.0MPa，最小值为 17.4MPa，实测混凝土强度可按 C15 取用。房屋原填充墙材为 244mm×120mm×58mm 实心黏土砖，一层用水泥砂浆砌筑，其他楼层采用水泥混合砂浆砌筑，灰缝尚饱满，砌筑较平整。用回弹法检测砖墙的强度并修正，换算强度在 9.7～14.5MPa 之间，砖强度可按 MU10 取用。房屋的实测砂浆强度在 2.0～5.8MPa 之间，平均强度为 3.8MPa，总体上砂浆强度可按 MU2.5 取用。

（5）房屋沉降、倾斜测量情况

为了解房屋目前的总体变形情况，用经纬仪测量房屋角点的垂直度偏差，采用水准仪测量各层楼板板底的相对高差。从测量结果看房屋在东西方向为向西倾斜、南北方向为向中间倾斜，角点倾斜率不大，在 0.14％～0.303％之间。二、四、六层板底高差测量结果表明各层楼面的高差有相同规律：东西方向均为东高西低，平均高差约 75mm，换算成向西倾斜率约为 0.8％；南北方向为中间低两端高，最低处在 3 轴附近，3 轴以北平均高差约 120mm，换算成向南倾斜率约为 0.63％。

本章参考文献

［1］ 国家标准. 岩土工程勘察安全规范 GB50585—2010 ［S］. 北京：中国建筑工业出版社，2010.

［2］ 刘国彬，王卫东主编. 基坑工程手册 ［M］. 第二版. 北京：中国建筑工业出版社，2009.

3 施工安全专项方案

3.1 一般规定

3.1.1 编制施工安全专项方案

1. 应编制基坑工程施工安全专项方案

2009 年 6 月 2 日住房和城乡建设部《关于印发〈危险性较大的分部分项工程安全管理办法〉的通知》（建质［2009］87 号文）规定：

一、深基坑工程

（一）开挖深度超过 5m（含 5m）的基坑（槽）的土方开挖、支护、降水工程。

（二）"开挖深度虽未超过 5m，但地质条件、周围环境和地下管线复杂，或影响毗邻建（构）筑物安全的基坑（槽）的土方开挖、支护、降水工程"属于"超过一定规模的危险性较大的分部分项工程范围"。

87 号文第一条规定："为加强对危险性较大的分部分项工程的安全管理，明确安全专项施工方案编制内容，规范专家论证程序，确保安全专项施工方案实施，积极防范和遏制建筑施工生产安全事故的发生"。

87 号文第三条规定："危险性较大的分部分项工程安全专项施工方案，是指施工单位在编制施工组织设计的基础上，针对危险性较大的分部分项工程单独编制的安全技术措施文件。"

根据住房和城乡建设部的 87 号文规定，《规范》5.1.1 条要求深基坑工程"应根据施工、使用与维护过程的危险源分析结果编制基坑工程施工安全专项方案。"

深基坑工程安全施工专项方案的涵盖范围应包括深基坑工程的施工、使用与维护过程中所有的危险源，并对危险源进行识别、分析、评价，明确重大危险源和一般危险源，对重大危险源按消除、隔离、减弱危险源的顺序选择和制订安全技术措施和应急抢险预案。

2. 编制施工安全专项方案的有关规定

编制基坑工程施工安全专项方案（以下简称"专项方案"）应符合下列规定：

（1）应针对危险源及其特征制订具体的安全技术措施。这里主要是指重大危险源，应针对每一项重大危险源及其特征来制订具体的安全技术措施。

（2）应按消除、隔离、减弱危险源的顺序选择基坑工程安全技术措施。对危险源应按照能消除的消除掉、不能消除的隔离开、不能隔离的把危险源减弱掉的顺序原则，选择相对应的安全技术措施。

（3）应论证安全技术方案的可靠性和可行性。对专项方案中的安全技术措施的可靠性和可行性，应组织有关专家进行论证。

（4）应根据工程施工特点，提出安全技术方案实施过程中的控制原则，明确重点监控部位和监控指标要求。专项方案中，应针对工程施工特点，提出技术方案实施过程中的安全控制原则，明确安全监控、监测的重点部位和监控、监测的指标要求，包括报警值等数字指标。

（5）应包括基坑安全使用与维护全过程。专项方案不仅应包括基坑工程的施工阶段，而是应包括基坑安全使用与维护阶段的全过程。

（6）设计和施工发生变更或调整时，专项方案应进行相应的调整和补充。基坑工程的设计图纸和施工方案发生变更或调整时，专项方案应进行相应的调整和补充。有很多基坑工程安全事故都是由于设计图纸和施工方案发生变更或调整，但是基坑工程施工组织设计与专项方案未作相应的调整和补充，或只作少许调整，不能满足基坑工程安全施工的要求，结果发生了重大事故，造成了重大财产损失和人员伤亡。

3.1.2　专项方案的安全分析与专家论证

1. 施工专项方案的安全分析

深基坑工程安全施工专项方案应根据施工图设计文件、危险源识别评价结果、周边环境与地质条件、施工工艺设备、施工经验等进行安全分析，选择相应的安全控制、监测预警、应急处理技术，制订应急预案并确定应急响应措施。

2. 安全施工专项方案的专家论证

87号文第九条规定："超过一定规模的危险性较大的分部分项工程专项方案应当由施工单位组织召开专家论证会。实行施工总承包的，由施工总承包单位组织召开专家论证会。"对于省市建设行政主管部门有规定的，可根据各省市建设行政主管部门的有关规定或要求组织专家论证；无规定的，由施工（总承包）单位的技术负责人组织不少于5名以上的专家进行论证。

87号文第九条还规定："下列人员应当参加专家论证会：（一）专家组成员；（二）建设单位项目负责人或技术负责人；（三）监理单位项目总监理工程师及相关人员；（四）施工单位分管安全的负责人、技术负责人、项目负责人、项目技术负责人、专项方案编制人员、项目专职安全生产管理人员；（五）勘察、设计单位项目技术负责人及相关人员。"

87号文第十条规定："专家组成员应当由5名及以上符合相关专业要求的专家组成。本项目建设各方的人员不得以专家身份参加专家论证会。"

如省市、地级建设行政主管部门有专家库的，则专家组成员从专家库的专家中选取或抽取。

3.2　安全专项方案编制

3.2.1　安全专项方案应与施工组织设计同步编制

深基坑工程施工安全专项方案应与基坑工程施工组织设计同步编制，且实施施工前必须通过施工总包单位与建设单位（或建设单位委托的监理单位）的审批。

深基坑工程在设计单位提交设计文件与图纸及初步施工方案后，应获得有关专家论证通过，施工（总）承包单位应同时编制基坑工程施工组织设计与施工安全专项方案。

基坑工程施工组织设计是根据完整的工程技术资料和设计施工图纸，对深基坑工程全部生产施工活动进行全面规划和部署的主要技术管理文件。

基坑工程施工安全专项方案是根据施工图及设计文件、施工、使用与维护全过程的危险源分析结果、周边环境与地质条件、施工工艺与机械设备、施工经验等进行安全分析，选择相应的安全控制、监测预警、应急处理技术，制订应急预案并确定应急响应措施的主要安全技术管理文件。

这两个主要技术管理文件，对于确保深基坑工程施工组织的可行性、技术的先进性、实施的可操作性、施工的针对性、经济的合理性、基坑工程本体安全和周边环境安全具有同等重要性，因此必须同时编制基坑工程施工组织设计和施工安全专项方案。

3.2.2 安全专项方案的主要内容

由于深基坑工程大多集中在建筑密度大、人口密集、交通拥挤的中心城区，周边的道路、建筑和市政公用设施等，对深基坑工程的稳定性和变形、位移的控制有严格要求。但由于影响深基坑工程安全的因素众多，且这些因素具有很大的复杂性、不确定性、甚至突发性，加上施工过程中暴雨等自然条件的影响，施工行为的失误如基坑周边超堆等不良影响，施工企业在基坑工程施工实施前，必须充分了解基坑工程的基本情况和识别、评价可能发生的危险源，特别是重大危险源，制订重大危险源相对应的安全技术措施和应急响应预案，建立应对突发事件的应急响应机制，以避免乃至杜绝重大人员伤亡和财产损失。因此，安全专项方案编制应包括下列内容：

（1）工程概况，包含基坑工程所处地理位置、基坑工程规模、基坑安全等级、现场勘查及周边环境（包括建、构筑物、交通道路、地下管线等）调查结果、地下结构形式、面积、埋深、支护结构形式及相应附图、工程特点与难点、工程目标等。

还应包括项目参建单位概况，如建设单位、勘察单位、设计单位、监理单位、施工单位、监测及检测单位等。

（2）工程地质与水文地质条件等勘察资料，包含对基坑工程施工安全的不利因素分析。

（3）危险源分析，包含基坑工程本体安全、周边环境安全、施工设备及人员生命财产安全的危险源分析与评价。

（4）各施工阶段与危险源控制相对应的安全技术措施，包含围护结构施工、支撑系统施工及拆除、土方开挖、降水等施工阶段危险源控制措施；各阶段施工用电、消防、防台防汛等安全技术措施。

（5）信息施工法实施细则，包含对施工监测成果信息的发布、分析、决策与指挥系统。

（6）安全控制技术措施、处理预案。

（7）安全管理措施，包含安全管理组织及人员教育培训等措施。

（8）对突发事件的应急响应机制，包含信息报告、先期处理、应急启动和应急终止。

专项方案还应包括方案编制依据：

（1）法律法规、标准规范；

（2）工程设计文件及施工图纸；

（3）合同文件，包括建设单位与施工单位的工程总承包合同、总承包单位与专业分包单位、劳务分包单位的分包合同等。

此外，专项方案还应包括，与施工安全有关的施工总平面布置图、施工用水及排水平面布置图、施工用电平面布置图、大型施工机械平面布置图、各施工阶段工况平面图等。

3.2.3 安全专项方案的编制与审批

虽然在本规范中未提及安全专项方案的编制与审批，但是，专项方案的编制与审批是深基坑工程施工安全管理的重要环节，所以在本书中作如下说明。

1. 专项方案的编制

由于各个施工企业的组织构架、技术管理等存在差异，同时由于基坑工程技术的复杂性，深基坑工程施工安全专项方案可以由项目经理部相关人员编制完成，也可由施工企业相关人员编制完成。编制完成后，一般由项目技术负责人进行审查，对其进行必要的调整和完善，完成专项方案初稿。项目技术负责人应主持讨论专项方案初稿，相关人员对其安全性、操作性、经济性等进行全面的分析，并根据分析意见进行完善。完善后形成的专项方案应根据有关规定进行审批。施工企业的技术负责人、各部门（安全、技术、质量、设备等）相关人员可根据基坑工程的规模、难度等情况参与专项方案的编制与完善工作。对于地质条件、周边环境复杂、施工难度较大的深基坑工程，企业应组织有经验的工程技术人员进行专题研究，广泛听取各方意见，为专项方案的编制创造条件。

2. 专项方案的审批

审批是指施工企业根据有关企业标准，对报批的建设工程施工组织设计、施工方案、安全专项方案等进行审查的过程，包括审核与审定。审核是指企业有关职能部门对报批的施工组织设计、施工方案、安全专项方案等进行审查的过程。审定是指企业技术负责人或授权的技术人员对审核后的施工组织设计、施工方案、安全专项方案等进行批准或认定的过程。企业技术负责人一般为企业总工程师，授权的技术人员一般为企业分管副总工程师，或在企业内部被广泛认可、具有较高业务水平的工程技术人员。经审核合格的，企业技术负责人签字。

施工组织设计、施工方案、安全专项方案等审批流程可根据施工企业的组织构架和企业的相关管理制度、办法确定。目前我国的施工企业组织构架主要分为两种模式，一种是由公司、项目经理部组成的二级管理模式，另一种是由公司、分公司、项目经理部组成的三级管理模式。所以，施工组织设计、施工方案、安全专项方案等的审批流程也可分为两种方式，一种是项目经理部编制、公司审批的方式，另一种是项目经理部编制、分公司初审、公司审批的方式。

实施施工总承包的工程，基坑工程可以由专业分包单位分包施工，施工组织设计、施工方案、安全专项方案可由专业分包单位编制完成，编制完成的施工组织设计、施工方案、安全专项方案应由专业分包单位审批后，报总承包单位审定。基坑工程中的某些分项工程，如围护墙工程、降排水工程、土方开挖工程等可由专业分包单位组织施工，该分项工程的施工方案、安全专项方案应由专业分包单位进行编制，并由分包单位技术负责人审批后，报总承包单位进行审定。经审核合格的，总承包单位技术负责人及相关专业分包单位技术负责人签字。

总承包单位审定的施工组织设计、施工方案、安全专项方案尚应根据我国建设工程管理的有关规定，报建设单位和建设单位委托的监理单位进行审批，由监理单位总监理工程师审核签字，审批通过后方可进行基坑工程的施工。

3.2.4 安全专项方案的动态管理

1. 安全专项方案的变更

深基坑工程的安全专项方案会因主客观条件的变化而产生变更，这种变更主要是由施工图设计变更、方案优化变更以及施工过程中的差异性变更等因素引起的。这种变更应按照设计变更的要求，对基坑工程的施工组织设计、施工方案、安全专项方案进行相应的调整。否则，将产生不可预测的严重后果。

譬如：×××广场工程由于设计更改，其施工组织设计、施工方案和安全专项方案未作相应调整。2004 年 11 月重新开始从地下 4 层基坑底往地下 5 层施工，至 2005 年 7 月 21 日上午，基坑南侧东部桩加钢支撑部分，最大位移约为 4cm，其中从 7 月 20 日至 21 日一天增大 1.8cm，基坑南侧中部喷锚支护部分，最大位移约为 15cm。基坑在 2005 年 7 月 21 日中午 12:20 左右倒塌，造成 5 人受伤，6 人被埋，其中 3 人被消防队员救出，另 3 人不幸遇难，基坑倒塌前 1 个小时，施工单位测量的挡土墙加钢管内支撑部分最大位移为 4cm，监测单位在倒塌前两天测出的基坑南侧喷锚支护部分最大位移为 15cm。

深基坑工程施工实施前或实施过程中，基坑支护设计变更或结构设计变更对基坑设计产生重大影响时，相关的施工参数、工艺流程、施工工况、施工安全控制等要求都有可能发生重大的变化。深基坑工程施工实施过程中，若设计参数与基坑监测数据存在较大差异，或深基坑工程施工中产生险情而可能对基坑和周边环境产生不利影响时，建设各相关单位应进行协商，采取针对性的技术措施避免不利影响。这些技术措施一般会造成设计方案和施工组织设计、安全专项方案的变更。在保证基坑和周边环境安全的基础上，施工企业可根据内部资源配置情况，建设单位可根据工程建设成本等因素，对基坑工程的设计方案提出优化设计，这些优化方案的确认会造成施工组织设计、安全专项方案的变更或调整。

2. 安全专项方案变更的程序

通过专家评审的施工组织设计和安全专项方案，其变更应当经过原评审专家组的重新评审；经过审批的施工组织设计和安全专项方案，其变更应按原审批程序重新进行审批。

3. 安全专项方案的控制程序

在深基坑工程施工实施前，应对安全专项方案进行有针对性的技术和安全措施交底。在基坑工程施工实施过程中，应对安全专项方案的执行情况进行持续的检查与监测，结合信息化施工，对各种监测数据进行分析和研究，适时对施工程序进行调整，对后续的施工进行科学的决策。基坑工程施工完毕后，应对施工组织设计和安全专项方案进行总结分析，并对实施效果进行总体评估。

3.3 危险源分析

3.3.1 危险源的识别与分析

《职业健康安全管理体系 要求》GB/T28001—2011 对危险源的定义是：

"3.6 危险源是可能导致人身伤害和（或）健康损害的根源、状态或行为，或其组合。"

凡实施职业健康安全管理体系的施工企业，都了解危险源的识别与分析的必要性，目前大多数建筑施工企业都建立和实施了职业健康安全管理体系，都认真地进行危险源的识别与分析。

深基坑工程是复杂的、受众多因素影响的系统工程，由于周边环境条件和控制要求、工程地质条件、水文地质条件、支护结构施工、地下水与地表水控制和土方开挖及基坑使用与维护，都会产生很多危险源，甚至重大危险源，这些危险源都可能导致人员伤害或疾病、财产损失、工作环境破坏或这些情况组合的根源或状态。因此，深基坑工程开工前，必须根据基坑工程周边环境条件和控制要求、工程地质条件和水文地质条件、支护结构设计与施工方案、地下水与地表水控制方案、施工能力与管理水平、工程经验等进行危险源辨识与分析，并应根据危险程度和发生的频率，识别为重大危险源和一般危险源。表 3.3.1-1 所示为重大危险源及不可承受风险控制清单、表 3.3.1-2 所示为危险源清单及风险评价表。

重大危险源及不可承受风险控制清单　　　　　　　　　表 3.3.1-1

序号	序列号	类别性质	危险源	时态			状态			风险评价				风险级别	风险控制措施				
				过去	现在	将来	正常	异常	紧急	L	E	C	D		目标指标	管理方案	运行控制	检测测量	应急预案
施工准备阶段																			
1	4	其他伤害	在地下管线情况不明，未采取控制的情况下，进行打桩挖土施工		√	√				3	6	15	270	2				√	√
地基工程																			
2	3	机械伤害	风力超过七级或有风暴警报时，未将打桩机随风向停止，未将高空装置降到地面上		√				√	1	6	40	240	2				√	√
3	13	机械伤害	大型机械的地基承受力不够，倒塌		√	√				1	6	40	240	2	√	√	√	√	√
4																			
模板工程																			
5	8	高处坠落	悬空、登高作业无可靠实效的作业平台		√	√				6	6	15	540	1	√	√	√	√	√
6	19	坍塌	模板支撑与脚手架连体，拆模不按顺序		√	√				3	6	15	270	2				√	√
脚手架装拆作业																			
7	7	坍塌	控制不标准、设置不合理		√	√				3	6	15	270					√	√

序号	序列号	类别性质	危险源	时态			状态			风险评价				风险级别	风险控制措施				
				过去	现在	将来	正常	异常	紧急	L	E	C	D		目标指标	管理方案	运行控制	检测测量	应急预案
起重吊装作业																			
8	6	起重伤害	大型机械运行违章作业（超载、斜吊等），擅自拆除限位装置		√		√			3	6	15	270					√	√

危险源清单及风险评价表　　表 3.3.1-2

序号	序列号	类别性质	危险源	时态			状态			风险评价				风险级别	风险控制措施				
				过去	现在	将来	正常	异常	紧急	L	E	C	D		目标指标	管理方案	运行控制	检测测量	应急预案

3.3.2 重大危险源特征

符合下列特征之一的必须列为重大危险源：

（1）土方开挖施工对邻近建（构）筑物、设施必然造成安全影响或有特殊保护要求的；

（2）达到设计使用年限拟继续使用的；

（3）改变现行设计方案，进行加深、扩大及改变使用条件的；

（4）邻近的工程建设，包括打桩、基坑开挖、降水施工等影响基坑支护安全的；

（5）邻水的基坑。

特殊保护要求指的是：对临近地铁、历史保护建筑、危房、交通主干道、基坑边塔式起重机、给水管线、煤气管线等重要管线采取的安全保护要求。

对重大危险源应制订相应的安全技术措施和应急响应预案，以消除、隔离、减弱危险源，避免深基坑工程安全事故的发生。

3.3.3 一般危险源

符合下列情况的为一般危险源：

（1）存在影响基坑工程安全性、适用性的材料低劣、质量缺陷、构件损伤或其他不利状态；

（2）支护结构、工程桩施工产生的振动、剪切等可能导致流土、土体液化、渗流破坏；

（3）截水帷幕可能发生严重渗漏；

（4）交通主干道位于基坑开挖影响范围内，或基坑周围建筑物管线、市政管线可能产生渗漏、管沟存水，或存在渗漏变形敏感性强的排水管等可能发生的水作用产生的危险源；

（5）雨期施工，土钉墙、浅层设置的预应力锚杆可能失效或承载力严重下降；

（6）侧壁为杂填土或特殊性岩土；

（7）基坑开挖可能产生过大隆起；

（8）基坑侧壁存在振动荷载；

（9）内支撑因各种原因失效或发生连续破坏；

（10）对支护结构可能产生横向冲击荷载；

（11）台风、暴雨或强降雨降水施工用电中断、基坑降排水系统失效；

（12）土钉、锚杆蠕变产生过大变形及地面裂缝。

对一般危险源也要引起足够的重视，不加控制也会发展成重大危险源，也会发生事故。

深基坑工程由于工程地质条件、水文地质条件和周边环境条件千变万化，又由于支护结构类型、面积、埋深的不同，产生的危险源和重大危险源也会不同，可能不仅限于上面所列的5条重大危险源和12条一般危险源，要求施工技术人员认真了解和熟悉深基坑工程施工、使用和维护的全过程，认真辨识和分析各类危险源。

3.4 应急预案

3.4.1 深基坑工程应急预案的主要内容

深基坑工程应根据基坑工程施工现场安全管理、工程特点、周边环境特征和安全等级制订基坑工程施工安全应急预案。

应急预案针对性强，是具体指导某类特定事故救援的专门方案，特别是深基坑工程施工的应急预案更是针对性强、事故成因复杂、具有不可预见性的工程应急救援专门方案。

1. 应急预案的主要内容。

根据《建筑施工安全统一规范》GB50870—2013第7.2.2条的规定，建筑施工安全专项应急预案应包括下列主要内容：

（1）潜在的安全生产事故、紧急情况、事故类型及特征分析；

（2）应急救援组织机构与人员职责分工、权限；

（3）应急救援技术措施的选择和采用；

（4）应急救援设备、器材、物资的配置、选择、使用方法和调用程序；

（5）应急救援设备、物资、器材的维护和定期检测的要求，以保持其持续的适用性；

（6）与企业内部相关职能部门的信息报告、联系方法；

（7）与外部政府、消防、救险、医疗等相关单位与部门的信息报告、联系方法；

（8）组织抢险急救、现场保护、人员撤离或疏散等活动的具体安排；

（9）重要的安全技术记录文件和相应设备的保护。

2. 安全专项应急预案应开展下列活动：

（1）对全体施工人员进行针对性的安全教育与培训和安全技术交底；

（2）定期组织专项应急救援演练。

定期组织专项应急救援演练是优化专项应急预案的依据，也是提高全体施工人员应对事故反应能力的有效措施。

3. 根据应急救援演练和实战的结果，应对深基坑工程施工安全专项应急预案的适用性和可操作性组织评价，并进行修改和完善。

3.4.2 基坑出现险情的应急措施

当深基坑工程出现基坑及支护结构变形较大，超过报警值且采取相关措施后，情况没有大的改善；周边建（构）筑物变形持续发展或已影响正常使用等险情时，应采取下列应急措施：

（1）基坑变形超过报警值时应调整分层、分段土方开挖等施工方案，并宜采取坑内回填反压后增加临时支撑、锚杆等措施。

（2）周围地表或建筑物变形速率急剧加大，基坑有失稳趋势时，宜采取卸载、局部或全部回填反压，待稳定后再进行加固处理。

（3）坑底隆起变形过大时，应采取坑内加载反压、调整分区、分步开挖、及时浇筑快硬混凝土垫层等措施。

（4）坑外地下水位下降速率过快引起周边建筑与地下管线沉降速率超过警戒值时，应调整抽水速度，减缓地下水位下降速度或采用回灌措施。

（5）围护结构渗水、流土，可采用坑内引流、封堵或坑外快速注浆的方式进行堵漏；情况严重时应立即回填，再进行处理。

（6）开挖底面出现流砂、管涌时，应立即停止挖土施工，根据情况采取回填、降水法降低水头差、设置反滤层封堵流土点等方式进行处理。

（7）开挖基坑底面出现流砂、管涌时，应立即停止基坑挖土；当判断为承压水突涌时，应立即回填并采取降压措施；判断为坑内外水位高差大引起时，可根据环境条件采取截断坑内外水力联系、基坑周围降水法降低水头差、设置反滤层封堵流土点等方式进行处理。

（8）坑底突涌时，应查明突涌原因，对因勘察孔、监测孔封孔不当引起的单点突涌，宜采用坑内围堵平衡水位后，施工降水井降低水位，再进行快速注浆处理；对于不明原因的坑底突涌，应结合坑外水位孔的水位监测数据分析；对围护结构或帷幕渗漏引起的坑底突涌，应采用坑内回填平衡、坑底加固、坑外快速注浆或冻结的方法进行处理。

（9）基坑变形超过报警值时，应调整分层、分段土方开挖等施工方案，或采取加大预留土墩，坑内堆砂袋、回填土、增设锚杆、支撑、坑外卸载、注浆加固、托换等措施。

3.4.3 邻近建筑物开裂及倾斜的处置措施

深基坑工程施工引起邻近建筑物开裂及倾斜事故时，应根据具体情况采取下列处置措施：

(1) 立即停止基坑开挖，回填反压；
(2) 增设锚杆或支撑；
(3) 采取回灌、降水等措施调整降深；
(4) 在建筑物基础周围采用注浆加固土体；
(5) 制订建筑物的纠偏方案并组织实施；
(6) 情况紧急时应及时疏散人员。

3.4.4 邻近地下管线破裂的应急措施

深基坑工程施工引起邻近地下管线破裂时，应采取下列应急措施：

(1) 立即关闭危险管道阀门，采取措施防止产生火灾、爆炸、冲刷、渗流破坏等安全事故；
(2) 停止基坑开挖，回填反压、基坑侧壁卸载；
(3) 及时加固、修复或更换破裂管线。

在开工前的环境调查时，应了解周边地下各种管线及阀门的正确位置，一旦地下管线发生破裂，产生喷水、喷气、漏电等状况时，必须立即关闭阀门，以防事态进一步扩大。如果不知道地下各种管线及阀门的位置，应立即向消防和水、电、气等有关单位报警，以尽早采取措施，防止事故进一步扩大。

在事故得到控制以后，则由水、电、气等有关单位负责加固、修复或更换破裂管线等工作，基坑施工单位做好配合工作。

3.4.5 强制性条文

规范第 5.4.5 为强制性条文：

5.4.5 基坑工程变形监测数据超过报警值，或出现基坑、周边建（构）筑物、管线失稳破坏征兆时，应立即停止施工作业，撤离人员，待险情排除后方可恢复施工。

基坑工程坍塌事故会产生重大财产损失，应避免人员伤亡。基坑工程坍塌事故一般具有明显征兆，如支护结构局部破坏产生的异常声响、位移的快速变化、水土的大量涌出等。当预测到基坑坍塌、建筑物倒塌事故的发生不可逆转时，应立即撤离现场施工人员、邻近建筑物内的所有人员。

确保人身安全是现代社会的人性化的基本理念，当预测到基坑坍塌、建筑物倒塌事故的发生不可逆转时，"应立即停止施工作业，撤离人员"，这成为强制性条文，必须严格执行。

本条指出了发生险情的两种状况：①"基坑工程变形监测数据超过报警值"；②"出现基坑、周边建（构）筑物、管线失稳破坏征兆"。

同时指出了发生险情应采取的四项措施：①"应立即停止施工作业"；②"撤离人员"；③"险情排除"；④"恢复施工"。条文强调了"待险情排除后方可恢复施工"，以确保不发生次生灾害和人员伤亡。

《规范》的条文说明对5.4.5条是这样说明的：

"5.4.5 本条为强制性条文，基坑工程坍塌事故会产生重大财产损失，应避免人员伤亡。基坑工程坍塌事故一般具有明显征兆，如支护结构局部破坏产生的异常声响、位移的快速变化、水土的大量涌出等。当预测到基坑坍塌、建筑物倒塌事故的发生不可逆转时，应立即撤离现场施工人员、邻近建筑物内的所有人员。"

当基坑发现变形、位移、开裂、渗水等征兆，基坑监测数据超过报警值时，就有可能发生基坑坍塌事故，工地应：

（1）立刻启动应急预案；

（2）立即撤离现场施工人员、邻近建筑物内的所有人员；

（3）报告公司上级部门和建设、监理、设计单位；

（4）建设、监理、设计和施工单位有关人员共同勘察现场，分析原因，制订抢险和修补的技术方案和措施；

（5）组织人员和设备、材料，及时进行抢险和修补，从而避免事故的扩大与蔓延。

3.5 应急响应

3.5.1 应急响应的四个程序

应急响应根据应急预案采取抢险准备、信息报告、应急启动和应急终止四个程序统一执行。

3.5.2 抢险准备

应急响应前的抢险准备，应包括下列内容：
（1）应急响应需要的人员、设备、物资准备；
（2）增加基坑变形监测手段与频次的措施；
（3）储备截水堵漏的必要器材；
（4）清理应急通道。

3.5.3 信息报告

当基坑工程发生险情时，工地应立即启动应急响应，并向上级公司和当地政府有关部门及安监、消防、医疗等单位报告以下信息：

（1）险情发生的时间、地点；

（2）险情的基本情况及抢救措施；

（3）险情的伤亡及抢救情况。

3.5.4 应急启动

基坑工程施工与使用中，应针对下列情况进行安全应急响应启动：

（1）基坑支护结构水平位移或周围建（构）筑物、周边道路（地面）出现裂缝、沉降、地下管线不均匀沉降或支护结构构件内力超过限值时；

（2）建筑物裂缝超过限值或土体分层竖向位移或地表裂缝宽度突然超过报警值时；

（3）施工过程出现大量涌水、涌砂时；

（4）基坑底部隆起变形超过报警值时；

（5）基坑施工过程遭遇大雨或暴雨天气，出现大量积水时；

（6）基坑降水设备发生突发性停电或设备损坏造成地下水位升高时；

（7）基坑施工过程因各种原因导致人身伤亡事故出现时；

（8）遭受自然灾害、事故或其他突发事件影响的基坑；

（9）其他有特殊情况可能影响安全的基坑。

3.5.5 应急终止

应急终止应满足下列要求：

（1）引起事故的危险源已经消除或险情得到有效控制；

（2）应急救援行动已完全转化为社会公共救援；

（3）局面已无法控制和挽救，场内相关人员已全部撤离；

（4）应急总指挥根据事故的发展状态认为终止的；

（5）事故已经在上级主管部门结案。

3.5.6 应急终止报告

应急终止后，公司及项目部应针对事故发生及抢险救援经过、事故原因分析、事故造成的后果、应急预案效果及评估情况提出书面报告，并应按有关程序向上级报告。

3.6 安全技术交底

3.6.1 开工前应进行安全技术交底

技术交底是建设工程开工前应组织建设单位、勘察单位、设计单位、监理单位、施工单位、监测及检测单位等建设相关各方进行工程设计及施工的技术总交底，明确各个工序的设计要求、技术要求和质量标准。

技术交底是建设工程施工的重要环节，技术交底要做到建设相关各方对建设工程设计、施工、监测等技术要求有全面、正确、准确的了解和掌握。

技术交底包括设计交底、施工总交底、施工各阶段分部分项工程施工技术交底和安全技术交底，特别强调向施工一线的操作工人的安全技术交底，每次交底均应做好书面交底记录，并有交底人和被交底人签名，并留存归档。安全技术交底是技术交底中的一种。

深基坑工程的安全技术交底是深基坑工程开工前应组织建设单位、勘察单位、设计单位、监理单位、施工单位、监测及检测单位等建设相关各方进行深基坑工程支护设计及施工方案的技术交底，明确支护结构施工及拆除、降排水施工、土方开挖等各个工序的设计要求、施工安全技术要求、安全规范标准和基坑监测方案与监测点布置情况等。

3.6.2 安全技术交底的实施

深基坑工程施工过程中各工序开工前，施工技术管理人员必须向所有参加施工作业的人员进行施工组织与安全技术交底，如实告知危险源、安全注意事项、防范技术措施及相应的应急预案，形成记录、文件并签署。

（1）深基坑工程开工前，项目技术负责人应将深基坑工程概况、工程特点、技术难点、各项施工安全技术措施和基坑监测方案与监测点布置情况等向全体施工管理人员进行详细交底。

（2）每一分部、分项工程施工前，项目施工员和安全员应根据分部、分项工程工艺流程和工况，向施工队长或班组长进行安全技术交底，施工员和班组长向操作工人进行安全技术交底。

（3）对特殊工种的作业、机械设备的作业、机械设备的安拆与使用、安全防护设施的搭拆等，项目施工员和安全员均应对操作班组作安全技术交底。安全技术交底后，必须有项目技术负责人、施工员、施工队长（班组长）、安全员等验收，验收合格后方可投入使用。

（4）对专业性较强的分项工程，应由总包单位向分包单位进行技术总交底，然后由分包单位编制施工方案，由分包单位技术人员根据施工方案，向施工班组长作针对性的安全技术交底，不能以交底代替方案，或以方案代替交底。

（5）两个以上项目施工或工种配合施工时，项目施工员和安全员应按工程进度定期或不定期地向施工班组长进行交叉作业的安全技术交底。

（6）安全技术交底要经项目技术负责人审阅签字，班组长签字接受生效。交底字迹要清晰，必须本人签字，不许代人签名。

（7）班组长要根据交底要求，对操作工人进行针对性的班前作业安全技术交底，操作人员必须严格执行安全技术交底的要求，安全技术交底的书面记录上应有交底人和被交底的操作工人签名。

（8）安全技术交底要全面、有针对性，符合有关安全技术操作规程的规定，内容包括施工要求、作业环境、可能存在的危险源及应对技术措施和应急预案等，严禁施工员和劳务队长、班组长违章指挥。

（9）安全技术交底后，施工员、安全员、班组长等应对安全交底的落实情况进行检查和监督，督促操作工人严格按安全交底要求操作施工，严禁违章作业。

总之，必须明确，一是安全技术交底的最终对象是具体施工作业人员，即施工班组长和操作工人；二是交底方式——书面交底和交底记录签名并留存的要求。

3.6.3　安全技术交底内容

深基坑工程安全技术交底时，还应包括下列内容：
（1）现场勘查与环境调查报告；
（2）施工组织设计；
（3）主要施工技术、关键部位施工工艺工法、参数；
（4）各阶段危险源分析结果、具体预防措施与相应的安全技术措施；
（5）基坑监测方案与监测点布置情况；
（6）应急预案及应急响应等。

技术交底内容还应包括：工程项目和分部分项工程概况及安全施工操作规程。

在深基坑工程施工过程中，应充分考虑和查阅标准规范、设计文件、勘查调查资料、监测报告等相关内容，保证安全技术交底的全面性、可靠性、针对性、可操作性和适用性，特别是对操作工人的技术交底内容应强调针对性和可操作性。

本章参考文献

[1]　住房和城乡建设部. 关于印发《危险性较大的分部分项工程安全管理办法》的通知（建质 2009 [2009] 87 号）[Z]，2009

[2]　国彬，王卫东主编. 基坑工程手册 [M]. 第二版. 北京：中国建筑工业出版社，2009.

[3]　国家标准. 建筑施工安全技术规范 GB50870—2013 [S]. 北京：中国建筑工业出版社，2013.

[4]　国家标准. 职业健康安全管理体系要求 GB/T28001—2011 [S]. 北京：中国建筑工业出版社，2011.

4 支护结构施工

4.1 一般规定

4.1.1 基坑支护体系的概述

1. 基坑支护体系的作用

基坑支护体系是提供基坑土方开挖和地下结构工程施工作业的空间,并控制土方开挖和地下结构工程施工对周边环境可能造成的不良影响。

2. 基坑支护体系的要求

(1) 在土方开挖和地下结构工程施工过程中,基坑周边土体保持稳定,提供足够的土方开挖和地下结构工程施工的空间,而且支护结构的变形也不会影响土方开挖和地下结构工程施工。

(2) 土方开挖和地下结构工程施工范围内的地下水位降至有利于土方开挖和地下结构工程施工的水位。

(3) 控制支护体系的变形,控制坑外地基中的地下水位,控制由支护结构的变形、基坑挖土卸载回弹、坑内外地下水位变化、抽水可能造成的土体流失等原因造成的基坑周围地基的附加沉降和附加水平位移。

(4) 当基坑紧邻市政道路、管线、周边建(构)筑物时,应严格控制基坑支护结构可能产生的变形,严格控制坑内外地基中地下水位可能产生的变化范围。

(5) 对基坑支护结构允许产生的变形量和坑内外地基中地下水位允许的变化范围应根据基坑周围环境保护要求确定。

4.1.2 基坑支护体系的施工要点

(1) 施工前应熟悉支护体系图纸、周边环境及各种计算工况,掌握开挖和支护设置的方式、形式及周围环境保护要求。

(2) 施工参数与地层条件匹配,结合土层特点选取合适的施工机械和施工方法,配置合适的动力设备,调整施工参数,必要时配以合理辅助措施,使施工质量满足设计要求。如在硬黏土区域施工搅拌桩应采用大功率电机,在浅层松散砂土施工搅拌桩、地下连续墙可辅助低掺量搅拌桩地基加固等。

(3) 注意施工对周边环境的影响,许多支护结构施工本身对周边环境的影响很大,如搅拌桩或高压旋喷桩施工时引起的孔隙水压力上升、地下连续墙的水平位移等,有些变形甚至超过基坑开挖造成的影响，因此施工时应针对各种工艺特点，严格控制施工参数，防止出现"未挖先报警"现象。

（4）施工连贯性和整体性。工程经验表明，施工参数合理，现场条件合适，施工连贯，一气呵成的支护体系往往施工质量稳定，质量缺陷和安全问题较少；事先准备不充分，计划安排不合理，或现场限制较多，往往造成施工冷缝、强度质量不稳定、少打漏作现象，成为开挖阶段的隐患。

（5）施工质量和安全及时检验与控制。施工阶段及时检验施工质量和安全有利于及时发现问题并补救，调整后期施工参数，加强监控措施，防止整个支护体系质量问题和安全隐患。施工过程控制是确保支护体系质量和安全最为关键的环节。

4.1.3 基坑支护体系的安全规定

（1）基坑工程施工前应根据设计文件，结合现场条件和周边环境保护要求、气候等情况，编制支护结构施工方案。临水基坑施工方案应根据波浪、潮位等对施工的影响进行编制，并应符合防汛主管部门的相关规定。

（2）基坑支护结构施工应与降水、开挖相互协调，各工况和工序应符合设计要求。

（3）基坑支护结构施工与拆除不应影响主体结构、邻近地下设施与周围建（构）筑物等的正常使用，必要时应采取减少不利影响的措施。

（4）支护结构施工前应进行试验性施工，并应评估施工工艺和各项参数对基坑及周边环境的影响程度；应根据试验结果调整参数、工法或反馈修改设计方案。

（5）支护结构施工和开挖过程中，应对支护结构自身、已施工的主体结构和邻近道路、市政管线、地下设施、周围建（构）筑物等进行施工监测，施工单位应采用信息施工法配合设计单位采用动态设计法，及时调整施工方法及预防风险措施，并可通过采用设置隔离桩、加固既有建筑地基基础、反压与配合降水纠偏等技术措施，控制邻近建（构）筑物产生过大的不均匀沉降。

（6）施工现场道路布置、材料堆放、车辆行走路线等应符合设计荷载控制要求；当设置施工栈桥时，应按设计文件编制施工栈桥的施工、使用及保护方案。

（7）当遇有可能产生相互影响的邻近工程进行桩基施工、基坑开挖、边坡工程、盾构顶进、爆破等施工作业时，应确定相互间合理的施工顺序和方法，必要时应采取措施减少相互影响。

（8）遇有雷雨、6级以上大风等恶劣天气时，应暂停施工，并应对现场的人员、设备、材料等采取相应的保护措施。

4.2 土钉墙支护

4.2.1 概述

土钉墙是近30多年发展起来的用于土体开挖时保持基坑侧壁或边坡稳定的一种挡土

结构，主要由密布于原位土体中的细长杆件——土钉、粘附于土体表面的钢筋混凝土面层及土钉之间的被加固土体组成，是具有自稳能力的原位挡土墙，可抵抗水土压力及地面附加荷载等作用力，从而保持开挖面稳定。这是土钉墙的基本形式。

复合土钉墙是近 10 多年来在土钉墙基础上发展起来的新型支护结构，土钉墙与各种止水帷幕、微型桩及预应力锚杆等构件结合起来，根据工程具体条件选择与其中一种或多种组合，形成了复合土钉墙。如土钉与预应力锚杆联合支护、土钉与深层搅拌桩联合支护等。

4.2.2　土钉墙支护的特点

1）与其他支护类型相比，土钉墙具有以下一些特点或优点：

（1）能合理利用土体的自稳能力，将土体作为支护结构不可分割的部分，结构合理。

（2）结构轻型，柔性大，有良好的抗振性和延性，破坏前有变形发展过程。

（3）密封性好，完全将土坡表面覆盖，没有裸露土方，阻止或限制了地下水从边坡表面渗出，防止了水土流失及雨水、地下水对边坡的冲刷侵蚀。

（4）土钉数量众多，靠群体作用，即便个别土钉有质量问题或失效对整体影响也不大。

（5）施工所需场地小，移动灵活，支护结构基本不单独占用空间，能贴近已有建筑物开挖，这是桩、墙等支护难以做到的，故在施工场地狭小、建筑距离近、大型护坡施工设备没有足够工作面等情况下，显示出独特的优越性。

（6）施工速度快。土钉墙随土方开挖施工，分层分段进行，与土方开挖基本能同步，不需养护或单独占用施工工期，故多数情况下施工速度较其他支护结构快。

（7）施工设备及工艺简单，不需要复杂的技术和大型机具，施工对周围环境干扰小。

（8）材料用量及工程量较少，工程造价较低。据国内外资料分析，土钉墙工程造价比其他类型支挡结构一般低 1/5～1/3。

2）复合土钉墙的特点如下：

复合土钉墙机动灵活，可与多种技术并用，具有基本型土钉墙的全部优点，又克服了其大多缺陷，大大拓宽了土钉墙的应用范围，得到了广泛的工程应用。目前，通常在基坑开挖不深、地质条件及周边环境较为简单的情况下使用土钉墙，更多时候采用的是复合土钉墙。复合土钉墙的主要特点有：

（1）与土钉墙相比，对土层的适用性更广、更强，几乎可适用于各种土层，如杂填土、新近填土、砂砾层、软土等；整体稳定性、抗隆起及抗渗流等各种稳定性大大提高，基坑风险相应降低；增加了支护深度；能够有效地控制基坑的水平位移等变形。

（2）与桩锚、桩撑等传统支护手段相比，保持了土钉墙造价低、工期快、施工方便、机械设备简单等优点。

4.2.3　土钉墙支护施工工艺

1. 土钉墙施工流程

土钉墙的施工流程一般为：开挖工作面→修整坡面→喷射第一层混凝土→土钉定位→

钻孔→清孔→制作、安装土钉→浆液制备、注浆→加工钢筋、绑扎钢筋网→安装泄水管→喷射第二层混凝土→养护→开挖下一层工作面，重复以上工作直到完成。

打入钢管注浆型土钉没有钻孔清孔过程，直接用机械或人工打入。

复合土钉墙的施工流程一般为：止水帷幕或微型桩施工→开挖工作面→土钉及锚杆施工→安装钢筋网及绑扎腰梁钢筋笼→喷射混凝土面层及腰梁→混凝土面层及腰梁养护→锚杆张拉→开挖下一层工作面，重复以上工作直到完成。

土钉施工与其他工序，如降水、土方开挖相互交叉，各工序之间密切协调、合理安排，不仅能提高施工效率，更能确保工程安全。

土钉墙施工应按顺序分层开挖，在完成上层作业面的土钉与喷射混凝土以前，不得进行下一层的开挖，上一层土钉墙施工完成后，应按设计要求或间隔不少于 48h 后方可开挖下一层土方。

开挖深度和作业顺序应保证裸露边坡能在规定的时间内保持自立。当用机械进行土方作业时，严禁边壁超挖或造成边壁土体松动。基坑的边壁宜采用小型机具或铲锹进行切削清坡，以保证边坡平整。

2. 土钉成孔

应根据地质条件、周边环境、设计参数、工期要求、工程造价等综合选用适合的成孔机械设备及方法。钻孔注浆土钉成孔方式可分为人工洛阳铲掏孔及机械成孔，机械成孔有回转钻进、螺旋钻进、冲击钻进等方式。

成孔方式分干法及湿法两类，需靠水力成孔或泥浆护壁的成孔方式为湿法，不需要时则为干法。孔壁"抹光"会降低浆土的粘结作用，经验表明，泥浆护壁土钉达到一定长度后，在各种土层中能提供的抗拔承载力最大约 200kN。故湿法成孔或地下水丰富采用回转或冲击回转方式成孔时，不宜采用膨润土或其他悬浮泥浆做钻进护壁，宜采用套管跟进方式成孔。成孔时应做好成孔记录，当根据孔内出土性状判断土质与原勘察报告不符合时，应及时通知相关单位处理。因遇障碍物需调整孔位时，宜将废孔注浆处理。

3. 浆液制备及注浆

拌合水中不应含有影响水泥正常凝结和硬化的物质，不得使用污水。一般情况下，适合饮用的水均可作为拌合水。如果拌制水泥砂浆，应采用细砂，最大粒径不大于 2.0mm，灰砂重量比为 1∶1~1∶0.5。砂中含泥量不应大于 5%，各种有害物质含量不宜大于 3%。水泥净浆及砂浆的水灰比宜为 0.4~0.6。水泥和砂子按重量计算。应避免人工拌浆，机械搅拌浆液时间一般不应小于 2min，要拌合均匀。水泥浆应随拌随用，一次拌合好的浆液应在初凝前用完，一般不超过 2h，在使用前应不断缓慢拌动。要防止石块、杂物混入注浆中。

开始注浆前或中途停止超过 30min 时，应用水或稀水泥浆润滑注浆泵及其管路。钻孔注浆土钉通常采用简便的重力式注浆。将金属管或 PVC 管注浆管插入孔内，管口离孔底 200~500mm 时，启动注浆泵开始送浆，因孔洞倾斜，浆液可靠重力填满全孔，孔口快溢浆时拔管，边拔边送浆。水泥浆凝结硬化后会产生干缩，在孔口要二次甚至多次补浆。重力式注浆不可太快，防止喷浆及孔内残留气孔。钢管注浆土钉注浆压力不宜小于 0.6MPa，且应增加稳压时间。若久注不满，在排除水泥浆渗入地下管道或冒出地表等情况后，可采用间歇注浆法，即暂停一段时间，待已注入浆液初凝后再次注浆。

4.面层施工顺序

因施工不便及造价较高等原因,基坑工程中不采用预制钢筋混凝土面层,基本上都采用喷射混凝土面层,坡面较缓、工程量不大等情况下有时也采用现浇方法,或水泥砂浆抹面。一般要求喷射混凝土分两次完成,先喷射底层混凝土,再施打土钉,之后安装钢筋网,最后喷射表层混凝土。土质较好或喷射厚度较薄时,也可先铺设钢筋网,之后一次喷射而成。如果设置两层钢筋网,则要求分三次喷射,先喷射底层混凝土,施打土钉,设置底层钢筋网,再喷射中间层混凝土,将底层钢筋网完全埋入,最后敷设表层钢筋网,喷射表层混凝土。先喷射底层混凝土再施打土钉时,土钉成孔过程中会有泥浆或泥土从孔口淌出散落,附着在喷射混凝土表面,需要洗净,否则会影响与表层混凝土的粘结。

5.安装钢筋网

当设计和配置的钢筋网对喷射混凝土工作干扰最小时,才能获得最致密的喷射混凝土。应尽可能使用直径较小的钢筋。必须采用大直径钢筋时,应特别注意用混凝土把钢筋握裹好。钢筋网一般现场绑扎接长,应当搭接一定长度,通常150～300mm。也可焊接,搭接长度应不小于10倍钢筋直径。钢筋网在坡顶向外延伸一段距离,用通长钢筋压顶固定,喷射混凝土后形成护顶。

设置两层钢筋网时,如果混凝土只一次喷射、不分三次,则两层网筋位置不应前后重叠,而应错开放置,以免影响混凝土密实。钢筋网与受喷面的距离不应小于两倍最大骨料粒径,一般为20～40mm。通常用插入受喷面土体中的短钢筋固定钢筋网,如果采用一次喷射法,应该在钢筋网与受喷面之间设置垫块以形成保护层,短钢筋及限位垫块间距一般为0.5～2.0m。钢筋网片应与土钉、加强筋、固定短钢筋及限位垫块连接牢固,喷射混凝土时钢筋网在拌合料冲击下不应有较大晃动。

6.安装连接件

连接件施工顺序一般为:土钉置放、注浆→敷设钢筋网片→安装加强钢筋→安装钉头筋→喷射混凝土。加强钢筋应压紧钢筋网片后与钉头焊接,钉头筋应压紧加强筋后与钉头焊接。有一种做法,在土钉筋杆置入孔洞之前就先焊上钉头筋,之后再安装钢筋网及加强筋,但是不建议这样做,因为加强筋很难与钉头筋紧密接触。

7.喷射混凝土工艺类别及特点

喷射混凝土是借助喷射机械,利用压缩空气作为动力,将按设计配合比制备好的拌合料,通过管道输送并以高速喷射到受喷面上凝结硬化而成的一种混凝土。喷射混凝土不是依靠振动来捣实混凝土,而是在高速喷射时,由水泥与骨料的反复连续撞击而使混凝土压密,同时又因水灰比较小(一般0.4～0.45),所以具有较高的力学强度和良好的耐久性。喷射法施工时可在拌合料中方便地加入各种外加剂和外掺料,可大大改善混凝土的性能。喷射混凝土按施工工艺分为干喷、湿喷及水泥裹砂三种形式。

(1)干喷法。干喷法将水泥、砂、石在干燥状态下拌合均匀,然后装入喷射机,用压缩空气使干集料在软管内呈悬浮状态压送到喷嘴,并与压力水混合后进行喷射。

(2)湿喷法。湿喷法将骨料、水泥和水按设计比例拌合均匀,用湿式喷射机压送到喷头处,再在喷头上添加速凝剂后喷出。

(3)工程中还有半湿式喷射及潮式喷射等形式,其本质上仍为干式喷射。为了将湿法喷射的优点引入干喷法中,有时采用在喷嘴前几米的管路处预先加水的喷射方法,此为半湿式喷射法。潮喷则是将骨料预加少量水，使之呈潮湿状，再加水泥拌合，从而降低上料、拌合喷射时的粉尘，但大量的水仍是在喷头处加入和喷出的，其喷射工艺流程和使用机械与干喷法相同。

8. 喷射作业及养护

喷射前，应将坡面上残留的土块、岩屑等松散物质清扫干净。喷射机的工作风压要适中，过高则喷射速度快，动能大，回弹多，过低则喷射速度慢，压实力小，混凝土强度低。喷射时喷嘴应尽量与受喷面垂直，喷嘴与受喷面在常规风压下最好距离 0.8～1.2m，以使回弹最少及密实度最大。一次喷射厚度要适中，太厚则降低混凝土压实度、易流淌，太薄易回弹，以混凝土不滑移、不坠落为标准，一般以 50～80mm 为宜，加速凝剂后可适当提高，厚度较大时应分层，在上一层终凝后即喷下一层，一般间隔 2～4h。分层施作一般不会影响混凝土强度。喷嘴不能在一个点上停留过久，应有节奏地、系统地移动或转动，使混凝土厚度均匀。一般应采用从下到上的喷射次序，自上而下的次序易因回弹物在坡脚堆积而影响喷射质量。喷射 2～4h 后应洒水养护，一般养护 3～7d。

4.2.4　土钉墙支护施工安全技术

(1) 喷射混凝土施工中易产生大量的水泥粉尘，除采用综合防尘措施外，佩戴个体防护用品，也是减少粉尘对人体健康影响的有效措施。喷射作业中，喷头极易伤人，未经培训人员不得进入施工范围。

(2) 喷射混凝土施工中发生堵管，极易发生安全事故，应经常检查维护，做到事半功倍，消除潜在危险源。喷射作业中，处理堵管是一项涉及安全的大事，决不能草率行事。在处理堵管时应尽可能采取敲击法疏通。

(3) 干作业法施工时，应先降低地下水位，严禁在地下水位以下成孔。

(4) 土钉施工中，存在一定的不可预见性，如成孔过程中遇有障碍物或成孔困难，此时可以经过调整孔位及土钉长度等工艺参数确保顺利施工，但必须对土钉承载力以及整个支护结构进行重新验算复核，确保支护结构的施工安全。

(5) 在可塑性较好的黏性土、含水量适中的粉土和砂土中进行土钉施工可采用洛阳铲人口成孔；在砂层中，慎用洛阳铲人工成孔，防止土钉角度为 0°或向上倾斜。

(6) 在灵敏度较高的粉土、粉质黏土及可能产生液化的土体中进行土钉施工时，应采用振动法施工土钉，避免周围土体发生液化现象，对支护结构产生破坏。在砂性较重的土体中进行土钉支护施工时，可能发生流土、流砂现象，应做好应急预案，采取相应的有效措施。

(7) 采取二次注浆方法能更好地充满土体间的空隙，确保土钉的承载力。

4.3　重力式水泥土墙

4.3.1　概述

水泥土重力式围护墙是以水泥系材料为固化剂，通过搅拌机械采用喷浆施工将固化剂和地基土强行搅拌，形成连续搭接的水泥土柱状加固体挡墙。

1996 年 5 月在日本东京召开的第二届地基加固国际会议上，这种加固法被称为 DMM 工法（Deep Mixing Method）。我国的《建筑地基处理技术规范》JGJ79—2002 称之为深层搅拌法（简称"湿法"），并启用了"水泥土"这一专用名词。

将水泥系材料和原状土强行搅拌的施工技术，近年来得到大力发展和改进，加固深度和搅拌密实性、均匀性均得到提高。目前常用的施工机械包括：双轴水泥土搅拌机、三轴水泥土搅拌机、高压喷射注浆机。由于施工工艺的不同，形成目前常用的水泥土重力式围护墙。

水泥土搅拌桩是指利用一种特殊的搅拌头或钻头，在地基中钻进至一定深度后，喷出固化剂，使其沿着钻孔深度与地基土强行拌合而形成的加固土桩体。固化剂通常采用水泥浆体或石灰浆体。

高压喷射注浆是指将固化剂形成高压喷射流，借助高压喷射流的切削和混合，使固化剂和土体混合，达到加固土体的目的。高压喷射注浆有单管、双重管和三重管法等，固化剂通常采用水泥浆体。

4.3.2 重力式水泥土墙的特点

水泥土重力式围护墙系通过固化剂对土体进行加固后形成有一定厚度和嵌固深度的重力墙体，以承受墙后水、土压力的一种挡土结构。

水泥土重力式围护墙是无支撑自立式挡土墙，依靠墙体自重、墙底摩阻力和墙前基坑开挖面以下土体的被动土压力稳定墙体，以满足围护墙的整体稳定、抗倾稳定、抗滑稳定和控制墙体变形等要求。

水泥土重力式围护墙可近似看做软土地基中的刚性墙体，其变形主要表现为墙体水平平移、墙顶前倾、墙底前滑以及几种变形的叠加等。

水泥土重力式围护墙的破坏形式主要有以下几种：

（1）由于墙体入土深度不够，或由于墙底土体太软弱，抗剪强度不够等原因，导致墙体及附近土体整体滑移破坏，基底土体隆起，如图 4.3.2-1（a）所示。

（2）由于墙体后侧发生挤土施工、基坑边堆载、重型施工机械作用等引起墙后土压力增加，或由于墙体抗倾覆稳定性不够，导致墙体倾覆，如图 4.3.2-1（b）所示。

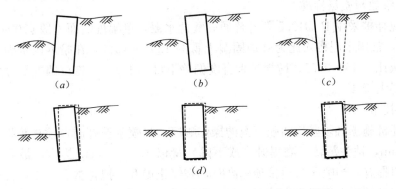

图 4.3.2-1　水泥土重力式围护墙破坏形式示意图

（3）由于墙前被动区土体强度较低、设计抗滑稳定性不够，导致墙体变形过大或整体刚性移动，如图 4.3.2-1（c）所示。

（4）当设计墙体抗压强度、抗剪强度或抗拉强度不够，或者由于施工质量达不到设计要求时，导致墙体压、剪或拉等破坏，如图 4.3.2-1（d）所示。

4.3.3 重力式水泥土墙施工工艺

1. 工艺流程

双轴搅拌桩施工工艺流程见图 4.3.3-1 所示。

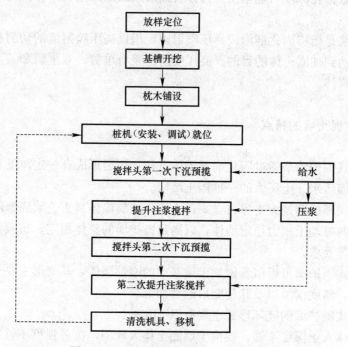

图 4.3.3-1　双轴搅拌桩施工工艺流程图

2. 施工要点

1）施工参数与质量标准

水泥土搅拌桩采用 P.O42.5 新鲜普通硅酸盐水泥，单幅桩断面一般 $\phi700@500$，双头搭接 200mm，常用水泥掺入比为被加固湿土重的 12%～15%，在暗浜区水泥掺量应再适当提高，水灰比 0.45～0.55。搅拌桩垂直度偏差不得小于 1%，桩位偏差不得大于 50mm，桩径偏差不得大于 4%。

2）施工技术

（1）搅拌桩施工必须坚持两喷三搅的操作顺序，且喷浆搅拌时，搅拌头提升速度不宜大于 0.5m/min，钻头每转一圈提升（或下降）量以 1.0～1.5cm 为宜，最后一次提升搅拌宜采用慢速提升，当喷浆口达桩顶标高时，宜停止提升，搅拌数秒，以保证桩头均匀密实。水泥搅拌桩预搅下沉时不宜冲水，当遇到较硬黏土层下沉太慢时，可适当冲水，但应考虑冲水成桩对桩身质量的影响。水泥土搅拌桩应连续搭接施工，相邻桩施工间隙不得超过 12h，如因特殊原因造成搭接时间超过 12h，应对最后一根桩先进行空钻留出榫头，以待下一批桩搭接，如间隙时间太长，超过 24h，与下一根桩无法搭接时，须采取局部补桩或注浆措施。

（2）对于双轴水泥重力式围护墙内套打钻孔灌注围护桩时，钻孔桩待重力式围护墙施工结束，未完成形成强度之前套打施工。水泥土重力式围护墙顶部插钢筋和插脚手架钢管，必须在成桩 2～4h 后完成，应确保重力式墙体内插钢筋和钢管的插入可行性。水泥土搅拌桩成桩后 7d，采取轻便触探器，连续钻取桩身加固土样，检查墙体的均匀性和桩身强度，若不符合设计要求应及时调整施工工艺。水泥土重力式围护墙顶面的混凝土面应尽早铺筑，并使面层钢筋与水泥土搅拌墙体锚固筋（插筋）连成一体，混凝土面层未完成或未达设计强度，基坑不得开挖。水泥土重力式围护墙须达到 28d 龄期或达到设计强度，基坑方可进行开挖。

3）施工安全

（1）重力式水泥土墙施工遇有明浜、洼地时，应抽水和清淤，并应采用夯实素土回填。在暗浜区域水泥土搅拌桩应适当提高水泥掺量。

（2）当发现搅拌机的入土切削和提升搅拌负荷太大及电机工作电流超过额定值时，应减慢升降速度或补给清水；发生卡钻、整车等现象时应切断电源，并将搅拌机强制提升出地面，然后再重新启动电机。当电网电压低于 350V 时，应暂停施工，以保护电机。

（3）施工时如因故停浆，应在恢复喷浆前，将搅拌机头提升或下沉 0.5m 后喷浆搅拌施工。水泥土搅拌桩搭接施工的间隔时间不宜大于 24h，当超过 24h 时，搭接施工时应放慢搅拌速度。若无法搭接或搭接不良，应作冷缝记录在案，在搭接处采取补救措施。

3. 施工环境保护

1）水泥土搅拌桩重力式围护墙施工时，应预先了解下列周边环境资料：

（1）邻近建（构）筑物的结构、基础形式及现状；

（2）被保护建（构）筑物的保护要求；

（3）邻近管线的位置、类型、材质、使用状况及保护要求。

2）坚持信息化施工管理。在施工过程中，应对周边环境及围护体系进行全过程监测控制，根据监测数据，对施工工艺、施工参数、施工顺序、施工速度进行及时的调整，尽量减少挤土效应对周边环境的影响，可采取以下措施：

（1）适当地降低注浆压力和减少流量，控制下沉（提升）速度。

（2）在靠近需保护建筑物和管线一侧，先施工单排水泥土搅拌桩封隔墙，再由近向远逐步向反向施工。

（3）限制每日水泥土搅拌桩墙体的施工总量，必要时采取跳打的方式。

（4）在被保护建筑物与水泥土搅拌桩墙体之间，设置应力释放孔或防挤沟。

（5）将浅部的重要管线开挖暴露并使其处于悬吊自由状态。

（6）三轴水泥土搅拌机通过螺旋叶片连续提升，因此挤土量较小，建议在环境保护要求高、有条件的地区，优先选择三轴搅拌桩施工。

3）施工中产生的水泥土浆，可集积在导向沟内或现场临时设置的沟槽内，待自然固结后，运至指定地点。

4.4 地下连续墙

4.4.1 概述

地下连续墙的施工方法是利用专用的成槽机械在所定位置挖一条狭长的深槽，再使用膨润土泥浆进行护壁。当一定长度的深槽开挖结束，形成一个单元槽段后，在槽内插入预先在地面上制作的钢筋骨架，以导管法浇筑混凝土，完成一个单元槽段，各单元槽段之间以各种特定的接头的方式相互连接，形成一道现浇壁式地下连续墙。

地下连续墙具有整体刚度大，适用范围广，既可当土又可防水的优点，便利了地下工程和深基础的施工，如将地下连续墙作为建筑物的承重结构则经济效益更好。

4.4.2 地下连续墙的特点

在工程应用中地下连续墙已被公认为是深基坑工程中最佳的挡土结构之一，它具有如下显著的优点：

（1）施工具有低噪声、低振动等优点，工程施工对环境的影响小；

（2）连续墙刚度大、整体性好，基坑开挖过程中安全性高，支护结构变形较小；

（3）墙身具有良好的抗渗能力，坑内降水时对坑外的影响较小；

（4）可作为地下室结构的外墙，可配合逆作法施工，以缩短工程的工期、降低工程造价。

但地下连续墙也存在弃土和废泥浆处理、粉砂地层易引起槽壁坍塌及渗漏等问题，因而需采取相关的措施来保证连续墙施工的质量。

4.4.3 地下连续墙施工工艺

地下连续墙施工工艺流程见图 4.4.3-1 所示。其中以导墙砌筑、泥浆制备与处理、成槽施工、钢筋笼制作与吊装、混凝土浇筑等为主要工序。

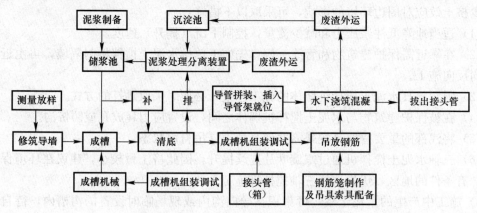

图 4.4.3-1 地下连续墙工艺流程图

1. 导墙施工

1) 导墙的作用

地下连续墙在成槽前，应构筑导墙，导墙质量的好坏直接影响到地下连续墙的轴线和标高控制，应做到精心施工，确保准确的宽度、平直度和垂直度。

导墙的作用是：①测量基准、成槽导向；②存储泥浆、稳定液位，维护槽壁稳定；③稳定上部土体，防止槽口坍方；④施工荷载支承平台——承受诸如成槽机械、钢筋笼搁置点、导管架、顶升架、接头管等重载动载。

2) 导墙的形式

导墙多采用现浇钢筋混凝土结构，也有钢制的或预制钢筋混凝土的装配式结构，可供多次使用。根据工程实践，预制式导墙较难做到底部与土层结合以防止泥浆的流失。

3) 施工要点及质量要求

（1）导墙多采用 C20～C30 的钢筋混凝土，双向配筋 $\phi8\sim16@150\sim200$。

（2）导墙要对称浇筑，强度达到 70% 后方可拆模。拆除后立即在导墙之间设置直径圆木或砖砌支撑，防止导墙向内挤压。

（3）导墙外侧填土应以黏土分层回填密实，防止地面水从导墙背后渗入槽内，并避免被泥浆掏刷后发生槽段坍塌。

（4）混凝土养护期间成槽机等重型设备不应在导墙附近作业停留，成槽前支撑不允许拆除，以免导墙变位。

（5）导墙在地墙转角处根据需要外放 200～500mm，成 T 形或十字形交叉，使得成槽机抓斗能够起抓，确保地墙在转角处的断面完整。

2. 护壁泥浆

泥浆是地下连续墙施工中成槽槽壁稳定的关键，泥浆主要起到护壁、携渣、冷却机具和切土润滑的作用。

1) 泥浆配合比

不同地区、不同地质水文条件、不同施工设备，对泥浆的性能指标都有不同的要求，为了达到最佳的护壁效果，应根据实际情况由试验确定泥浆最优配合比。一般软土地层中可按表 4.4.3-1 所列重量配合比试配：

水：膨润土：CMC：纯碱＝100：（8～10）：（0.1～0.3）：（0.3～0.4）。

泥浆质量的控制指标　　　　　　　　　　表 4.4.3-1

泥浆性能	新配置		循环泥浆		废弃泥浆		检验方法
	黏性土	砂性土	黏性土	砂性土	黏性土	砂性土	
相对密度	1.04～1.05	1.06～1.08	<1.15	<1.25	>1.25	>1.35	比重计
黏度（s）	20～24	25～30	<25	<35	>50	>60	漏斗黏度计
含砂率（%）	<3	<4	<4	<7	>8	>11	洗砂瓶
pH	8～9	8～9	>8	>8	>14	>14	试纸
胶体率（%）	>98	>98	—	—	—	—	量杯法
失水量	<10mL/30min	<10mL/30min	<20mL/30min	<20mL/30min			失水量仪
泥皮厚度	<1mm	<1mm	<2.5mm	<2.5mm			

2）泥浆控制要点及质量要求

（1）严格控制泥浆液位，确保泥浆液位在地下水位以上 0.5m，并不低于导墙顶面以下 0.3m，液位下落及时补浆，以防槽壁坍塌。在容易产生泥浆渗漏的土层施工时，应适当提高泥浆黏度和增加储备量，并备堵漏材料。如发生泥浆渗漏，应及时补浆和堵漏，使槽内泥浆保持正常。

（2）在施工中定期对泥浆指标进行检查测试，随时调整，做好泥浆质量检测记录。一般做法是：在新浆拌制后静止 24h，测一次全项目；挖槽结束及刷壁完成后，分别取槽内上、中、下三段的泥浆进行相对密度、黏度、含砂率和 pH 值的指标设定验收，并做好记录。在清槽结束前测一次相对密度、黏度；浇灌混凝土前测一次相对密度。后两次取样位置均应在槽底以上 200mm 处。失水量和 pH 值，应在每槽孔的中部和底部各测一次。含砂量可根据实际情况测定。稳定性和胶体率一般在循环泥浆中不测定。

（3）在遇有较厚粉砂、细砂地层（特别是埋深 10m 以上）时，可适当提高黏度指标，但不宜大于 45s；在地下水位较高，又不宜提高导墙顶标高的情况下，可适当提高泥浆相对密度，但不宜超过 1.25 的指标上限，并采用掺加重晶石的技术方案。

（4）减少泥浆损耗措施：①在导墙施工中遇到的废弃管道要堵塞牢固；②施工时遇到土层空隙大、渗透性强的地段应加深导墙。

（5）防止泥浆污染措施：①灌注混凝土时导墙顶加盖板阻止混凝土掉入槽内；②挖槽完毕应仔细用抓斗将槽底土渣清完，以减少浮在上面的劣质泥浆数量；③禁止在导墙沟内冲洗抓斗。④不得无故提拉浇筑混凝土的导管，并注意经常检查导管水密性。

3. 槽壁稳定性分析

地下连续墙施工保持槽壁稳定性防止槽壁坍方十分关键。一旦发生坍方，不仅可能造成"埋机"危险、机械倾覆，同时还将引起周围地面沉陷，影响到邻近建筑物及管线安全。如坍方发生在钢筋笼吊放后或浇筑混凝土过程中，将造成墙体夹泥缺陷，使墙体内外贯通。

1）槽壁失稳机理

槽壁失稳机理主要可以分为两大类：整体失稳和局部失稳。如图 4.4.3-2 所示。

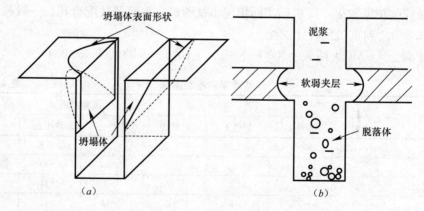

图 4.4.3-2　槽壁失稳示意图
（a）整体失稳；（b）局部失稳

（1）整体失稳

经事故调查以及模型和现场试验研究发现，尽管开挖深度通常都大于 20m，但失稳往往发生在表层土及埋深约 5～15m 内的浅层土中，槽壁有不同程度的外鼓现象，失稳破坏面在地表平面上会沿整个槽长展布，基本呈椭圆形或矩形。因此，浅层失稳是泥浆槽壁整体失稳的主要形式。

（2）局部失稳

在槽壁泥皮形成以前，槽壁局部稳定主要靠泥浆外渗产生的渗透力维持。当诸如在上部存在软弱土或砂性较重夹层的地层中成槽时，遇槽段内泥浆液面波动过大或液面标高急剧降低时，泥浆渗透力无法与槽壁土压力维持平衡，泥浆槽壁将产生局部失稳，引起超挖现象，导致后续灌注混凝土的充盈系数增大，增加施工成本和难度（俗称"大肚皮"现象，开挖暴露后要进行凿除），如图 4.4.3-3 所示。

图 4.4.3-3　槽壁局部坍塌混凝土"鼓肚子"图片

2）影响槽壁稳定的因素

影响槽壁稳定的因素可分为内因和外因两方面：内因主要包括地层条件、泥浆性能、地下水位以及槽段划分尺寸、形状等；外因主要包括成槽开挖机械、开挖施工时间、槽段施工顺序以及槽段外场地施工荷载等。

泥浆护壁的主要机理是泥浆通过在地层中渗透在槽壁上形成泥皮，并在压力差（泥浆液面与地下水液面的差值）的作用下，将有效作用力（泥浆柱压力）作用在泥皮上以抵消失稳作用力，从而保证槽壁稳定。

（1）内因

地层的级配和颗粒粒径会影响泥浆向槽壁周围地层的渗透、泥皮的形成及其厚度，从而影响槽壁性能。颗粒孔隙较大的地层（如松散填土、砂性土中），泥浆在地层中渗透路径过长，容易流失，发生漏浆，不利于泥浆颗粒形成泥皮，从而降低了稳定性。

泥浆性能对槽壁稳定起着至关重要的作用。从泥浆护壁机理可以看出，其必须具备两个条件才能达到护壁效果，一是必须形成一定高差的泥浆液柱压力，二是泥浆在渗透的作用下形成一定厚度的泥皮。因此，在施工中应适当调整泥浆密度，并尽量提高泥浆液面的高度与及时补浆以保持槽壁的稳定；另一方面，尽快形成薄而韧、抗渗性好、抗冲击能力强的泥皮对泥浆的黏度、失水量、含砂量等也提出了一定的要求。失水量小的泥浆在槽壁形成的泥皮薄而致密，质量高，有利于槽壁稳定。反之，泥皮厚而软，护壁效果就差。

地下水位的高低直接影响着泥浆护壁的有效作用力（泥浆液面与地下水位面的高差）的大小。压差小，泥浆渗透缓慢，渗透时间长，则泥皮不易形成，不利于槽壁的稳定；反之，则有利于槽壁的稳定。实践也证明，降低地下水位措施能有效提高成槽槽壁的稳定性。

槽段分幅宽度是影响槽壁稳定性的主要因素，通常适宜幅宽在 5～7m 内。相比而言，槽段深度对稳定性的影响并不显著。单元槽段宽深比的大小影响土拱效应的发挥，宽深比越大，土拱效应越小，槽壁越不稳定。

（2）外因

① 开挖机械

成槽机械影响槽壁稳定性与机械撞击有关。如用抓斗法进行成槽，抓斗上下移动时对槽壁的撞击作用大，而用潜水电钻等反循环钻孔方法对槽壁的撞击作用小。

② 地面超载

若成槽过程中有超载的情况下对槽壁的稳定亦有影响，负孔隙水压力值远大于无超载时的负孔隙水压力。另一方面，由于超载的存在大大加大了槽壁及其附近的土体的剪应力值，就有可能超过破坏线，从而使槽壁附近的土体破坏。

③ 开挖时间

成槽的开挖时间对土体暴露期间及整个施工阶段的槽段变形有着显著影响，随着成槽开挖时间的延长，槽段内土体变形将随时间的推移而加大，控制成槽时间也是槽壁稳定的关键因素。

④ 施工顺序

先后施工的两个槽段应尽量隔开一定的距离，以减少各槽段成槽之间的相互影响，避免槽壁坍塌。

（3）槽壁稳定措施

① 槽壁土加固：在成槽前对地下连续墙槽壁进行加固，加固方法可采用双轴、三轴深层搅拌桩工艺及高压旋喷桩等工艺。

② 加强降水：通过降低地墙槽壁四周的地下水位，防止地墙在浅部砂性土中的成槽开挖过程中易产生塌方、管涌、流砂等不良地质现象。

③ 泥浆护壁：泥浆性能的优劣直接影响到地墙成槽施工时槽壁的稳定性，是一个很重要的因素。为了确保槽壁稳定，选用黏度大、失水量小、能形成护壁泥薄而坚韧的优质泥浆，并且在成槽过程中，经常监测槽壁的情况变化，并及时调整泥浆性能指标，添加外加剂，确保土壁稳定，做到信息化施工；及时补浆。

④ 周边限载：地下连续墙周边荷载主要是大型机械设备如成槽机、履带式起重机、土方车及钢筋混凝土搅拌车等频繁移动带来的压载及振动，为尽量使大型设备远离地墙，在正处施工过程中的槽段边铺设路基钢板加以保护，并且严禁在槽段周边堆放钢筋等施工材料。

⑤ 导墙选择：导墙的刚度影响槽壁稳定。根据工程施工情况选择合适的导墙形式。

4. 钢筋笼加工和吊放

1）钢筋笼平台制作要求

根据成槽设备的数量及施工场地的实际情况，在工程场地设置钢筋笼安装平台，现场加工钢筋笼，平台尺寸不能小于单节钢筋笼尺寸。钢筋笼平台以搬运搭建方便为宜，可以随地墙的施工流程进行搬迁。

平台采用槽钢制作，钢筋平台下需铺设地坪。为便于钢筋放样布置和绑扎，在平台上根据设计的钢筋间距、插筋、预埋件的位置画出控制标记，以保证钢筋笼和各种埋件的布设精度。

如钢筋笼需分节制作，应在同一平台上一次制作拼装成型后再拆分。

2）钢筋笼加工

钢筋笼根据地下连续墙墙体配筋图和单元槽段的划分来制作。钢筋笼最好按单元槽段做成一个整体。如果地下连续墙很深或受起重设备起重能力的限制，可分段制作，在吊放时再逐段连接，接头宜用绑条焊接。

钢筋笼端部与接头管或混凝土接头面间应留有 15～20cm 的空隙。主筋净保护层厚度通常为 7～8cm，保护层垫块厚 5cm，在垫块和墙面之间留有 2～3cm 的间隙。由于用砂浆制作的垫块容易在吊放钢筋笼时破碎，又易擦伤槽壁面，所以一般用薄钢板制作垫块，焊于钢筋笼上。

制作钢筋笼时，要预先确定浇筑混凝土用导管的位置，由于这部分空间要上下贯通，因而周围需增设箍筋和连接筋进行加固。尤其在单元槽段接头附近插入导管时，由于此处钢筋较密集更需特别加以处理。

由于横向钢筋有时会阻碍导管插入，所以纵向主筋应放在内侧，横向钢筋放在外侧（图 4.4.3-4a）。纵向钢筋的底端应距离槽底面 10～20cm。纵向钢筋底端应稍向内弯折，以防止吊放钢筋笼时擦伤槽壁，但向内弯折的程度亦不要影响插入混凝土导管。

加工钢筋笼时，要根据钢筋笼重量、尺寸以及起吊方式和吊点布置，在钢筋笼内布置一定数量（一般 2～4 榀）的纵向桁架。

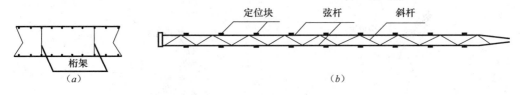

图 4.4.3-4 钢筋笼构造示意图
（a）横剖面图；（b）纵向桁架纵剖面图

制作钢筋笼时，要根据配筋图确保钢筋的正确位置、间距及根数。纵向钢筋接长宜采用气压焊接、搭接焊等。钢筋连接除四周两道钢筋的交点需全部点焊外，其余的可采用 50％交叉点焊。成型用的临时扎结钢丝焊后应全部拆除。

钢筋笼的制作速度要与挖槽速度协调一致，由于钢筋笼制作时间较长，因此制作钢筋笼必须有足够大的场地。

3）钢筋笼的吊放

钢筋笼的起吊、运输和吊放应周密地制订施工方案，不允许在此过程中产生不能恢复的变形。

成槽完成后吊放钢筋笼前，应实测当时导墙顶标高，计入卡住吊筋的搁置型钢横梁高度，根据设计标高换算出钢筋笼吊筋的长度，以保证结构和施工所需要的预埋件、插筋、保护铁块位置准确，方便后续施工。

根据钢筋笼重量选取主、副吊设备，并进行吊点布置，对吊点局部加强，沿钢筋笼纵向及横向设置桁架增强钢筋笼整体刚度。选择主、副吊扁担，并须对其进行验算，还要对主、副吊钢丝绳、吊具索具、吊点及主吊把杆长度进行验算。

　　钢筋笼吊装前清除钢筋笼上剩余的钢筋断头、焊接接头等遗留物，防止起吊时发生高空坠物伤人的事故出现。

　　钢筋笼的起吊应用横吊梁或吊架。吊点布置和起吊方式要防止起吊时引起钢筋笼变形。起吊时不能使钢筋笼下端在地面上拖引，以防造成下端钢筋弯曲变形，为防止钢筋笼吊起后在空中摆动，应在钢筋笼下端系上拽引绳以人力操纵。

　　履带式起重机起吊钢筋笼时，应先稍离地面试吊，确认钢筋笼已挂牢，钢筋笼刚度、焊接强度等满足要求时，再继续起吊。履带式起重机在吊钢筋笼行走时，载荷不得超过允许起重量的70%，钢筋笼离地不得大于500mm，并应拴好拉绳，缓慢行驶。

　　插入钢筋笼时，最重要的是使钢筋笼对准单元槽段的中心、垂直而又准确地插入槽内。钢筋笼进入槽内时，吊点中心必须对准槽段中心，然后徐徐下降，此时必须注意不要因起重臂摆动或其他影响而使钢筋笼产生横向摆动，以免造成槽壁坍塌。

　　钢筋笼插入槽内后，检查其顶端高度是否符合设计要求，然后将其搁置在导墙上。

　　如果钢筋笼是分段制作，吊放时需接长，下段钢筋笼要垂直悬挂于导墙上，然后将上段钢筋笼垂直吊起，上下两段钢筋笼成直线连接。

　　如果钢筋笼不能顺利插入槽内，应该重新吊出，查明原因加以解决，如果需要则在修槽之后再吊放。不能强行插放，否则会引起钢筋笼变形或使槽壁坍塌，产生大量沉渣（图4.4.3-5）。

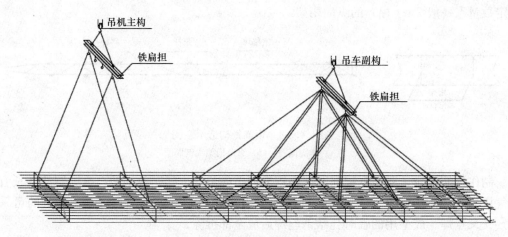

图4.4.3-5　钢筋笼的构造与起吊方法

5. 施工接头

　　施工接头应满足受力和防渗的要求，并要求施工简便、质量可靠，并对下一单元槽段的成槽不会造成困难。但目前尚缺少既能满足结构要求又方便施工的最佳方法。施工接头有多种形式可供选择，目前最常用的接头形式有以下几种。

　　1）锁口管接头

　　常用的施工接头为接头管（又称锁口管）接头，接头管大多为圆形，此外还有缺口圆形、带翼或带凸榫形等，后两种很少使用。

　　该类型接头的优点是：

　　（1）构造简单；

　　（2）施工方便，工艺成熟；

（3）刷壁方便，易清除先期槽段侧壁泥浆；

（4）后期槽段下放钢筋笼方便；

（5）造价较低。

其缺点是：

（1）属柔性接头，接头刚度差，整体性差；

（2）抗剪能力差，受力后易变形；

（3）接头呈光滑圆弧面，无折点，易产生接头渗水；

（4）接头管的拔除与墙体混凝土浇筑配合需十分默契，否则极易产生"埋管"或"坍槽"事故。

其常用施工方法为先开挖一期槽段，待槽段内土方开挖完成后，在该槽段的两端用起重设备放入接头管，然后吊放钢筋笼和浇筑混凝土。这时两端的接头管相当于模板的作用，将刚浇筑的混凝土与还未开挖的二期槽段的土体隔开。待新浇混凝土开始初凝时，用机械将接头管拔起。这时，已施工完成的一期槽段的两端和还未开挖土方的二期槽段之间分别留有一个圆形孔。继续二期槽段施工时，与其两端相邻的一期槽段混凝土已经结硬，只需开挖二期槽段内的土方。当二期槽段完成土方开挖后，应对一期槽段已浇筑的混凝土半圆形端头表面进行处理，将附着的水泥浆与稳定液混合而成的胶凝物除去，否则接头处止水性就很差。胶凝物的铲除须采用专门设备，例如电动刷、刮刀等工具。

在接头处理后，即可进行二期槽段钢筋笼吊放和混凝土的浇筑。这样，二期槽段外凸的半圆形端头和一期槽段内凹的半圆形端头相互嵌套，形成整体。

除了上述将槽段分为一期和二期跳格施工外，也可按序逐段进行各槽段的施工。这样每个槽段的一端与已完成的槽段相邻，只需在另一端设置接头管，但地下连续墙槽段两端会受到不对称水、土压力的作用，所以两种处理方法各有利弊。

由于接头管形式的接头施工简单，已成为目前最广泛使用的一种接头方法。

2）H型钢接头、十字钢板接头、V形接头

以上三种接头属于目前大型地下连续墙施工中常用的接头，能有效地传递基坑外土水压力和竖向力，整体性好，在地下连续墙设计尤其是当地下连续墙作为结构的一部分时，在受力及防水方面均有较大的安全性。

（1）十字钢板接头

由十字钢板和滑板式接头箱组成，如图4.4.3-6所示。当对地下连续墙的整体刚度或防渗有特殊要求时采用。

其优点有：

① 接头处设置了穿孔钢板，增长了渗水途径，防渗漏性能较好；

② 抗剪性能较好。

其缺点有：

① 工序多，施工复杂，难度较大；

② 刷壁和清除墙段侧壁泥浆有一定困难；

③ 抗弯性能不理想；

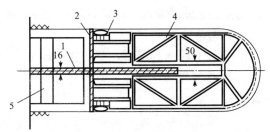

图 4.4.3-6　十字钢板接头

1—接头钢板；2—封头钢板；3—滑板式接箱，4—U形接头管；5—钢筋笼

④ 接头处钢板用量较多，造价较高。

十字钢板接头是在 H 型钢接头上焊接两块 T 形型钢，并且 T 形型钢锚入相邻槽段中，进一步增加了地下水的绕流路径，在增强止水效果的同时，增加了墙段之间的抗剪性能。形成的地下连续墙整体性好。

（2）H 型钢接头

是一种隔板式接头，能有效地传递基坑外土压力和竖向力，整体性好，在地下连续墙设计，尤其是当地下连续墙作为结构的一部分时的应用中，在受力及防水方面均有较大的安全性，如图 4.4.3-7 所示。

图 4.4.3-7 H 型钢接头

其优点有：

① H 型钢板接头与钢筋笼骨架相焊接，钢板接头不须拔出，增强了钢筋笼的强度，也增强了墙身刚度和整体性；

② H 型钢板接头存在槽内，既可挡住混凝土外流，又起到止水的作用，大大减少墙身在接头处的渗漏机会，比接头管的半圆弧接头的防渗能力强；

③ 吊装比接头管方便，钢板不须拔出，根本不用害怕会出现断管的现象；

④ 接头处的夹泥比半圆弧接头更容易刷洗，不影响接头的质量。

从以往施工经验看，H 形接头在防止混凝土渗漏方面易出现一些问题，尤其是接头位置出现塌方时，若施工时处理不妥，可能造成接头管渗漏，或出现大量涌水情况。

为此，应尽量避免偏孔现象发生，重视加强泡沫塑料块的绑扎及检查工作，改用较小的砂包充填接头使其尽量密实等施工中应注意的环节。

（3）V 形接头

是一种隔板式接头，施工简便，多用于超深地下连续墙。施工中，在 I 期槽段钢筋笼的两端焊接型钢作为墙段接头，钢筋笼及接头下设安装后，为避免混凝土绕流至接头背面凹槽，可将接头两侧及底部型钢做适当的加长，并包裹土工布或者镀锌薄钢板，使其下放入槽及混凝土浇筑时，自然与槽底及槽壁密贴。

当 II 期槽成槽后，在下设钢筋笼前，除必须对接头作特别处理外，还应采用专用钢丝刷的刷壁器进行刷壁，端头来回刷壁次数保证不少于 10 次，并且以刷壁器钢丝刷上无泥渣为准，必要时采用专门铲具进行清除，如图 4.4.3-8 所示。

其优点是：

① 设有隔板和罩布，能防止已施工槽段的混凝土外溢；

② 钢筋笼和化纤罩布均在地面预制，工序较少，施工较方便；

③ 刷壁清浆方便，易保证接头混凝土质量。

其缺点是：

① 化纤罩布施工困难，受到风吹、坑壁碰撞、坍方挤压时易损坏；

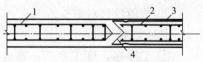

图 4.4.3-8 V 形接头

1—施工槽段钢筋笼；2—已浇槽段钢筋笼；
3—罩布（土工布）；4—钢隔板

② 刚度较差，受力后易变形，造成接头渗漏水。

3）铣接头

铣接头是利用铣槽机可直接切削硬岩的能力直接切削已成槽段的混凝土，在不采用锁口管、接头箱的情况下形成止水良好、致密的地下连续墙接头，如图 4.4.3-9、图 4.4.3-10 所示。

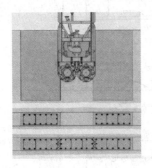

图 4.4.3-9　套铣接头示意图　　　　图 4.4.3-10　套铣接头实际效果图

对比其他传统式接头，套铣接头的主要优势如下：

（1）施工中不需要其他配套设备，如起重机、锁口管等。

（2）可节省昂贵的工字钢或钢板等材料费用，同时钢筋笼重量减轻，可采用吨数较小的起重机，降低施工成本，且利于工地动态安排。

（3）不论一期或二期槽挖掘或浇筑混凝土时，均无预挖区，且可全速灌注、无绕流问题，确保接头质量和施工安全性。

（4）挖掘二期槽时双轮套铣套掉两侧一期槽已硬化的混凝土。新鲜且粗糙的混凝土面在浇筑二期槽时形成水密性良好的混凝土套铣接头。

4）承插式接头（接头箱接头）

接头箱接头的施工方法与接头管接头相似，只是以接头箱代替接头管。一个单元槽段挖土结束后，吊放接头箱，再吊放钢筋笼。由于接头箱在浇筑混凝土的一面是开口的，所以钢筋笼端部的水平钢筋可插入接头箱内。浇筑混凝土时，由于接头箱的开口面被焊在钢筋笼端部的钢板封住，因而浇筑的混凝土不能进入接头箱。混凝土初凝后，与接头管一样逐步吊出接头箱，待后一个单元槽段再浇筑混凝土时，由于两相邻单元槽段的水平钢筋交错搭接，而形成整体接头，其施工过程如图 4.4.3-11 所示。

该类型接头的优点是：

（1）整体性好，刚度大；

（2）受力后变形小，防渗效果较好。

其缺点有：

（1）接头构造复杂，施工工序多，施工麻烦；

（2）刷壁清浆困难；

（3）伸出接头钢筋易碰弯，给刷壁清泥浆和安放后期槽段钢筋笼带来一定的困难。

6. 水下混凝土灌注

1）水下混凝土灌注的一般要点

地下连续墙混凝土用导管法进行浇筑。由于导管内混凝土和槽内泥浆的压力不同，在

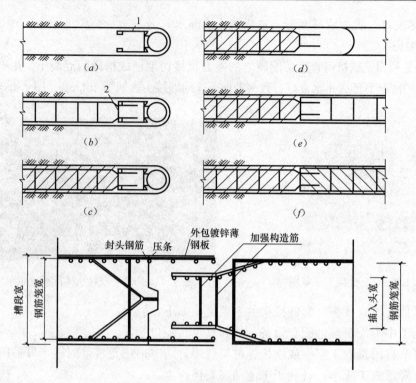

图 4.4.3-11　接头箱接头的施工过程

(*a*) 插入接头箱；(*b*) 吊放钢筋笼；(*c*) 浇筑混凝土；(*d*) 吊出接头箱；(*e*) 吊放后一个槽段的钢筋笼；(*f*) 浇筑后一个槽段的混凝土形成整体接头

1—接头箱；2—焊在钢筋笼端部的钢板

导管下口处存在压力差，使混凝土可从导管内流出。

导管在首次使用前应进行气密性试验，保证密封性能。

地下连续墙开始浇筑混凝土时，导管应距槽底 0.5m。在混凝土浇筑过程中，导管下口总是埋在混凝土内 1.5m 以上，使从导管下口流出的混凝土将表层混凝土向上推动而避免与混浆直接接触，否则混凝土流出时会把混凝土上升面附近的泥浆卷入混凝土内。但导管插入太深会使混凝土在导管内流动不畅，有时还可能产生钢筋笼上浮，因此无论何种情况下导管最大插入深度亦不宜超过 9m。当混凝土浇筑到地下连续墙顶部附近时，导管内混凝土不易流出，可采取降低浇筑速度，将导管的最小埋入深度减为 1m 左右，并将导管上下抽动，但上下抽动范围不得超过 30cm。

在浇筑过程中需随时量测混凝土面的高程，量测的方法可用测锤，由于混凝土非水平，应量测三个点取其平均值。亦可利用泥浆、水泥浮浆和混凝土温度不同的特性，利用热敏电阻温度测定装置测定混凝土面的高程。

导管的间距一般为 3～4m，取决于导管直径。单元槽段端部易渗水，导管距槽段端部的距离不得超过 2m。如管距过大，易使导管中间部位的混凝土面低，泥浆易卷入，如一个单元槽段内使用两根或两根以上导管同时进行浇筑，应使各导管处的混凝土面大致处在同一标高上。浇筑时宜尽量加快单元槽段混凝土的浇筑速度，一般情况下槽内混凝土面的上升速度不宜小于 2m/h。

在混凝土顶面存在一层浮浆层，需要凿去，因此混凝土需要超浇 30～50cm，以使在混凝土硬化后查明强度情况，将设计标高以上部分用风镐凿去。

2）高强度等级混凝土的灌注特点

水下混凝土应具备较好的和易性，为改善和易与缓凝，宜掺加外加剂。水下混凝土强度比设计强度提高的等级无试验情况下可参照表 4.4.3-2 选择。

水下混凝土强度等级对照表　　　　　　　　　　　　表 4.4.3-2

设计强度等级	C25	C30	C35	C40	C45	C50
水下混凝土强度等级	C30	C35	C40	C50	C55	C60

7. 接头管顶拔

接头管一般适用于柔性接头，大都是钢制的，且大多采用圆形。圆形接头管的直径一般要比墙厚小。管身壁厚一般为 19～20mm。每节长度一般为 3～10m，可根据要求，拼接成所需的长度。在施工现场的高度受到限制的情况下，管长可适当缩短。

此外，根据不同的接头形式，除了最常用的圆形接头管外，还有一些刚性接头所采用的接头箱形式，例如：H 型钢接头采用蘑菇形接头箱，十字形接头采用马蹄形接头箱等。

接头箱接头的施工方法与接头管接头相似，只是以接头箱代替接头管。一个单元槽段挖土结束后，吊放接头箱，再吊放钢筋笼。混凝土初凝后，与接头管一样逐步吊出接头箱。

接头管所形成的地下空间具有很重要的作用，它不仅可以保证地下连续墙的施工接头，而且在挖下一个槽段时不会损伤已浇灌好的混凝土，对于挖槽作业也不会有影响，因此在插入接头管时，要保持垂直而又完全自由地插入到沟槽的底部。否则，会造成地下连续墙交错不齐或由此而产生漏水，失去防渗墙的作用以致使周围地基出现沉降等。地下连续墙失去连续性，会给以后的作业带来很大麻烦。

接头管的吊放，由履带起重机分节吊放拼装。操作中应控制接头管的中心与设计中心线相吻合，底部回填碎石，以防止混凝土倒灌，上端口与导墙处用榫楔实来限位。另外，当接头管吊装完毕后，还须重点检查锁口管与相邻槽段的土壁是否存在空隙，若有则应通过回填土袋来解决，以防止混凝土浇筑中所产生的侧向压力，使接头管移位而影响相邻槽段的施工。

接头管的提拔与混凝土浇筑相结合，混凝土浇筑记录作为提拔接头管时间的控制依据，根据水下混凝土凝固速度的规律及施工实践，混凝土浇筑开始拆除第一节导管后推 4h 开始拔动，以后每隔 15min 提升一次，其幅度不宜大于 50～100mm，只需保证混凝土与锁口管侧面不咬合即可，待混凝土浇筑结束后 6～8h，即混凝土达到初凝后，将锁口管逐节拔出并及时清洁和疏通。

4.5　灌注桩排桩围护墙

4.5.1　概述

排桩围护体是利用常规的各种桩体，例如钻孔灌注桩、挖孔桩、预制桩及混合式桩等并排连续起来形成的地下挡土结构。

按照单个桩体成桩工艺的不同，排桩围护体桩型大致有以下几种：钻孔灌注桩、预制混凝土桩、挖孔桩、压浆桩、SMW工法（型钢水泥土搅拌桩）等。这些单个桩体可在平面布置上采取不同的排列形式形成挡土结构，来支挡不同地质和施工条件下基坑开挖时的侧向水土压力。

4.5.2　灌注排桩围护墙的特点

排桩围护体与地下连续墙相比，其优点在于施工工艺简单，成本低，平面布置灵活，缺点是防渗和整体性较差，一般适用于中等深度（6～10m）的基坑围护，但近年来也应用于开挖深度20m以内的基坑。其中，压浆桩适用的开挖深度一般在6m以下，在深基坑工程中，有时与钻孔灌注桩结合，作为防水抗渗措施。采用分离式、交错式、排列式布桩以及双排桩，当需要隔离地下水时，需要另行设置截水帷幕，这是排桩围护体的一个重要特点，在这种情况下，截水帷幕防水效果的好坏，直接关系到基坑工程的成败，须认真对待。

非打入式排桩围护体与预制式板桩围护相比，有无噪声、无振害、无挤土等许多优点，从而日益成为国内城区软弱地层中中等深度基坑（6～15m）围护的主要形式。

4.5.3　灌注排桩围护墙施工

1. 柱列式灌注桩围护体的施工
1）钻孔灌注桩干作业成孔施工

钻孔灌注桩干作业成孔的主要方法有螺旋钻孔机成孔、机动洛阳挖孔机成孔及旋挖钻机成孔等方法。

2）钻孔灌注桩湿作业成孔施工
（1）成孔方法

钻孔灌注桩湿作业成孔的主要方法有冲击成孔、潜水电钻机成孔、工程地质回转钻机成孔及旋挖钻机成孔等。

潜水电钻机其特点是将电机、变速机构加以密封，并同底部钻头连接在一起，组成一个专用钻具，可潜入孔内作业，多以正循环方式排泥。

潜水电钻体积小、重量轻、机器结构轻便简单、机动灵活、成孔速度较快，宜用于地下水位高的轻硬地层，如淤泥质土、黏性土以及砂质土等，其常用钻头为笼式钻头。

工程水文地质回转钻机由机械动力传动，配以笼式钻头，可多档调速或液压无级调速，以泵吸或气举的反循环方式进行钻进。有移动装置，设置性能可靠，噪声和振动小，钻进效率高，钻孔质量好。上海地区近几年已有数千根灌注桩采用它来施工。它适用于松散土层、黏土层、砂砾层、软硬岩层等多种地质条件。用作围护的灌注桩施工前必须试成孔，数量不得少于2个，以便核对地质资料，检验所选的设备、机具、施工工艺以及技术要求是否适宜。如孔径、垂直度、孔壁稳定和沉淤等检测指标不能满足设计要求时，应拟定补救技术措施，或重新选择施工工艺。成孔须一次完成，中间不要间断。成孔完毕至灌注混凝土的间隔时间不宜大于24h。为保证孔壁的稳定，应根据地质情况和成孔工艺配制不同的泥浆。成孔到设计深度后，应进行孔深、孔径、垂直度、沉浆浓度、沉渣深度等测试检查，确认符合要求后，方可进行下一道工序施工。根据出渣方式的不同，成孔作业可分成正循环成孔和反循环成孔两种。

安全技术：

① 钻机施工作业前应对钻机进行检查，各部件验收合格后方能使用，确保钻头和钻杆连接螺纹良好，钻头焊接牢固，不得有裂纹。

② 冲击成孔前以及过程中应经常检查钢丝绳、卡扣及转向装置，冲击时应控制钢丝绳放松量。

③ 钻机钻架基础应夯实、整平，并满足地基承载能力，作业范围内地下无管线及其他地下障碍物，作业现场与架空输电线路的安全距离符合规定。

④ 钻进中，应随时观察钻机的运转情况，当发生异响、吊索具破损、漏气、漏渣以及其他不正常情况时，应立即停机检查，排除故障后，方可继续开工。

⑤ 桩孔净间距过小或采用多台钻机同时施工时，相邻桩应间隔施工，完成浇筑混凝土的桩与邻桩间距不应小于 4 倍桩径，或间隔施工时间宜大于 36h。

⑥ 泥浆护壁成孔时发生斜孔、塌孔或沿护筒周围冒浆以及地面沉陷等情况时应停止钻进，经采取措施后方可继续施工。

⑦ 采用气举反循环时，其喷浆口应遮拦，并应固定管端。

（2）清孔

完成成孔后，在灌注混凝土之前，应进行清孔。通常清孔应分两次进行。第一次清孔在成孔完毕后，立即进行；第二次在下放钢筋笼和混凝土导管安装完毕后进行。

常用的清孔方式有正循环清孔、泵吸反循环清孔和空气升液反循环清孔，通常随成孔时采用的循环方式而定。清孔时先是钻头稍作提升，然后通过不同的循环方式排除孔底沉淤，与此同时，不断注入洁净的泥浆水，用以降低桩孔泥浆水中的泥渣含量。清孔过程中应测定沉浆指标。清孔后的泥浆相对密度应小于 1.15。清孔结束时应测孔底沉淤，孔底沉淤厚度一般应小于 30cm。

第二次清孔结束后孔内应保持水头高度，并应于 30min 内灌注混凝土。若超过30min，灌注混凝土应重新测定孔底沉淤厚度。

（3）钢筋笼施工

钢筋笼宜分段制作。分段长度应按钢筋笼的整体刚度、来料钢的长度及起重设备的有效高度等因素确定。钢筋笼在起吊、运输和安装中应采取措施防止变形。

（4）水下混凝土施工

配制混凝土必须保证能满足设计强度以及施工工艺要求。混凝土是确保成桩质量的关键工序，灌注前应做好一切准备工作，保证混凝土灌注连续紧凑地进行。

钻孔灌注桩柱列式排桩采用湿作业法成孔时，要特别注意孔壁护壁问题。当桩距较小时，由于通常采用跳孔法施工，当桩孔出现坍塌或扩径较大时，会导致两根已经施工的桩之间插入后施工的桩时发生成孔困难，必须把该根桩向排桩轴线外移才能成孔。一般而言，柱列式排桩的净距不宜少于 200mm。

混凝土浇筑完毕后，应及时在桩孔位置回填土方或加盖盖板。

2. 截水帷幕与灌注桩重合围护体的施工

当可供基坑围护桩和截水帷幕设置、施工的场地狭小时，可考虑将排桩与截水帷幕设置在同一轴线上，形成挡土、截水合一的排桩—截水帷幕结合体。

截水帷幕与灌注桩重合围护体施工的关键与咬合桩施工类似，即注意相邻的搅拌桩与混凝土桩施工的时间安排和搅拌桩成桩的垂直度。一般而言，搅拌桩施工结束的48h内施工灌注桩时易发生坍孔、扩径严重等现象，因此不宜施工灌注桩。但时间超过7d后，由于搅拌桩强度的增加，施工灌注桩的阻力较大。也要特别注意避免因已施工完成的搅拌桩垂直度偏差较大而造成与钢筋混凝土桩搭接效果不好的情况，甚至出现基坑漏水。

3. 人工挖孔桩围护体的施工

人工挖孔桩是采用人工挖掘桩身土方，随着孔洞的下挖，逐段浇筑钢筋混凝土护壁，直到设计所需深度。土层好时，也可不用护壁，一次挖至设计标高，最后在护壁内一次浇筑完成混凝土桩身的桩。挖孔桩作为基坑支护结构，与钻孔灌注桩相似，是由多个桩组成桩墙而起挡土作用。它有如下优点：大量的挖孔桩可分批挖孔，使用机具较少，无噪声、无振动、无环境污染；适应建筑物、构筑物拥挤的地区，对邻近结构和地下设施的影响小，场地干净，造价较经济。

应当指出，选用挖孔桩作支护结构，除了对挖孔桩的施工工艺和技术要有足够的经验外，还应注意在有流动性淤泥、流砂和地下水较丰富的地区不宜采用。

人工挖孔桩在浇筑完成以后，即具有一定的防渗能力和支承水平土压力的能力。把挖孔桩逐个相连，即形成一个能承受较大水平压力的挡墙，从而起到支护结构防水、挡土等作用。

人工挖孔桩支护原理与钻孔灌注桩挡墙或地下连续墙相类似。人工挖孔桩直径较大，属于刚性支护，设计时应考虑桩身刚度较大对土压力分布及变形的影响。

挖孔桩选作基坑支护结构时，桩径一般为100～120cm。桩身等设计参数，应根据地质情况和基坑开挖深度计算确定。在实践中，也有工程采用挖孔桩与锚杆相结合的支护方案。

人工挖孔桩施工应采取下列安全措施：

（1）孔内必须设置应急软爬梯供人员上下；使用的捯链、吊笼等应安全可靠，并配有自动卡紧保险装置，不得使用麻绳和尼龙绳吊挂或脚踏井壁凸缘上下；捯链宜用按钮式开关，使用前必须检验其安全起吊能力。

（2）每日开工前必须检测井下的有毒、有害气体，并应有相应的安全防范措施；当桩孔开挖深度超过10m时，应有专门向井下送风的装备，风量不宜少于25L/s。

（3）孔口四周必须设置护栏，护栏高度宜为0.8m。

（4）挖出的土石方应及时运离孔口，不得堆放在孔口周边1m范围内，机动车辆的通行不得对井壁的安全造成影响。

（5）施工现场的一切电源、电路的安装和拆除必须遵守现行行业标准《施工现场临时用电安全技术规范》JGJ46的规定。

4. 钻孔压浆桩围护体的施工

钻孔压浆桩又称树根桩。钻孔压浆桩施工工艺与钻孔灌注桩的施工工艺类似。与钻孔灌注桩相比，钻孔压浆桩孔径较小（≤400mm）。桩身混凝土采用先下细石而后注浆成桩的工艺。该桩具有以下特点：

1）水泥浆的泵送设备比水下混凝土浇制简单方便。

2）石子的清洗在钻孔中同时进行。

3）压浆减少了泥浆水的护壁时间，不易坍孔。

为了使成孔工作顺利，在钻孔之前应预先开挖沟槽和集水坑。钻孔在沟槽内进行，钻出的泥浆从沟槽流入集水坑。施工结束后，沟槽可作为压浆桩桩帽的土模。

钻孔压浆桩钻孔通常用长螺旋钻机，也可用地质钻机改装而成。钻孔直径为 400mm 左右，孔深按设计要求，但受钻机起吊能力的限制，钻孔垂直精度小于 1/200，由此定出相邻两桩之间的净间距为 $0.005H$（H 为桩深）。在钻孔过程中，如遇到黏性较好的黏土，可将钻杆反复上下扫孔，使其与清水混合成泥浆而后排出。

桩体采用的石料由直径 10～30mm 的石子组成，进场石料要求含泥量小于 2%。石子倒下完毕后，即开泵注清水，清水通过注浆管从孔底注出，达到清洗石子的目的。要求注水直到孔口由冒出泥浆水变为冒出清水为止。然后，可压注水泥浆形成钢筋混凝土桩体。

5. 咬合桩围护体的施工

钻孔咬合桩是采用全套管灌注桩机施工形成的桩与桩之间相互咬合排列的一种基坑支护结构。施工时，通常采用全混凝土桩排列（俗称全荤桩）及混凝土与素混凝土交叉排列（俗称荤素搭配桩）两种形式，其中荤素搭配桩的应用较为普遍。素桩采用超缓凝型混凝土先期浇筑；在素桩混凝土初凝前利用套管钻机的切割能力切割掉相邻素混凝土桩相交部分的混凝土，然后浇筑荤桩，实现相邻桩的咬合，如图 4.5.3-1 所示。

单根咬合桩施工工艺流程如下：

（1）护筒钻机就位：当定位导墙有足够的强度后，用起重机移动钻机就位，并使主机抱管器中心对应定位于导墙孔位中心。

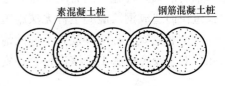

图 4.5.3-1 咬合桩施工示意图

（2）单桩成孔：步骤为随着第一节护筒的压入（深度为 1.5～2.5m），冲弧斗随之从护筒内取土，一边抓土一边继续下压护筒，待第一节全部压入后（一般地面上留 1～2m，以便于接筒）检测垂直度，合格后，接第二节护筒，如此循环至压到设计桩底标高。

（3）吊放钢筋笼：对于 B 桩，成孔检查合格后进行安放钢筋笼的工作，此时应保证钢筋笼标高正确。

（4）灌注混凝土：如孔内有水，需采用水下混凝土灌注法施工；如孔内无水，则采用干孔灌注法施工并注意振捣。

（5）拔筒成桩：一边浇筑混凝土一边拔护筒，应注意保持护筒底低于混凝土面不小于 2.5m。排桩施工工艺流程如图 4.5.3-2 所示，对一排咬合桩，其施工流程为 A1→A2→B1→A3→B2→A4→B3，如此类推。

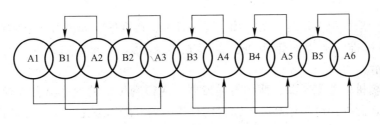

图 4.5.3-2 排桩施工流程

A 桩混凝土缓凝时间（T）的确定需要在测定出 A、B 桩单桩成桩所需时间 t 后，根据下式计算：

$$T = 3t + K$$

式中 K——储备时间，一般取 $1.5t$。

在 B 桩成孔过程中，由于 A 桩混凝土未完全凝固，还处于流动状态，因此其有可能从 A、B 桩相交处涌入 B 桩孔内，形成"管涌"。克服措施有：

（1）控制 A 桩坍落度小于 14cm。

（2）护筒应超前孔底至少 1.5m。

（3）实时观察 A 桩混凝土顶面是否下陷，若发现下陷应立即停止 B 桩开挖，并一边将护筒尽量下压，一边向 B 桩内填土或注水（平衡 A 桩混凝土压力），直至制止住"管涌"为止。

当遇地下障碍物时，由于咬合桩采用的是钢护筒，所以可吊放作业人员下孔内清除障碍物。

在向上拔出护筒时，有可能带起放好的钢筋笼，预防措施可选择减小 B 桩混凝土骨料粒径或者可在钢筋笼底部焊上一块比其自身略小的薄钢板以增加其抗浮能力。

咬合桩在施工时不仅要考虑素混凝土桩混凝土的缓凝时间控制，注意相邻的素混凝土和钢筋混凝土桩施工的时间安排，还需要控制好成桩的垂直度，防止因素混凝土桩强度增长过快而造成钢筋混凝土桩无法施工，或因已施工完成的素混凝土桩垂直度偏差较大而造成与钢筋混凝土桩搭接效果不好的情况，甚至出现基坑漏水、无法止水而失败的情况。因此，对于咬合桩施工应该进行合理安排，做好施工记录，方便施工顺利进行。

4.6 钢板桩围护墙

4.6.1 概述

钢板桩支护结构属板式支护结构之一，适用于地下工程施工因受场地等条件的限制，基坑或基槽不能采用放坡开挖而必须进行垂直土方开挖及地下工程施工时采用。钢板桩支护结构在国内外的建筑、市政、港口、铁路等领域都有悠久的使用历史。

钢板桩是一种带锁口或钳口的热轧（或冷弯）型钢，靠锁口或钳口相互连接咬合，形成连续的钢板桩墙，用来挡土和挡水；具有高强、轻型、施工快捷、环保、美观、可循环利用等优点。

钢板桩断面形式很多，英、法、德、美、日本、卢森堡、印度等国的钢铁集团都制定有各自的规格标准。常用的钢板桩截面形式有 U 形、Z 形、直线形及组合型等，见图 4.6.1-1 所示。

近年来钢板桩朝着宽、深、薄的方向发展，使得钢板桩的效率（截面模量/重量之比率）不断提高，此外还可采用高强度钢材代替传统的低碳钢或是采用大截面模量的组合型钢板桩，这都极大地拓展了钢板桩的应用领域。

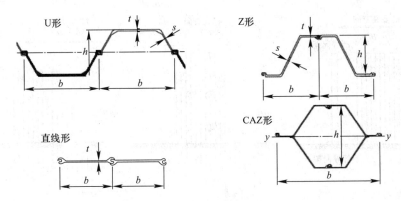

图 4.6.1-1　常用钢板桩截面形式

4.6.2　钢板桩围护墙施工

1. 沉桩方法

钢板桩沉桩方法分为陆上沉桩和水上沉桩两种。沉桩方法的选择应综合考虑场地地质条件、是否能达到需要的平整度和垂直度以及沉桩设备的可靠性、造价等各种因素。

陆上打桩，导向装置设置方便，设备材料容易进入，打桩精度容易控制。应尽量争取这种方法施工。在水中水深较浅时，也可回填后进行陆上施工，但需考虑到水受污染及河流流域面积减少等因素。但水深很大，靠回填经济上不合理时，需用船施工，船上施工的桩架高度比陆上施工低，作业范围广，但是材料运输不方便，作业受风浪影响大，精度不易控制，对导向装置要求较高，为解决此类不足，也可在水上打设打桩平台，用陆上的打桩架进行施工，这样对精度控制较有力，但打桩平台的搭设在技术和经济上要求均较高。

2. 沉桩的布置方式

钢板桩沉桩时第一根桩的施工较为重要，应该保证其在水平向和竖直向平面内的垂直度，同时需注意后沉的钢板桩应与先沉入桩的锁口可靠连接。沉桩的布置方式一般有三种，即：插打式、屏风式及错列式。

插打式打桩法即将钢板桩一根根地打入土中。这种施工法速度快，桩架高度相对可低一些，一般适用于松软土质和短桩。由于锁口易松动，板桩容易倾斜，对此可在一根桩打入后，把它与前一根焊牢，既防止倾斜又可避免被后打的桩带入土中。

屏风式打桩法即将多根板桩插入土中一定深度，使桩机来回锤击，并使两端 1～2 根桩先打到要求深度再将中间部分的板桩顺次打入。这种屏风施工法可防止板桩的倾斜与转动，对要求闭合的围护结构，常采用此法。此外，还能更好地控制沉桩长度。其缺点是施工速度比单桩施工法慢且桩架较高。

错列式打桩法即每隔一根桩进行打入，然后再打击中间的桩。这样可以改善桩列的线形，避免了倾斜问题。如图 4.6.2-1 所示的该方法的操作顺序，这种施工方法一般采取 1、3、5 桩先打，2、4 桩后打。

在进行组合钢板桩沉桩时，常用错列式沉桩法，一般先沉截面模量较大的主桩，后沉中间较小截面的板桩。

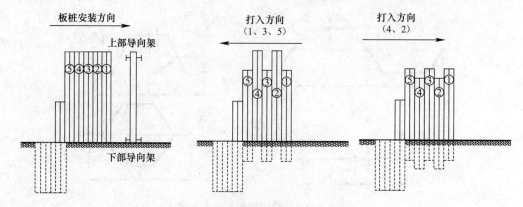

图 4.6.2-1　错列式打桩法操作步骤

屏风式打桩法有利于钢板桩的封闭，工程规模较小时可考虑将所有钢板桩安装成板桩墙后再进行沉桩。用插打法沉桩时为了有利于钢板桩的封闭，一般需从离基坑角点约 5 对钢板桩的距离开始沉桩，然后在距离角点约 5 对钢板桩距离的地方停止，封闭时通过调整墙体走向来保证尺度要求，且在封闭前需要校正钢板桩的倾斜，有必要的时候补桩封闭。对于圆形支护结构，若尺度较小可安装好所有板桩后沉桩；直径较小的支护结构只通过锁口转动不能达到预期效果，可使用预弯成型的板桩封闭；尺度较大时需要严格控制板桩的垂直度，否则可能需要调整板桩的走向，但会增加或减小结构直径，因此亦可使用预弯成型的钢板桩。

3. 辅助沉桩措施

在用以上方法沉桩困难时，可能需要采取一定的辅助沉桩措施，如：水冲法、预钻孔法、爆破法等。

水冲法：包括空气压力法、低压水冲法、高压水冲法等。原理均是通过在板桩底部设置喷射口，并通过管道连接至压力源，通过喷射松散土体利于沉桩。但水冲法大量的水可能引起副作用，如沉降问题等。高压水冲水量比低压水冲要小，因此更为有利，而且低压水冲可能会影响土体性质，应慎用。表 4.6.2-1 为常用水冲参数表。

常用水冲参数表　　　　　　　　　　　　　　　　表 4.6.2-1

水冲法	管径（mm）	管嘴（mm）	供给压力（bar）	供给量	适用土类
空气压力	25	5～10	5～10	4.5～6m³/min	黏性土
低压水冲	20～40	5～10	10～20	200～500L/min	密实颗粒状土
高压水冲	30	1.2～3.0	250～500	20～60L/min	非常密实颗粒状土

预钻孔法：通过预钻孔降低土体的抵抗力利于沉桩，但若钻孔太大需回填土体。一般直径为 150～250mm。该方法甚至可用于含有硬岩层土的钢板桩沉桩。在没有土壤覆盖底岩的海洋环境中特别有效。

爆破法：主要有常规爆破或振动爆破。常规爆破先将炸药放进钻孔内然后覆上土点燃，这样在沉桩中心线上可以形成 V 形沟槽。振动爆破则是用低能炸药将坚硬岩石炸成细颗粒材料。这种方法对岩石的影响较小，而后板桩应尽快打入以获得最佳沉桩时机。

4. 钢板桩沉桩施工安全控制

鉴于打桩作业中断桩、倒桩等事故都有可能发生，桩施工作业区内应无高压线路，作业区应有明显标志或围栏。桩锤在施打过程中，操作人员必须在距离桩锤中心5m以外监视。

板桩围护施工过程中，应加强周边地下水位以及孔隙水压力的监测。当板桩围护墙基坑邻近建（构）筑物及地下管线时，应采用静力压桩法施工，并应根据环境状况控制压桩施工速率。静力压桩作业时，应有统一指挥，压桩人员和吊装人员密切联系，相互配合。

采用振动桩锤作业时，悬挂振动桩锤的起重机，其吊钩上必须有防松脱的保护装置。振动桩锤悬挂钢架的耳环上应加装保险钢丝绳。

严禁吊桩、吊锤、回转或行走等动作同时进行。打桩机带锤行走时，应将桩锤放至最低位。打桩机在吊有桩和锤的情况下，操作人员不得离开岗位。

当打桩机停机时间较长时，应将桩锤落下垫好，机械检修时不得悬吊桩锤，作业后应将打桩机停放在坚实平整的地面上，将桩锤落下垫实，并切断动力电源。

4.6.3　钢板桩拔除

1. 拔桩方法

钢板桩运用较早，拔桩方法也较成熟。不论何种方法都是从克服板桩的阻力着眼，据所用机械的不同，拔桩方法分为静力拔桩、振动拔桩、冲击拔桩、液压拔桩等。

静力拔桩：所用的设备较简单，主要为卷扬机或液压千斤顶，受设备及能力所限，这种方法往往效率较低，有时不能将桩顺利拔出，但成本较低。

振动拔桩：利用机械的振动，激起钢板桩的振动，以克服板桩的阻力，将桩拔出。这种方法的效率较高，由于大功率振动拔桩机的出现，使多根板桩一起拔出有了可能。

冲击拔桩：是以蒸汽、高压空气为动力，利用打桩机的原理，给予板桩向上的冲击力，同时利用卷扬机将板桩拔出。这类机械国内不多，工程中不常运用。

液压拔桩：采用与液压静力沉桩相反的步骤，从相邻板桩获得反力。液压拔桩操作简单，环境影响较小，但施工速度稍慢。此处不再详细介绍，主要介绍静力拔桩和振动拔桩。

2. 拔桩施工

钢板桩拔除的难易，多数场合取决于打入时顺利与否，如果在硬土或密实砂土中打入板桩，则板桩拔除时也很困难，尤其是当一些板桩的咬口在打入时产生变形或者垂直度很差，在拔桩时会碰到很大的阻力。此外，在基础开挖时，支撑不及时，使板桩变形很大，拔除也很困难，这些因素必须予以充分重视。在软土地层中，拔桩引起地层损失和扰动，会使基坑内已施工的结构或管道发生沉陷，并引起地面沉陷而严重影响附近建筑和设施的安全，对此必须采取有效措施，对拔桩造成的地层空隙要及时填实，往往灌砂填充法效果较差，因此在控制地层位移有较高要求时必须采取在拔桩时跟踪注浆等新的填充法。

1）拔桩要点

（1）作业开始时的注意事项：

① 作业前必须对土质及板桩打入情况，基坑开挖深度及支护方法，开挖过程中遇到的问题等作详细调查，依此判断拔桩作业的难易程度，做到事先有充分的准备。

② 基坑内的土建施工结束后，回填必须有具体要求，尽量使板桩两侧土压平衡，有利于拔桩作业。

③ 由于拔桩设备的重量及拔桩时对地基的反力，会使板桩受到侧向压力，为此需使

板桩设备同拔桩保持一定距离。当荷载较大时，甚至要搭临时脚手，减少对板桩的侧压。

④ 作业时地面荷载较大，必要时要在拔桩设备下放置路基箱或垫木，确保设备不发生倾斜。

⑤ 作业范围内的高压电线或重要管道要注意观察与保护。

⑥ 作业前，对设备要认真检查，确认无误后方可作业，对操作说明书要充分掌握。

⑦ 有关噪声与振动等公害，需征得有关部门认可。

（2）作业中需注意事项：

① 作业过程中必须保持机械设备处于良好的工作状态。

② 加强受力钢索等的检查，避免突然断裂。

③ 为防止邻近板桩同时拔出，可将邻近板桩临时焊死或在其上加配重。

④ 板桩拔出时会形成孔隙，必须及时填充，否则极易造成邻近建筑或地表沉降。可采用膨润土浆液填充，也可跟踪注水泥浆填充。

2）作业结束后的注意事项

① 对孔隙填充的情况要及时检查，发现问题随时采取措施弥补。

② 拔出的板桩应及时清除土砂，涂以油脂。变形较大的板桩需调直后运出工地，堆置在平整的场地上。

3）钢板桩拔不出时的对策

① 将钢板桩用振动锤或柴油锤等再复打一次，可克服其上的黏着力或将板桩上的铁锈等消除。

② 要按与打板桩顺序相反的次序拔桩。

③ 板桩承受土压一侧的土较密实，可在其附近并列地打入另一块板桩，也可使原来的板桩顺利拔出。

④ 也可在板桩两侧开槽，放入膨润土浆液，拔桩时可减少阻力。

4.6.4 钢板桩施工对环境的影响

1. 噪声

噪声对人体的危害，已经越来越得到人们的重视。各国政府对噪声的管理都有相关的控制标准。钢板桩施工产生的噪声随着施工设备的不同而有所不同。若采用下落锤，则产生有规律脉冲式的噪声。而柴油锤、液压锤、空气锤虽然锤击速度较快，但产生的噪声也是脉冲式的。振动锤虽然噪声较低，但有间歇性，仍表现为脉冲式的噪声。而静压桩产生的有限噪声则是稳定的或几乎没有噪声。一般高脉冲式的噪声比稳定的噪声更让人们难受。

噪声有专门的等级测定方法，噪声等级跟声源强度、距离、风速、温度、建筑物反射等因素有关，一般声音随着距离的增加而衰减。距离沉桩机械约7m处，冲击沉桩设备产生声音约90~115dB，蒸汽/空气锤约85~110dB，振动锤约70~90dB，压入锤约60~75dB。而嘈杂的街道为85dB，人正常说话一般为55~63dB。因此，为了降低噪声，特别是在对噪声控制较为严格的地区，在选择沉桩或拔桩设备时应该考虑到噪声及环境保护的要求，虽然可以采用隔声屏、防声罩等措施，但最好降低声源强度，选择产生噪声较低的施工设备，或者采用如水冲等辅助沉桩或拔桩措施来松动土体，降低钢板桩施工难度以降低噪声。

2. 振动

钢板桩引起的振动可能引起地基的变形（沉降、陷落、裂缝等），从而影响周边建筑物、管道等设施的正常运用，引起精密仪器工作性能上的损害。国内尚无振动控制标准。表 4.6.4-1 给出了建筑物的允许振动参数。

振动拔桩机的作业范围表　　　　　　　　　　表 4.6.4-1

类　　别	极限值（mm/s）	类　　别	极限值（mm/s）
1. 住宅、房屋和类似结构	8	3. 1、2 类以外和受保护的建筑	4
2. 重型构件和高刚度骨架的建筑物	30		

打桩引起的振动以体波和面波的形式向外传波，随着距离的增加而衰减。为应对钢板桩沉桩引起的振动，可采取如下措施：

（1）采用桩垫或缓冲器沉桩，选用低振动和高施工频率的桩锤；采用辅助施工措施，如水冲、钻孔等，合理安排施工顺序等。

（2）设置减振壁。在需要保护的设施附近设置减振壁以吸收传播过来的振动，一般减振壁为 60～80cm 宽，4～5m 深，当软土层较厚时宜深一些。壁的距离离打桩区 5～10m。其形式有空沟型（为保持壁体稳定，可充填泥浆等松散料）、沥青壁型、发泡塑料壁型、混凝土壁型，亦可用一定间距的钻孔替代。

（3）对原有建筑进行加固，或拆除危险部件，精密设备工作时避开桩基施工等。

3. 拔桩对环境的影响

除了上述噪声、振动外，若钢板桩靠近建筑物、地下管线时，钢板桩的回收拔出容易造成附近建筑物的下沉和裂缝、管道损坏等。这主要是由于拔桩易形成空隙、导致板桩附近土体强度降低。因此，在进行钢板桩拔除施工时，应充分评估拔桩可能引起的地层位移，制订相应的对策，如在钢板表面涂抹沥青等润滑剂降低桩土之间的摩擦作用；优化拔桩顺序；在桩侧一定范围内注浆，增加土体的强度，增加土颗粒的移动阻力，减少拔桩对土体的破坏作用；即时注浆等，具体参见拔桩施工要点。

4. 其他

钢板桩沉桩过程中可能产生其他环境污染，如：柴油锤在锤击时常有油烟产生。燃烧不充分时，可产生大量黑色烟雾。可以设置隔离罩或是圈拦施工区域，当然施工人员的认真操作也是重要的积极因素。

此外，在水上施工时，可能造成对水、海洋的污染，用施工船水上打桩时也可能影响航道通航等。

总之，钢板桩的施工应该重视其对周边环境的影响，优先选用低噪声、低振动的施工设备和施工工艺，充分预估对环境的影响，制订相应的计划和对策。

4.7　型钢水泥土搅拌墙

4.7.1　概述

型钢水泥土搅拌墙，通常称为 SMW 工法（Soil Mixed Wall），如图 4.7.1-1 所示，是一种在连续套接的三轴水泥土搅拌桩内插入型钢形成的复合挡土截水结构，即利用三轴搅拌桩钻机在原地层中切削土体，同时钻机前端低压注入水泥浆液，与切碎土体充分搅拌形成截水性较高的水泥土柱列式挡墙，在水泥土浆液尚未硬化前插入型钢的一种地下工程施工技术。

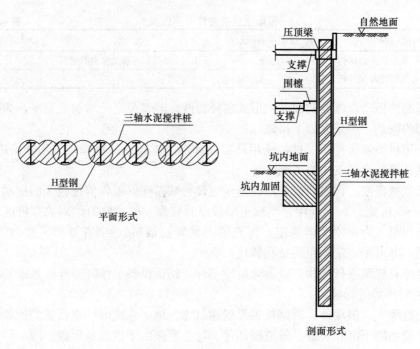

图 4.7.1-1　型钢水泥土搅拌墙

　　型钢水泥土搅拌墙源于基坑工程，随着对于该工法认识的深入和施工工艺的成熟，型钢水泥土搅拌墙也逐渐应用于地基加固、地下坝加固、垃圾填埋场的护墙等领域。本章所探讨的型钢水泥土搅拌墙仅限定于基坑围护工程的范畴。

　　型钢水泥土搅拌墙是基于深层搅拌桩施工工艺发展起来的，这种结构充分发挥了水泥土混合体和型钢的力学特性，具有经济、工期短、高截水性、对周围环境影响小等特点。型钢水泥土搅拌墙围护结构在地下室施工完成后，可以将 H 型钢从水泥土搅拌桩中拔出，达到回收和再次利用的目的。因此，该工法与常规的围护形式相比不仅工期短，施工过程无污染，场地整洁干净、噪声小，而且可以节约社会资源，避免围护体在地下室施工完毕后永久遗留于地下，成为地下障碍物。在提倡建设节约型社会，实现了可持续发展的今天，推广应用该工法更加具有现实意义。

　　目前，工程上广为采用的水泥土搅拌桩主要分为双轴和三轴两种，双轴水泥土搅拌桩相对于三轴水泥土搅拌桩具有以下缺点：

　　（1）双轴水泥土搅拌桩成桩质量和均匀性较差，成桩的垂直精度也较难保证；

　　（2）施工中很难保持相邻桩之间的完全搭接，尤其是在搅拌桩施工深度较深的情况下；

　　（3）施工过程中一旦遇到障碍物，钻杆易发生弯曲，影响搅拌桩的截水效果；

　　（4）在硬质粉土或砂性土中搅拌较困难，成桩质量较差。

考虑到型钢水泥土搅拌墙中的搅拌桩不仅起到基坑的截水帷幕作用，更重要的是还承担着对型钢的包裹嵌固作用，因此规定型钢水泥土搅拌墙中的搅拌桩应采用三轴水泥土搅拌桩，以确保施工质量和围护结构较好的截水封闭性。

4.7.2 型钢水泥土搅拌墙的特点

型钢水泥土搅拌墙是一种由水泥土搅拌桩柱列式挡墙和型钢（一般采用 H 型钢）组成的复合围护结构，同时具有截水和承担水土侧压力的功能。型钢水泥土搅拌墙与基坑围护设计中经常采用的钻孔灌注桩排桩相比，具有下面几方面的不同。

首先，型钢水泥土搅拌墙由 H 型钢和水泥土组成，一种是力学特性复杂的水泥土，一种是近似线弹性材料的型钢，二者相互作用，工作机理非常复杂；其次，针对这种复合围护结构，从经济角度考虑，H 型钢在地下室施工完成后可以回收利用是该工法的一个特色，从变形控制的角度看，H 型钢可以通过跳插、密插调整围护体刚度，是该工法的另一特色；再次，在地下水水位较高的软土地区钻孔灌注桩围护结构尚需在外侧施工一排截水帷幕，截水帷幕可以采用双轴水泥土搅拌桩，也可以采用三轴水泥土搅拌桩。当基坑开挖较深，搅拌桩入土深度较深时（一般超过 18m），为保证截水效果，常常采用三轴水泥土搅拌桩截水。而型钢水泥土搅拌墙是在三轴水泥土搅拌桩中内插 H 型钢，本身就已经具有较好的截水效果，不需额外施工截水帷幕，因此造价一般相对于钻孔灌注桩要经济。

与其他围护形式相比，型钢水泥土搅拌墙还具有以下特点。

1. 对周围环境影响小

型钢水泥土搅拌墙施工采用三轴水泥土搅拌桩机就地切削土体，使土体与水泥浆液充分搅拌混合形成水泥土，并用低压持续注入的水泥浆液置换处于流动状态的水泥土，保持地下水泥土总量平衡。该工法无须开槽或钻孔，不存在槽（孔）壁坍塌现象，从而可以减少对邻近土体的扰动，降低对邻近地面、道路、建筑物、地下设施的危害。

2. 防渗性能好

由于搅拌桩采用套接一孔施工，实现了相邻桩体完全无缝衔接。钻削与搅拌反复进行，使浆液与土体得以充分混合形成较为均匀的水泥土，与传统的围护形式相比具有更好的截水性，水泥土渗透系数很小，一般可以达到 $10^{-7} \sim 10^{-8} \mathrm{cm/s}$。

3. 环保节能

三轴水泥土搅拌桩施工过程中无须回收处理泥浆。少量水泥土浮浆可以存放至事先设置的基槽中，限制其溢流污染，待自然固结后运出场外。将其处理后还可以用于敷设场地道路，达到降低造价、消除建筑垃圾公害的目的。型钢在地下室施工完毕后可以回收利用，避免遗留在地下形成永久障碍物，是一种绿色工法。

4. 适用土层范围广

三轴水泥土搅拌桩施工时采用三轴螺旋钻机，适用土层范围较广，包括填土、淤泥质土、黏性土、粉土、砂性土、饱和黄土等。如果采用预钻孔工艺，还可以用于较硬质地层。

5. 工期短，投资省

型钢水泥土搅拌墙与地下连续墙、钻孔灌注桩等围护形式相比，工艺简单、成桩速度快，工期缩短近一半。在一般入土深度 $20\sim25\mathrm{m}$ 的情况下，日平均施工长度 $8\sim10\mathrm{m}$，最高可达 $12\mathrm{m}$；造价方面，除特殊情况由于受到周边环境条件的限制，型钢在地下室施工完毕后不能拔除外，绝大多数情况下内插型钢可以拔除，实现型钢的重复利用，降低工程造价。型钢水泥土搅拌墙如果考虑型钢回收，当租赁期在半年以内时，围护结构本身成本约为钻孔灌注桩的 $70\%\sim80\%$，约为地下连续墙的 $50\%\sim60\%$。

4.7.3 型钢水泥土搅拌墙施工

1. 型钢水泥土搅拌墙施工顺序

三轴水泥土搅拌桩应采用套接一孔施工。为保证搅拌桩质量，在土性较差或者周边环境较复杂的工程中，搅拌桩底部采用复搅施工。

搅拌桩的施工顺序一般分为以下三种。

1）跳槽式双孔全套打复搅式连接方式

跳槽式双孔全套打复搅式连接是常规情况下采用的连续方式，一般适用于 N 值 50 以下的土层。施工时先施工第 1 单元，然后施工第 2 单元。第 3 单元的 A 轴及 C 轴分别插入到第 1 单元的 C 轴孔及第 2 单元的 A 轴孔中，完全套接施工。依次类推，施工第 4 单元和套接的第 5 单元，形成连续的水泥土搅拌墙体，如图 4.7.3-1 （a）所示。

2）单侧挤压式连接方式

单侧挤压式连接方式适用于 N 值 50 以下的土层，一般在施工受限制时采用，如：在围护墙体转角处，密插型钢或施工间断的情况下。施工顺序如图 4.7.3-1 （b）所示，先施工第 1 单元，第 2 单元的 A 轴插入第 1 单元的 C 轴中，边孔套接施工，依次类推施工完成水泥土搅拌墙体。

3）先行钻孔套打方式

先行钻孔套打方式适用于 N 值 50 以上非常密实的土层，以及 N 值 50 以下，但混有 $\phi100\mathrm{mm}$ 以上的卵石块的砂卵砾石层或软岩。施工时，用装备有大功率减速机的螺旋钻孔机，先行施工如图 4.7.3-1 （c）、（d）所示的 a_1、a_2、a_3 等孔，局部疏松和捣碎地层，然后用三轴水泥土搅拌机以跳槽式双孔全套打复搅连接方式或单侧挤压式连接方式施工完水泥土搅拌墙体。

2. 型钢水泥土搅拌墙施工工艺流程

型钢水泥土搅拌墙的施工工艺是由三轴钻孔搅拌机，将一定深度范围内的地基土和由钻头处喷出的水泥浆液、压缩空气进行原位均匀搅拌，在各施工单元间采取套接一孔法施

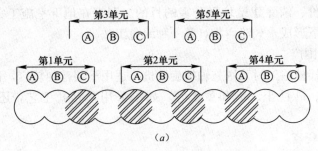

（a）

图 4.7.3-1　水泥土搅拌墙施工顺序（一）

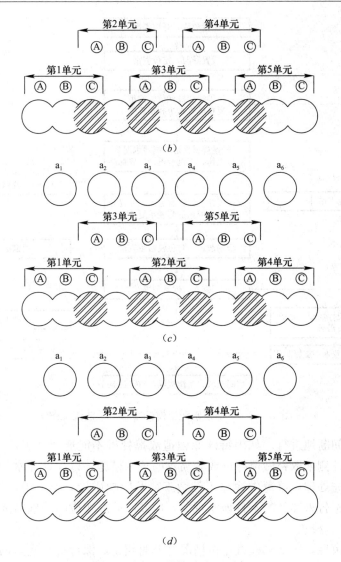

图 4.7.3-1 水泥土搅拌墙施工顺序（二）

工，然后在水泥土未结硬之前插入 H 型钢，形成一道有一定强度和刚度，连续完整的地下连续墙复合挡土截水结构。施工工艺流程图如图 4.7.3-2 所示。

3. 型钢水泥土搅拌墙施工要点

1）试成桩

水泥土搅拌墙应按施工组织设计要求，进行试成桩，确定实际采用的各项技术参数、成桩工艺和施工步骤，包括：浆液的水灰比、下沉（提升）速度、浆泵的压送能力、每米桩长或每幅桩的注浆量。土性差异大的地层，要确定分层技术参数。水泥土搅拌墙的成桩工艺应保证水泥土强度和型钢较易插入，水泥土能够充分搅拌。搅拌机下沉和提升速度、水灰比和注浆量对水泥土搅拌桩的强度及截水性起着关键作用，施工时要严格控制。

2）工艺要求

根据施工工艺要求，采用三轴搅拌机设备施工时，应保证型钢水泥土搅拌墙的连续性和接头的施工质量，桩体搭接长度满足设计要求，以达到截水作用。一般情况下，搅拌桩

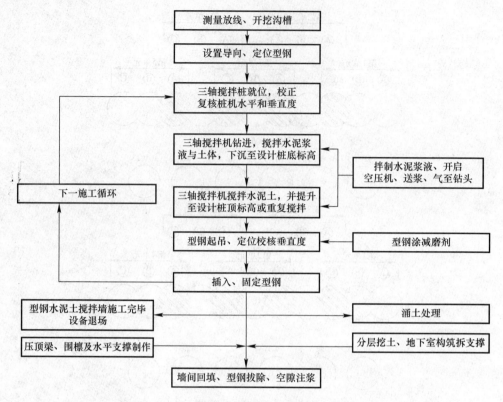

图 4.7.3-2　型钢水泥土搅拌墙施工工艺流程图

施工必须连续不间断地进行。如因特殊原因造成搅拌桩不能连续施工，时间超过 24h 的，必须在其接头处外侧采取补做搅拌桩或旋喷桩的技术措施，以保证截水效果。对浅部不良地质现象应作事先处理，以免中途停工延续工期及影响质量。施工中，如遇地下障碍物、暗浜或其他勘察报告未述及的不良地质现象，应及时采取相应的处理措施。

3）桩机就位、校正

桩机移位结束后，应认真检查定位情况并及时纠正，保持桩机底盘的水平和立柱导向架的垂直，并调整桩架垂直度偏差小于 1/250，具体做法是在桩架上焊接一半径为 4cm 的铁圈，10m 高处悬挂一铅锤，利用经纬仪校直钻杆垂直度，使铅锤正好通过铁圈中心，每次施工前必须适当调节钻杆，使铅锤位于铁圈内，即把钻杆垂直度误差控制在 0.4％内，桩位偏差不得大于 50mm。螺旋钻头及螺旋钻杆的直径应符合设计要求。

4）三轴搅拌机钻杆下沉（提升）及注浆控制

三轴搅拌机就位后，主轴正转喷浆搅拌下沉，反转喷浆复搅提升，完成一组搅拌桩的施工。对于不易匀速钻进下沉的地层，可增加搅拌次数，完成一组搅拌桩的施工，下沉速度应保持在 0.5～1.0m/min，提升速度应保持在 1.0～2.0m/min 范围内，在桩底部分适当持续搅拌注浆，并尽可能做到匀速下沉和匀速提升，使水泥浆和原地基土充分搅拌，具体适用的速度值应根据地层的可钻性、水灰比、注浆泵的工作流量、成桩工艺计算确定。

注浆泵流量控制应与三轴搅拌机下沉（提升）速度相匹配。一般下沉时喷浆量控制在每幅桩总浆量的 70％～80％，提升时喷浆量控制在 20％～30％，确保每幅桩体的用浆量。提升搅拌时喷浆对可能产生的水泥土体空隙进行充填，对于饱和疏松的土体具有特别意义。三轴搅拌机采用二轴注浆，中间轴注压缩空气进行辅助成桩时应考虑压缩空气对水泥土强度的影响。施工时如因故停浆，应在恢复压浆前，将搅拌机提升或下沉0.5m后，注浆搅拌施工，确保搅拌墙的连续性。

5）施工工艺参数的控制

严格按设计要求控制配制浆液的水灰比及水泥掺入量，水泥浆液的配合比与拌浆质量可用比重计检测。控制水泥进货数量及质量，控制每桶浆所需用的水泥量，并由专人作记录。

水泥土搅拌过程中置换涌土的数量是判断土层性状和调整施工参数的重要标志。对于黏性土特别是标贯 N 值和内聚力高的地层，土体遇水湿胀、置换涌土多、螺旋钻头易形成泥塞，不易匀速钻进下沉，此时可调整搅拌翼的形式，增加下沉、提升复搅次数，适当增大送气量，水灰比控制在1.5～2.0；对于透水性强的砂土地层，土体湿胀性小，置换涌土少，此时水灰比宜调整在1.2～1.5，控制下沉和提升速度和送气量，必要时在水泥浆液中掺5％左右的膨润土，堵塞渗漏通道，保持孔壁稳定，又可以用膨润土的保水性，增加水泥土的变形能力，提高墙体抗渗性（表4.7.3-1）。

日本 SMW 协会提供的不同土质三轴搅拌机置换涌土发生率　　　表 4.7.3-1

土　质	置换涌土发生率
砾质土	60％
砂质土	70％
粉土	90％
黏性土（含砂质黏土、粉质黏土、粉土）	90％～100％
固结黏土（固结粉土）	比黏性土增加20％～25％

6）减少三轴搅拌桩施工对城市周围环境影响的措施

①控制日成桩数量，并采用跳打，即隔五打一，以减少对地铁隧道的叠加变形。

②密切与地铁监护部门和监测单位的配合，根据变形情况，安排或调整施工计划。

③合理地调整水灰比，控制下沉速度和注浆泵换挡时间。

④施工前应对施工场地的地层情况有比较细致的了解，针对不同地层采取不同的工艺规程和成桩参数。尽可能减少提升搅拌时，孔内产生负压，造成的对周边环境的沉降。

4. 型钢插入和拔除

1）型钢的表面处理

（1）型钢表面应进行清灰除锈，并在干燥条件下，涂抹经过加热融化的减摩剂。

（2）浇筑压顶圈梁时，埋设在圈梁中的型钢部分必须用油毡等材料将其与混凝土隔开，以利型钢的起拔回收。

2）型钢插入

（1）型钢吊装过程中，应避免型钢拖地，防止型钢产生变形；起重机械回转半径内不应有障碍物，吊臂下严禁站人。

（2）型钢的插入宜在搅拌桩施工结束后30min内进行，插入前必须检查其直线度、接头焊缝质量，并确保满足设计要求。

（3）型钢的插入必须采用牢固的定位导向架，如图4.7.3-3、图4.7.3-4所示，用起重机起吊型钢，必要时可采用经纬仪校核型钢插入时的垂直度，型钢插入到位后，用悬挂物件控制型钢顶标高。

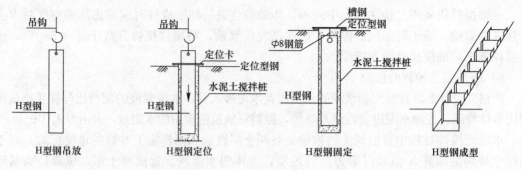

图 4.7.3-3　定位型钢示意图

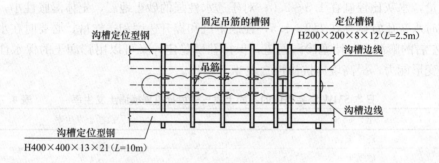

图 4.7.3-4　内插 H 型钢定位示意图

（4）型钢宜依靠自重插入，也可借助带有液压钳的振动锤等辅助手段下沉到位，严禁采用多次重复起吊型钢，并松钩下落的插入方法，若采用振动锤下沉工艺时，不得影响周围环境。

（5）当型钢插入到设计标高时，用吊筋将型钢固定，溢出的水泥土必须进行处理，控制到一定标高以便进行下道工序施工。

（6）待水泥土搅拌桩硬化到一定程度后，将吊筋与槽沟定位型钢撤除。

3）型钢拔除

型钢回收过程中，不论采取何种方式来减少对周边环境的影响，影响还是存在的。因此，对周边环境保护要求高以及特殊地质条件等工程，以不拔为宜。

（1）型钢回收应在主体地下结构施工完成，地下室外墙与搅拌墙之间回填密实后方可进行，在拆除支撑和腰梁时应将型钢表面留有的腰梁限位或支撑抗滑构件、电焊等清除干净。

（2）型钢拔除通过液压千斤顶配以起重机进行，对于起重机无法够到的部位由塔式起重机配合吊运或采取其他措施。液压千斤顶顶升原理：通过专用液压夹具夹紧型钢腹板，构成顶升反力支座，咬合型钢受力后，使夹具与型钢一体共同提升。两只 200t 的千斤顶分别放置在型钢两侧，坐落在混凝土压冠梁上，型钢套在液压夹具内，两边液压夹板咬合，顶紧型钢腹板。顶升初始阶段由于型钢出露短，液压夹具不能使用，则采用专用丁字形钢结构构件支座顶升，见图 4.7.3-5。型钢端部中心的直径 100mm 的圆孔通过钢销与丁字形钢结构构件支座孔套接，受力、传力。两只 200t 的千斤顶左右两侧同步平衡顶升丁字形钢结构构件支座，千斤顶到位后，调换另一提升孔继续重复顶升，直到能使用液压夹具为止，见图 4.7.3-5、图 4.7.3-6。型钢拔除过程中，逐渐升高的型钢用起重机跟踪提升，直至全部拔除，驳运离现场。

图 4.7.3-5　专用顶升支座　　　　　　图 4.7.3-6　液压顶升支座

（3）型钢拔除回收时，应根据环境保护要求采用跳拔、限制日拔除型钢数量等措施，并及时对型钢拔出后形成的空隙进行注浆充填。

4.8　沉井

4.8.1　概述

沉井是修筑地下结构和深基础的一种结构形式。首先在地表制作一个井筒状的结构物，然后在井壁的围护下通过从井内不断挖土，使沉井在自重及上部荷载作用下逐渐下沉，达到设计标高后，再进行封底。

沉箱基础又称之为气压沉箱基础，它是以气压沉箱来修筑建（构）筑物的一种基础形式。建造地下建（构）筑物时，在沉箱下部预先构筑底板，在沉箱下部形成一个气密性高的钢筋混凝土结构工作室，向工作室内注入压力与刃口处地下水压力相等的压缩空气，使其在无水的环境下进行取土排土，箱体在本身自重以及上部荷载的作用下下沉到指定深度，然后进行封底施工。

4.8.2　沉井的特点

随着城市地下空间的不断开发，需要越来越多地在密集的建筑群中施工，使得对在施工中如何确保邻近地下管线和建筑物的安全提出了越来越高的要求。随着下沉施工工艺的不断开发和创新，即使在复杂的环境下进行施工作业，周围地表变形也仅趋于微量，其具有以下一些特点或优点：

（1）沉井与沉箱整体刚度大，抗震性好；

（2）与地下施工相比更优越，地质适用范围更广；

（3）沉井与沉箱结构本身兼作围护结构，且施工阶段不需要对地基作特殊处理，既安全又经济；

（4）施工对周围环境影响小，尤其是气压沉箱工法，更适用于对土体变形敏感的地区。

4.8.3 沉井施工

1. 沉井施工流程（图 4.8.3-1）

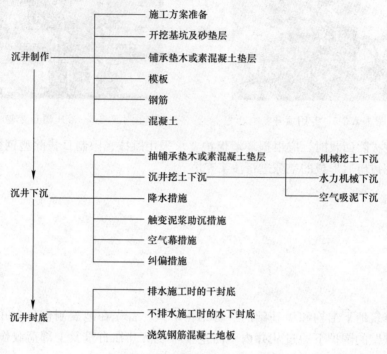

图 4.8.3-1　沉井施工流程图

2. 沉井制作

沉井制作一般有三种方法：在修建构筑物的地面上制作，适用于地下水位高和净空允许的情况；在基坑中制作，适用于地下水位低、净空不高的情况，可减少下沉深度、摩阻力及作业高度。

沉井过高，常常不够稳定，下沉时易倾斜，一般高度大于 12m 时，宜分节制作；在沉井下沉过程中或在井筒下沉各个阶段间歇时间，继续加高井筒。

1）不开挖基坑制作沉井

当沉井制作高度较小或天然地面较低时可以不开挖基坑，只需将场地平整夯实，以免在浇筑沉井混凝土过程中或撤除支垫时发生不均匀沉陷。如场地高低不平应加铺一层厚度不小于 50mm 的砂层，必要时应挖去原有松软土层，然后铺设砂层。

2）开挖基坑制作沉井

（1）应根据沉井平面尺寸决定基坑底面尺寸、开挖深度及边坡大小，定出基坑平面的开挖边线，整平场地后根据设计图纸上的沉井坐标定出沉井中心桩以及纵横轴线控制桩，并测设控制桩的攀线桩作为沉井制作及下沉过程的控制桩。亦可利用附近的固定建筑物设置控制点。以上施工放样完毕，须经技术部门复核后方可开工。

（2）刃脚外侧面至基坑底边的距离一般为 1.5～2.0m，以能满足施工人员绑扎钢筋及树立外模板为原则。

（3）基坑开挖的深度视水文、地质条件和第一节沉井要求的浇筑高度而定。为了减少沉井的下沉深度，也可加深基坑的开挖深度，但若挖出表土硬壳层后坑底为很软弱淤泥，则不宜挖除表面硬土，应通过综合比较决定合理的深度。

当不设边坡支护的基坑开挖深度在5m以内且坑底在降低后的地下水位以上时，基坑最大允许边坡如表4.8.3-1所示。

深度在5m以内的基坑边坡的最陡坡度   表 4.8.3-1

土的类别	边坡坡度（高∶宽）		
	坡顶无荷载	坡顶有静载	坡顶有动载
硬塑的黏质粉土	1∶0.67	1∶0.75	1∶1
硬塑的粉质黏土、黏土	1∶0.33	1∶0.5	1∶0.67
软土（经井点降水后）	1∶1.0～1∶1.5	经计算定	经计算定

（4）基坑底部若有暗浜、土质松软的土层应予以清除。在井壁中心线的两侧各1m范围内回填砂性土整平振实，以免沉井在制作过程中发生不均匀沉陷。开挖基坑应分层按顺序进行，底面浮泥应清除干净并保持平整和疏干状态。

（5）基坑及沉井挖土一般应外运，如条件许可在现场堆放时距离基坑边缘的距离一般不宜小于沉井下沉深度的两倍，并不得影响现场交通、排水及下一步施工。用钻吸法下沉沉井时从井下吸出的泥浆须经过沉淀池沉淀和疏干后，用封闭式车斗外运。

3. 沉井下沉形式

沉井下沉按其制作与下沉的顺序，有三种形式：

（1）一次制作，一次下沉。一般中小型沉井，高度不大，地基很好或者经过人工加固后获得较大的地基承载力时，最好采用一次制作，一次下沉方式。一般来说，以该方式施工的沉井在10m以内为宜。

（2）分节制作，多次下沉。将井墙沿高度分成几段，每段为一节，制作一节，下沉一节，循环进行。该方案的优点是沉井分段高度小，对地基要求不高；缺点是工序多，工期长，而且在接高井壁时易产生倾斜和突沉，需要进行稳定验算。

（3）分节制作，一次下沉。这种方式的优点是脚手架和模板可连续使用，下沉设备一次安装，有利于滑模；缺点是对地基条件要求高，高空作业困难。我国目前采用该方式制作的沉井，全高已达30m以上。

沉井下沉应具有一定的强度，第一节混凝土或砌体砂浆应达到设计强度的100%，其上各节达到70%以后，方可开始下沉。

4. 沉井下沉施工

沉井下沉有排水下沉和不排水下沉两种方法。前者适用于渗水量不大（每平方米渗水不大于1m³/min）、稳定的黏性土（如黏土、亚黏土以及各种岩质土）或在砂砾层中渗水量虽很大，但排水并不困难时使用；后者适用于流砂严重的地层和渗水量大的砂砾地层，以及地下水无法排除或大量排水会影响附近建筑物的安全的情况。

1）排水下沉挖土方法

常用人工或风动工具，或在井内用小型反铲挖土机，在地面用抓斗挖土机分层开挖。挖土必须对称、均匀地进行，使沉井均匀下沉。挖土方法随土质情况而定，一般方法是：

① 普通土层。从沉井中间开始逐渐挖向四周，每层挖土厚 0.4～0.5m，在刃脚处留 1～1.5m 的台阶，然后沿沉井壁每 2～3m 一段向刃脚方向逐层全面、对称、均匀地开挖土层，每次挖去 5～10cm，当土层经不住刃脚的挤压而破裂时，沉井便在自重作用下均匀地破土下沉。当沉井下沉很少或不下沉时，可再从中间向下挖 0.4～0.5m，并继续向四周均匀掏挖，使沉井平稳下沉。当在数个井孔内挖土时，为使其下沉均匀，孔格内挖土高差不得超过 1.0m。刃脚下部土方应边挖边清理。

② 砂夹卵石或硬土层。当土垄挖至刃脚，沉井仍不下沉或下沉不平稳，则须按平面布置分段的次序逐段对称地将刃脚下挖空，并挖出刃脚外壁约 10cm，每段挖完用小卵石填塞夯实，待全部挖空回填后，再分层去掉回填的小卵石，可使沉井均匀减少承压面而平衡下沉。

③ 岩层。风化或软质岩层可用风镐或风铲等按次序开挖。较硬的岩层在刃口打炮孔，进行松动爆破，炮孔深 1.3m，以 1m×1m 的梅花形交错排列，使炮孔伸出刃脚口外 15～30cm，以便开挖宽度可超出刃口 5～10cm。下沉时，顺刃脚分段顺序，每次挖 1m 宽即进行回填，如此逐段进行，至全部回填后，再去除土堆，使沉井平稳下沉。

在开始 5m 以内下沉时，要特别注意保持平面位置与垂直度正确，以免继续下沉时不易调整。在距离设计标高 20cm 左右应停止取土，依靠沉井自重下沉到设计标高。在沉井开始下沉和将要下沉至设计标高时，周边开挖深度应小于 30cm 或更少一些，避免发生倾斜或超沉。

2）不排水下沉挖土方法

通常采用抓斗、水力吸泥机或水力冲射空气吸泥机等在水下挖土。

① 抓斗挖土。用起重机吊住抓斗挖掘井底中央部分的土，使沉井底形成锅底。在砂或砾石类土中，一般当锅底比刃脚低 1～1.5m 时，沉井即可靠自重下沉，而将刃脚下的土挤向中央锅底，再从井孔中继续抓土，沉井即可继续下沉。在黏质土或紧密土中，刃脚下的土不易向中央坍落，则应配以射水管松土。沉井由多个井孔组成时，每个井孔宜配备一台抓斗。如用一台抓斗抓土时，应对称逐孔轮流进行，使其均匀下沉，各井孔内土面高差应不大于 0.5m。

② 水力机械冲土。使用高压水泵将高压水流通过进水管分别送进沉井内的高压水枪和水力吸泥机，利用高压水枪射出的高压水流冲刷土层，使其形成一定稠度的泥浆，汇流至集泥坑，然后用水力吸泥机（或空气吸泥机）将泥浆吸出，从排泥管排出井外。冲黏性土时，宜使喷嘴接近 90°角冲刷立面，将立面底部冲成缺口使之塌落。取土顺序为先中央后四周，并沿刃脚留出土台，最后对称分层冲挖，不得冲空刃脚踏面下的土层。施工时，应使高压水枪冲入井底的泥浆量和渗入的水量与水力吸泥机吸出的泥浆量保持平衡。

3）沉井的辅助下沉方法

① 射水下沉法

一般作为以上两种方法的辅助方法，它是用预先安设在沉井外壁的水枪，借助高压水冲刷土层，使沉井下沉。射水所需水压，在砂土中，冲刷深度在 8m 以下时，需要 0.4～0.6MPa；在砂砾石层中，冲刷深度在 10～12m 以下时，需要 0.6～1.2MPa；在砂卵石层中，冲刷深度在 10～12m 时，需要 8～20MPa。冲刷管的出水口口径为 10～12mm，每一管的喷水量不得小于 0.2m³/s，但本法不适用于黏土中下沉。

② 触变泥浆护壁下沉法

沉井外壁制成宽度为 10~20cm 的台阶作为泥浆槽。泥浆是用泥浆泵、砂浆泵或气压罐通过预埋在井壁体内或设在井内的垂直压浆管压入，使外井壁泥浆槽内充满触变泥浆，其液面接近于自然地面。为了防止漏浆，在刃脚台阶上宜钉一层 2mm 厚的橡胶皮，同时在挖土时注意不使刃脚底部脱空。在泥浆泵房内要储备一定数量的泥浆，以便下沉时不断补浆。在沉井下沉到设计标高后，泥浆套应按设计要求进行处理，一般采用水泥浆、水泥砂浆或其他材料来置换触变泥浆，即将水泥浆、水泥砂浆或其他材料从泥浆套底部压入，使压进的水泥浆、水泥砂浆等凝固材料挤出泥浆，待其凝固后，沉井即可稳定。

5. 沉井封底

沉井下沉至设计标高，经过观测在 8h 内累计下沉量不大于 10mm 或沉降率在允许范围内，沉井下沉已经稳定时，即可进行沉井封底。封底方法有以下两种。

1）排水封底时的干封底

这种方法是将新老混凝土接触面冲刷干净或打毛，对井底进行修整，使之成锅底形，由刃脚向中心挖成放射形排水沟，填以卵石做成滤水暗沟，在中部设 2~3 个集水井，深 1~2m，井间用盲沟相互连通，插入 $\phi 600~800$、四周带孔眼的钢管或混凝土管，管周填以卵石，使井底的水流汇集在井中，用泵排出，并保持地下水位低于井内基底面 0.3m。

封底一般先浇一层 0.5~1.5m 的素混凝土垫层，达到 50% 的设计强度后，绑扎钢筋，两端伸入刃脚或凹槽内，浇筑上层底板混凝土。浇筑应在整个沉井面积上分层，同时不间断地进行，由四周向中央推进，每层厚 300~500mm，并用振动器捣实。当井内有隔墙时，应前后左右对称地逐孔浇筑。混凝土采用自然养护，养护期间应继续抽水。待底板混凝土强度达到 70% 后，对集水井逐个停止抽水，逐个封堵。封堵方法是，将滤水井中的水抽干，在套筒内迅速用干硬性的高强度等级混凝土进行堵塞并捣实，然后上法兰盘盖，用螺栓拧紧或焊牢，上部用混凝土填实捣平。

2）不排水封底时的水下封底

不排水封底即在水下进行封底。要求将井底浮泥清除干净，新老混凝土接触面用水冲刷干净，并铺碎石垫层。封底混凝土用导管法灌注。待水下封底混凝土达到所需要的强度后，即一般养护为 7~10d，方可从沉井中抽水，按排水封底法施工上部钢筋混凝土底板。

导管法浇筑可在沉井各仓内放入直径为 200~400mm 的导管，管底距离坑底约 300~500mm，导管搁置在上部支架上，在导管顶部设置漏斗，漏斗颈部安放一个隔水栓，并用钢丝系牢。水下封底的混凝土应具有较大的坍落度，浇筑时将混凝土装满漏斗，随后将其与隔水栓一起下放一段距离，但不能超过导管下口，割断钢丝，之后不断向漏斗内灌注混凝土，混凝土由于重力作用源源不断地由导管底向外流动，导管下端被埋入混凝土并与水隔绝，避免了水下浇筑混凝土时冷缝的产生，保证了混凝土的质量。

3）浇筑钢筋混凝土底板

在沉井浇筑钢筋混凝土底板前，应将井壁凹槽新老混凝土接触面凿毛，并洗刷干净。

（1）干封底时底板浇筑方法

当沉井采用干封底时，为了保证钢筋混凝土底板不受破坏，在浇筑混凝土过程中，应防止沉井产生不均匀下沉。特别是在软土中施工，如沉井自重较大，可能发生继续下沉时，宜分格对称地进行封底工作。在钢筋混凝土底板尚未达到设计强度之前，应从井内底板以下的集水井中不间断地进行抽水。

抽水时，钢筋混凝土底板上的预留孔，集水井可用下部带有孔眼的大直径钢管，或者用钢板焊成圆形、方（矩）形井，但在集水井上口均应不带法兰盘。由于底板钢筋在集水井处被切断，所以在集水井四周的底板内应增加加固钢筋。待沉井钢筋混凝土底板达到设计强度，并停止抽水后，集水井用素混凝土填满。然后，用事先准备好的带螺栓孔的钢盖板和橡皮垫圈盖好，拧紧法兰盘上的所有螺栓。集水井的上口标高应比钢筋混凝土底板顶面标高低 200～300mm，待集水井封口完毕后，再用混凝土找平。

（2）水下封底时底板的浇筑方法

当沉井采用水下混凝土封底时，从浇筑完最后一格混凝土至井内开始抽水的时间，须视水下混凝土的强度（配合比、水泥品种、井内水温等均有影响），并根据沉井结构（底板跨度、支承情况）、底板荷载（地基反力、水压力），以及混凝土的抗裂计算决定。但为了缩短施工工期，一般约在混凝土达到设计强度的 70％后开始抽水，按照排水封底法施工上部钢筋混凝土底板。

4.9　内支撑

4.9.1　概述

深基坑工程中的支护结构一般有两种形式，分别为围护墙结合内支撑系统的形式和围护墙结合锚杆的形式。作用在围护墙上的水土压力可以由内支撑有效地传递和平衡，也可以由坑外设置的土层锚杆平衡。

内支撑系统由水平支撑和竖向支承两部分组成，深基坑开挖中采用内支撑系统的围护方式已得到广泛的应用，特别对于软土地区基坑面积大、开挖深度深的情况，内支撑系统由于具有无需占用基坑外侧地下空间资源、可提高整个围护体系的整体强度和刚度以及可有效控制基坑变形的特点而得到了大量的应用。图 4.9.1-1、图 4.9.1-2 为常用的钢筋混凝土支撑和钢管支撑两种内支撑形式的现场实景。

图 4.9.1-1　钢筋混凝土内支撑　　　　　　图 4.9.1-2　钢管内支撑

4.9.2　内支撑体系的构成

围檩、水平支撑、钢立柱和立柱桩是内支撑体系的基本构件，典型的内支撑系统示意图见图 4.9.2-1 所示。

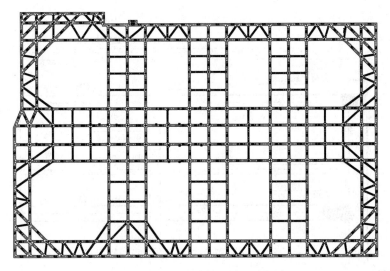

图 4.9.2-1 内支撑系统示意图

围檩是协调支撑和围护墙结构间受力与变形的重要受力构件，其可加强围护墙的整体性，并将其所受的水平力传递给支撑构件，因此要求具有较好的自身刚度和较小的垂直位移。首道支撑的围檩应尽量兼作为围护墙的圈梁，必要时可将围护墙墙顶标高落低，如首道支撑体系的围檩不能兼作为圈梁时，应另外设置围护墙顶圈梁。圈梁可将离散的钻孔灌注围护桩、地下连续墙等围护墙连接起来，加强了围护墙的整体性，对减少围护墙顶部位移有利。

水平支撑是平衡围护墙外侧水平作用力的主要构件，要求传力直接、平面刚度好而且分布均匀。

钢立柱及立柱桩的作用是保证水平支撑的纵向稳定，加强支撑体系的空间刚度和承受水平支撑传来的竖向荷载，要求具有较好的自身刚度和较小的垂直位移。

4.9.3 内支撑的形式及材料

1. 内支撑的形式

支撑体系常用形式有单层或多层平面支撑体系和竖向斜撑体系，在实际工程中，根据具体情况也可以采用类似的其他形式。

平面支撑体系可以直接平衡支撑两端围护墙上所受到的侧压力，其构造简单，受力明确，使用范围广。但当支撑长度较大时，应考虑支撑自身的弹性压缩以及温度应力等因素对基坑位移的影响。如图 4.9.3-1 所示。

竖向斜撑体系的作用是将围护墙所受的水平力通过斜撑传到基坑中部先浇筑好的斜撑基础上。其施工流程是：围护墙完成后，先对基坑中部的土方采用放坡开挖，其后完成中部的斜撑基础，并安装斜撑，在斜撑的支挡作用下，再挖除基坑周边留下的土坡，并完成基坑周边的主体结构。对于平面尺寸较大，形状不很规则的基坑，采用斜支撑体系施工比较方便，也可大幅节省支撑材料。但墙体位移受到基坑周边土坡变形、斜撑弹性压缩以及斜撑基础变形等多种因素的影响，在设计计算时应给予合理考虑。此外，土方施工和支撑安装应保证对称性。如图 4.9.3-2 所示。

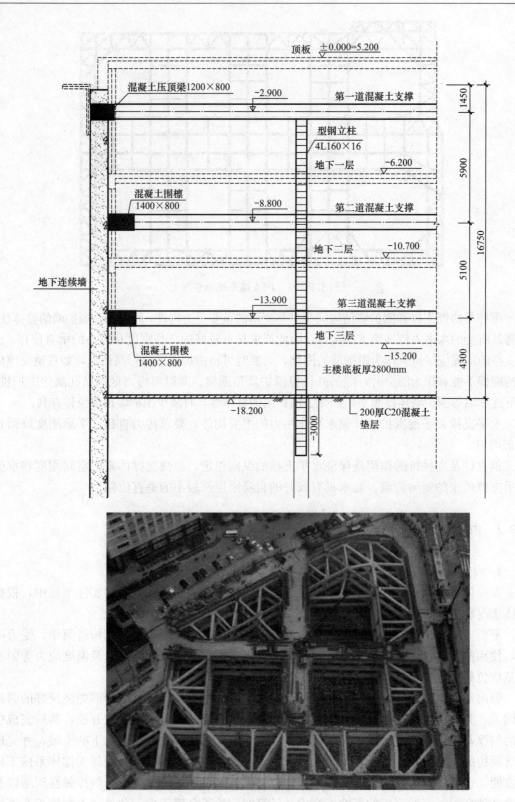

图 4.9.3-1 多层平面支撑体系

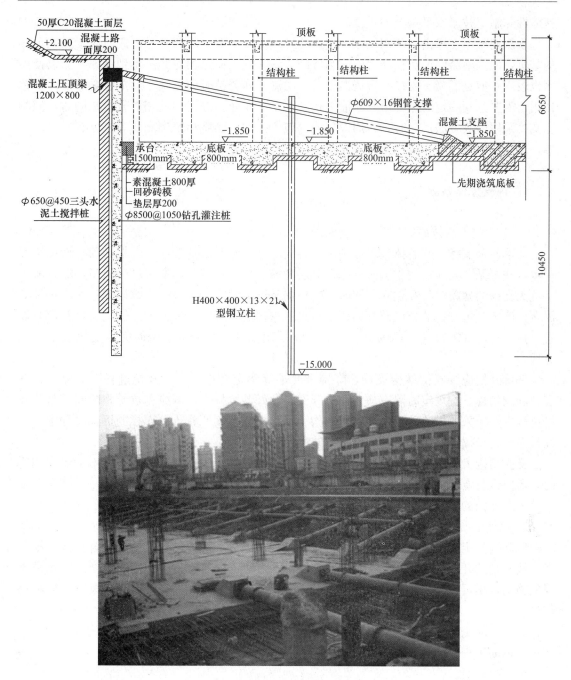

图 4.9.3-2 竖向斜撑体系

2. 内支撑的材料

支撑材料可以采用钢或混凝土，也可以根据实际情况采用钢和混凝土组合的支撑形式。

钢结构支撑除了自重轻、安装和拆除方便、施工速度快以及可以重复使用等优点外，安装后能立即发挥支撑作用，对减少由于时间效应而增加的基坑位移，是十分有效的，因此如有条件应优先采用钢结构支撑。但是钢支撑的节点构造和安装相对比较复杂，如处理不当，会由于节点的变形或节点传力的不直接而引起基坑过大的位移。因此，提高节点的整体性和施工技术水平是至关重要的。

现浇混凝土支撑由于其刚度大，整体性好，可以采取灵活的布置方式适应于不同形状的基坑，而且不会因节点松动而引起基坑的位移，施工质量相对容易得到保证，所以使用面也较广。但是混凝土支撑在现场需要较长的制作和养护时间，制作后不能立即发挥支撑作用，需要达到一定的强度后，才能进行其下土方作业，施工周期相对较长。同时，混凝土支撑采用爆破方法拆除时，对周围环境（包括振动、噪声和城市交通等）也有一定的影响，爆破后的清理工作量也很大，支撑材料不能重复利用。

4.9.4 内支撑体系施工

1. 支撑施工总体原则

无论何种支撑，其总体施工原则都是相同的，土方开挖的顺序、方法必须与设计工况一致，并遵循"先撑后挖、限时支撑、分层开挖、严禁超挖"的原则进行施工，尽量减小基坑无支撑的暴露时间和空间。同时，应根据基坑工程安全等级、支撑形式、场内条件等因素，确定基坑开挖的分区及其顺序。宜先开挖周边环境要求较低的一侧土方，并及时设置支撑。环境要求较高一侧的土方开挖，宜采用抽条对称开挖、限时完成支撑或垫层的方式。

基坑开挖应按支护结构设计，降排水要求等确定开挖方案，开挖过程中应分段、分层、随挖随撑、按规定时限完成支撑的施工，做好基坑排水，减少基坑暴露时间。基坑开挖过程中，应采取措施防止碰撞支护结构、工程桩或扰动原状土。支撑的拆除过程中，必须遵循"先换撑、后拆除"的原则进行施工。

支撑结构上不应堆放材料和运行施工机械。当必须利用支撑构件兼作施工平台或栈桥时，需要进行专门的设计，应满足施工平台或栈桥结构的强度和变形要求，确保安全施工。未经专门的设计支撑上不允许堆放施工材料和运行施工机械。

2. 钢筋混凝土支撑施工

钢筋混凝土支撑应首先进行施工分区和流程的划分，支撑的分区一般结合土方开挖方案，按照盆式开挖、"分区、分块、对称"的原则确定，随着土方开挖的进度及时跟进支撑的施工，尽可能减少围护体侧开挖段无支撑暴露的时间，以控制基坑工程的变形和稳定性。

钢筋混凝土支撑的施工由多项分部工程组成，根据施工的先后顺序，一般可分为施工测量、钢筋工程、模板工程以及混凝土工程。下面主要介绍模板工程。

1）模板工程

模板工程的目标为支撑混凝土表面颜色基本一致，无蜂窝麻面、露筋、夹渣、锈斑和明显气泡存在。结构阳角部位无缺棱掉角，梁柱、墙梁的接头平滑方正，模板拼缝基本无明显痕迹。表面平整，线条顺直，几何尺寸准确，外观尺寸允许偏差在规范允许范围内。

钢筋混凝土支撑底模一般采用土模法施工，即在挖好的原状土面上浇捣10cm左右厚的素混凝土垫层。垫层施工应紧跟挖土进行，及时分段铺设，其宽度为支撑宽度两边各加200mm。为避免支撑钢筋混凝土与垫层粘在一起，造成施工时清除困难，在垫层面上用油毛毡作隔离层。隔离层采用一层油毛毡，宽度与支撑宽等同。油毛毡铺设尽量减少接缝，接缝处应用胶带纸满贴紧，以防止漏浆。垫层在支撑以下土方开挖时及时清理干净，否则附着的底模在基坑后续施工过程中一旦脱落，可能造成人员伤亡事故。

模板拆除时间以同条件养护试块强度为准。模板拆除注意事项：

①　在支撑以下土方开挖时，必须清理掉支撑底模，防止底模附着在支撑上，在以后的施工过程中坠落。特别是在大型钢筋混凝土支撑节点处，若不清理干净，附着的底模可能比较大，极易引起安全隐患。

②　拆模时不要用力太猛，如发现有影响结构安全问题时，应立即停止拆除，经处理或采取有效措施后方可继续拆除。

③　拆模时严禁使用大锤，应使用撬棍等工具，模板拆除时，不得随意乱放，防止模板变形或受损。

2）支撑拆除

（1）钢筋混凝土支撑拆除要点

拆除支撑施工前，必须对施工作业人员进行书面安全技术交底，施工中加强安全检查。钢筋混凝土支撑拆除时，应严格按设计工况进行支撑拆除，遵循先换撑、后拆除的原则。采用爆破法拆除作业时应遵守当地政府的相关规定。内支撑的拆除要点主要为：

①　换撑工况应满足设计工况要求，支撑应在梁板柱结构及换撑结构达到设计要求的强度后拆除，并应对称拆除。

若基坑面较大，混凝土支撑拆除除满足设计工况要求外，尚应根据地下结构分区施工的先后顺序确定分区拆除的顺序。在现场场地狭小条件下拆除基坑第一道支撑时，若地下室顶板尚未施工，该阶段的施工平面布置可能极为困难，故应结合实际情况，选择合理的分区拆除流程，以满足平面布置要求。

②　支撑拆除时应设置安全可靠的防护措施和作业空间，需要利用永久结构底板或楼板作为支撑拆除平台，应采取有效的加固及保护措施，并征得主体结构设计单位同意后方可实施。

③　钢支撑拆除时避免瞬间预加应力释放过大而导致支护结构局部变形、开裂，应采用分步卸载钢支撑预应力的方法对其进行拆除。

支撑拆除过程是利用已衬砌结构换撑的过程，拆除时要特别注意保证轴力的安全卸载，避免应力突变对围护、结构产生负面影响。钢支撑施工安装时由于施加了预应力，在拆除过程中，应采用千斤顶支顶并适当加力顶紧，然后切开活络头钢管、补焊板的焊缝，千斤顶逐步卸力，停置一段时间后继续卸力，直至结束，防止预应力释放过大，对支护结构造成不利影响。

④　内支撑拆除应小心操作，不得损伤主体结构。在拆除下层内支撑时，支撑立柱及支护结构在一定时期内还处于工作状态，必须小心断开支撑与立柱，支撑与支护桩的节点，使其不受损伤。

⑤　支撑拆除施工过程中应加强对支撑轴力、支护结构位移以及周边环境的监测：变化较大时，加密监测点，加强监测频率，并及时统计、分析上报，必要时停止施工、加强支撑。

⑥　栈桥拆除施工过程中，栈桥上严禁堆载，并限制施工机械的超载，合理制订拆除

的顺序，根据支护结构变形情况调整拆除长度，确保栈桥剩余部分结构的稳定性。

⑦ 拆撑作业施工范围内非操作人员严禁入内，切割焊和吊运过程中工作区严禁过人，拆除的零部件严禁随意抛落，避免伤人。

（2）钢筋混凝土支撑拆除方法

目前，钢筋混凝土的支撑拆除方法一般有人工拆除法、机械拆除法和爆破拆除法。以下为三种拆除方法的简要说明：

人工拆除法，即组织一定数量的工人，用大锤和风镐等机械设备人工拆除支撑梁。该方法的优点在于施工方法简单、所需的机械和设备简单、容易组织。缺点是由于需人工操作，施工效率低，工期长；施工安全性较差；施工时，锤击与风镐噪声大，粉尘较多，对周围环境有一定污染。

人工拆除作业时，作业人员应站在稳定的结构或脚手架上操作，支撑构件应采取有效的下坠控制措施，方可切断两端的支撑，被拆除的构件应有安全的放置场所。

机械拆除法施工应按照施工组织设计选定的机械设备及吊装方案进行，严禁超载作业或任意扩大拆除范围，作业中机械不得同时回转、行走。

对较大尺寸的构件或沉重的材料，必须采用起重机具及时吊下，拆卸下来的各种材料应及时清理，分类堆放在指定场所；供机械设备使用和堆放拆卸下来的各种材料的场地地基应满足承载力要求。

爆破拆除法，应根据支撑结构特点制订爆破拆除顺序，在钢筋混凝土支撑施工时预留爆破孔，装入炸药和毫秒电雷管，起爆后将支撑梁拆除。该办法的优点在于施工的技术含量较高；爆破效率较高，工期短；施工安全；成本适中，造价介于上述二者之间。其缺点是爆破时产生爆破振动和爆破飞石，还会产生声响，对周围环境有一定程度的影响。如图 4.9.4-1～图 4.9.4-3 所示。

图 4.9.4-1　支撑浇筑时预留爆破孔图　　图 4.9.4-2　支撑浇筑形成时爆破孔实景

图 4.9.4-3　混凝土支撑爆破安全防护

爆破拆除工程应根据周围环境作业条件、拆除对象、建筑类别、爆破规模，按照现行国家标准《爆破安全规程》GB6722 分级，采取相应的安全技术措施。爆破拆除工程应作出安全评估并经当地有关部门审核批准后方可实施。

为了对永久结构进行保护，减小对周边环境的影响，钢筋混凝土支撑爆破拆除时，应先切断支撑与围檩的连接，然后进行分区爆破拆除支撑和围檩。并应在支撑顶面和底部设置保护层，防止支撑爆破时混凝土碎块飞溅及坠落。

3. 钢支撑施工

钢支撑架设和拆除速度快，架设完毕后不需等待强度即可直接开挖下层土方，而且支撑材料可重复循环使用的特点，对节省基坑工程造价和加快工期具有显著优势，适用于开挖深度一般、平面形状规则、狭长形的基坑工程中。但与钢筋混凝土结构支撑相比，变形较大，比较敏感，且由于圆钢管和型钢的承载能力不如钢筋混凝土结构支撑的承载能力大，因而支撑水平向的间距不能很大，相对来说机械挖土不太方便。在大城市建筑物密集

地区开挖深基坑，支护结构多以变形控制，在减少变形方面钢结构支撑不如钢筋混凝土结构支撑，如能根据变形发展，分阶段多次施加预应力，亦能控制变形量。如图 4.9.4-4 所示。

钢支撑体系施工时，根据围护墙结构形式及基坑挖土的施工方法不同，围护墙上的围檩形式也有所区别。一般情况下采用钻孔灌注桩、SMW、钢板桩等围护墙时，必须设置围檩，一般首道支撑设置钢筋混凝土围檩、下道支撑设置型

图 4.9.4-4 钢支撑施工

钢围檩。混凝土围檩刚度大，承载能力高，可增大支撑的间距。钢围檩施工方便，钢围檩与围护墙间的空隙，宜用细石混凝土填实。如图 4.9.4-5、图 4.9.4-6 所示。

图 4.9.4-5 混凝土围檩

图 4.9.4-6 型钢围檩

钢支撑的施工根据流程安排一般可分为测量定位、起吊、安装、施加预应力以及拆撑等施工步骤，以下分别为各个施工步骤进行说明。

1) 测量定位

钢支撑施工之前应做好测量定位工作，测量定位工作基本上与混凝土支撑的施工相一致，包含平面坐标系内轴线控制网的布设和场区高程控制网的布设两个方面的工作。

钢支撑定位必须精确控制其平直度，以保证钢支撑能轴心受压，一般要求在钢支撑安装时采用测量仪器（卷尺、水准仪、塔尺等）进行精确定位。安装之前应在围护体上做好控制点，然后分别向围护体上的支撑埋件上引测，将钢支撑的安装高度、水平位置分别认真用红漆标出。

2) 钢支撑的吊装

从受力可靠角度，纵横向钢支撑一般不采用重叠连接，而采用平面刚度较大的同一标

高连接，以下针对后者对钢支撑的起吊施工进行说明。

第一层钢支撑的起吊与第二及以下层支撑的起吊作业有所不同，第一层钢支撑施工时，空间上无遮拦相对有利，如支撑长度一般时，可将某一方向（纵向或者横向）的支撑在基坑外按设计长度拼接形成整体，其后以 1～2 台起重机采用多点起吊的方式将支撑吊运至设计位置和标高，进行某一方向的整体安装，但另一方面的支撑需根据支撑的跨度进行分节吊装，分节吊装至设计位置之后，再采用螺栓连接或者焊接连接等方式与先行安装好的另一方向的支撑连接成整体。

第二及以下层钢支撑在施工时，由于已经形成第一道支撑系统，已无条件将某一方向的支撑在基坑外拼接成整体之后再吊装至设计位置。因此，当钢支撑长度较长，需采用多节钢管拼接时，应按"先中间后两头"的原则进行吊装，并尽快将各节支撑连起来，法兰盘的螺栓必须拧紧，快速形成支撑。对于长度较小的斜撑，在就位前，钢支撑先在地面预拼装到设计长度，拼装连接。

钢支撑吊装就位时，起重机及钢支撑下方禁止有人员站立，现场做好防下坠措施。钢支撑吊装过程中应缓慢移动，操作人员应监视周围环境，避免钢支撑刮碰坑壁、冠梁、上部钢支撑等。

3）预加轴力

钢支撑安放到位后，起重机将液压千斤顶放入活络端顶压位置，接通油管后开泵，按设计要求逐级施加预应力。预应力施加到位后，再固定活络端，并烧焊牢固，防止支撑预应力损失后钢楔块掉落伤人。预应力施加应在每根支撑安装完以后立即进行。支撑施加预应力时，由于支撑长度较长，有的支撑施加预应力很大，安装的误差难以保证支撑完全平直，所以施加预应力的时候为了确保支撑的安全性，预应力分阶段施加，并应随时检查支撑节点和基坑监测数据，并通过与支撑轴力数据的分析比较，判断设计与现场工况的相符性，必要时采取合理的加固措施。

基坑采用钢支撑施工时，最大的问题是支撑预应力损失问题，特别是深基坑工程采用多道钢支撑作为基坑支护结构时，钢支撑预应力往往容易损失，对在周边环境施工要求较高的地区施工、变形控制的深基坑很不利。造成支撑预应力损失的原因很多，一般有以下几点：①施工工期较长，钢支撑的活络端松动；②钢支撑安装过程中钢管间连接不紧密；③基坑围护体系的变形；④下道支撑预应力施加时，基坑可能产生向坑外的反向变形，造成上道钢支撑预应力损失；⑤换撑过程中应力重分布。

因此，在基坑施工过程中，应加强对钢支撑应力的检查，通过支撑轴力监测数据的反馈，采取有效的措施，对支撑进行预应力复加。其复加位置应主要针对正在施加预应力的支撑之上的一道支撑及暴露时间过长的支撑。复加应力时应注意每一幅连续墙上的支撑应同时复加，复加应力的值应控制在预加应力值的 110% 之内，防止单组支撑复加应力影响到其周边支撑。

预应力复加通常按预应力施加的方式，通过在活络头子上使用液压油泵进行顶升，采用支撑轴力施加的方式进行复加，施工时极其不方便，往往难以实现动态复加。目前，国内外也可设置专用预应力复加装置，一般有螺杆式及液压式两种动态轴力复加装置。采用专用预应力复加装置后，可以实现对钢支撑的动态监控及动态复加，确保了支撑受力及基坑的安全性。如图 4.9.4-7、图 4.9.4-8 所示。

图 4.9.4-7　螺杆式预应力复加装置　　　图 4.9.4-8　液压式预应力复加装置

对支撑的平直度、连接螺栓松紧、法兰盘的连接、支撑牛腿的焊接支撑等进行一次全面检查，确保钢支撑各节接管螺栓紧固、无松动，且焊缝饱满。

4）支撑的拆除

按照设计的施工流程拆除基坑内的钢支撑，支撑拆除前，先解除预应力。

5）钢支撑施工的安全要求

钢支撑吊装就位时，起重机及钢支撑下方禁止有人员站立，现场做好防下坠措施。钢支撑吊装过程中应缓慢移动，操作人员应监视周围环境，避免钢支撑刮碰坑壁、冠梁、上部钢支撑等。

应根据支撑平面布置、支撑安装精度、设计预应力值、土方开挖流程、周边环境保护要求等合理确定钢支撑预应力施加的流程。

由于设计与现场施工可能存在偏差，在分级施加预应力时，应随时检查支撑节点和基坑监测数据，并通过与支撑轴力数据的分析比较，判断设计与现场工况的相符性，并采取合理的加固措施。

支撑杆件预应力施加后以及基坑开挖过程中，会产生一定的预应力损失，为保证预应力达到设计要求，当预应力损失达到一定程度后，应及时进行补充、复加预应力。在周边环境保护要求较高时，宜采用钢支撑预应力自动补偿系统。

4. 支撑竖向支承体系

1）立柱桩的施工

立柱桩施工前应对其单桩承载力进行验算，竖向荷载应按最不利工况取值，立柱在基坑开挖阶段应考虑支撑与立柱的自重、支撑构件上的施工荷载等的作用。

立柱与支撑可采用铰接连接。在节点处应根据承受的荷载大小，通过计算设置抗剪钢筋或钢牛腿等抗剪措施。立柱穿过主体结构底板以及支撑结构穿越主体结构地下室外墙的部位应采取止水构造措施。

立柱桩桩孔直径大于立柱截面尺寸，立柱周围与土体之间存在较大空隙，其悬臂高度（跨度）将大于设计计算跨度，为保证立柱在各种工况条件下的稳定，立柱周边空隙应采用砂石等材料均匀、对称地回填密实。

另外，基坑回弹是开挖土方以后发生的弹性变形，一部分是由于开挖后的卸载引起的回弹量；另一部分是基坑周围土体在自重作用下使坑底土向上隆起。基坑的回弹是不可避免的，但较大的回弹变形会引起立柱桩上浮，施工单位在土方开挖过程中应加强监测，合理安排土方开挖顺序，优化施工工艺，尽量减小基坑回弹的影响。

2）钢格构柱施工

内支撑体系的钢立柱目前用得最多的形式为角钢格构柱，即每根柱由四根等边角钢组成柱的四个主肢，四个主肢间用缀板或者缀条进行连接，共同构成钢格构柱。

钢格构柱一般均在工厂进行制作，考虑到运输条件的限制，一般均分段制作，单段长度一般最长不超过 15m，运至现场之后再组成整体进行吊装。钢格构柱现场安装一般采用"地面拼接、整体吊装"的施工方法，首先将工厂里制作好运至现场的分段钢立柱在地面拼接成整体，其后根据单根钢立柱的长度采用两台或多台起重机抬吊的方式将钢格构柱吊装至安装孔口上方，调整钢格构柱的转向满足设计要求之后，和钢筋笼连接成一体后就位，调整垂直度和标高，固定后进行立柱桩混凝土的浇筑施工。

钢格构柱作为基坑实施阶段重要的竖向受力支承结构，其垂直度至关重要，将直接影响钢立柱的竖向承载力，因此施工时必须采取措施控制其各项指标的偏差度在设计要求的范围之内。钢格构柱垂直度的控制，首先应特别注意提高立柱桩的施工精度，立柱桩根据不同的种类，需要采用专门的定位措施或定位器械，其次钢立柱的施工必须采用专门的定位调垂设备对其进行定位和调垂。目前，钢立柱的调垂方法基本分为气囊法、机械调垂架法和导向套筒法三大类。其中，机械调垂法是几种调垂方法中最经济实用的，因此大量应用于内支撑体系中的钢立柱施工中，当钢立柱沉放至设计标高后，在钻孔灌注桩孔口位置设置 H 型钢支架，在支架的每个面设置两套调节丝杆，一套用于调节钢格构柱的垂直度，另一套用于调节钢格构柱的轴线位置，同时对钢格构柱进行固定。

具体操作流程为：钢格构柱吊装就位后，将斜向调节丝杆和钢柱连接，调整钢格构柱安装标高在误差范围内，然后调整支架上的水平调节丝杆，调整钢柱轴线位置，使钢格构柱四个面的轴向中心线对准地面（或支撑架 H 型钢上表面）测放好的柱轴线，使其符合设计及规范要求，将水平调节丝杆拧紧。调整斜向调节丝杆，用经纬仪测量钢柱的垂直度，使钢立柱柱顶四个面的中心线对准地面测放出的柱轴线，控制其垂直度偏差在设计要求范围内。

钢格构立柱的拆除。应在土方开挖到基坑底并浇筑混凝土底板以后，随钢筋混凝土支撑或钢支撑逐层拆除后，方可逐层拆除钢格构立柱。

4.10 土层锚杆

4.10.1 概述

锚杆支护作为一种支护方式，与传统的支护方式有着根本的区别，传统的支护方式常常是被动地承受坍塌岩体土体产生的荷载，而锚杆可以主动地加固岩土体，有效地控制其变形，防止坍塌的发生。

锚杆是将受拉杆件的一端（锚固段）固定在稳定地层中，另一端与工程构筑物相连接，用以承受由于土压力、水压力等施加于构筑物的推力，从而利用地层的锚固力以维持构筑物（或岩土层）的稳定。

常见的锚杆类型如图 4.10.1-1 所示。

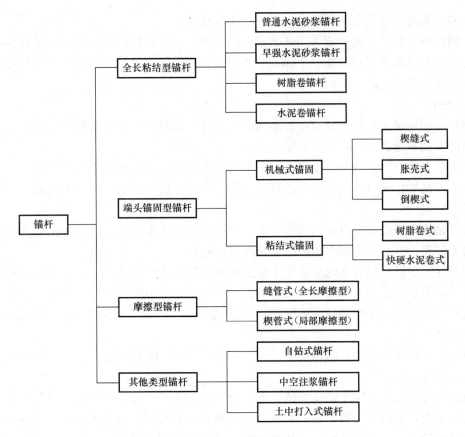

图 4.10.1-1　锚杆分类

4.10.2　土层锚杆支护的特点

岩土锚固通过埋设在地层中的锚杆，将结构物与地层紧紧地联系在一起，依赖锚杆与周围地层的抗剪强度传递结构物的拉力或使地层自身得到加固，以保持结构物和岩土体稳定。

与其他支护形式相比，锚杆支护具有以下特点：

（1）提供开阔的施工空间，极大地方便土方开挖和主体结构施工。锚杆施工机械及设备的作业空间不大，适合各种地形及场地。

（2）对岩土体的扰动小；在地层开挖后，能立即提供抗力，且可施加预应力，控制变形发展。

（3）锚杆的作用部位、方向、间距、密度和施工时间可以根据需要灵活调整。

（4）用锚杆代替钢或钢筋混凝土支撑，可以节省大量钢材，减少土方开挖量，改善施工条件，尤其对于面积很大、支撑布置困难的基坑。

（5）锚杆的抗拔力可通过试验来确定，可保证设计有足够的安全度。

4.10.3　土层锚杆施工

当锚杆穿过的地层附近存在既有地下管线、地下构筑物时，应调查或探明其位置、尺寸、走向、类型、使用状况等情况后再进行锚杆施工。

当锚杆施工经验不足，或采用新型锚杆的情况下，在锚杆施工前应进行锚杆的基本试验。锚杆基本试验是锚杆性能的全面试验，目的是确定锚杆的极限承载力和锚杆参数的合理性，为锚杆设计、施工提供依据。

1. 钻孔

锚杆孔的钻凿是锚固工程质量控制的关键工序。应根据地层类型和钻孔直径、长度以及锚杆的类型来选择合适的钻机和钻孔方法。

锚孔钻进作业时，应保持钻机及作业平台稳定可靠，除钻机操作人员还应不少于 1 人协助作业。高处作业时，作业平台设置封闭的、有效的防护设施，作业人员佩戴齐个人防护用品。

锚杆钻机应安设安全可靠的反力装置。在有地下承压水的地层钻进，孔口必须设置可靠的防喷装置，一旦发生漏水涌砂时能及时封住孔口。

在黏性土中钻孔最合适的是带十字钻头和螺旋钻杆的回转钻机。在松散土和软弱岩层中，最适合的是带球形合金钻头的旋转钻机。在坚硬岩层中的直径较小的钻孔，适合用空气冲洗的冲击钻机。钻直径较大的钻孔，需使用带金刚石钻头和潜水冲击器的旋转钻机，并采用水洗。

在填土、砂砾层等塌孔的地层中，可采用套管护壁、跟管钻进，也可采用自钻式锚杆或打入式锚杆。

跟管钻进工艺主要用于钻孔穿越填土、砂卵石、碎石、粉砂等松散破碎地层。通常用锚杆钻机钻进，采用冲击器、钻头冲击回转全断面造孔钻进，在破碎地层、造孔的同时，冲击套管管靴使得套管与钻头同步进入地层，从而用套管隔离破碎、松散易坍塌的地层，使得造孔施工得以顺利进行。跟管钻具按结构形式分为两种类型：偏心式跟管钻具和同心跟管钻具。同心跟管钻具使用套管钻头，壁厚较厚，钻孔的终孔直径比偏心式跟管钻具的终孔直径小 10mm 左右。偏心式跟管钻具的终孔直径大（大于套管直径），结构简单、成本低，使用较方便。

2. 锚杆杆体的制作与安装

1）锚杆杆体的制作

钢筋锚杆（包括各种钢筋、精轧螺纹钢筋、中空螺纹钢管）的制作相对比较简单，按设计预应力筋长度切割钢筋，按有关规范要求进行对焊或绑条焊或用连接器接长钢筋和用于张拉的螺丝杆。预应力筋的前部常焊有导向帽以便于预应力筋的插入，在预应力筋长度

图 4.10.3-1　锚杆钻机进行跟管钻进施工

方向每隔 1～2m 焊有对中支架，支架的高度不应小于 25mm，必须满足钢筋保护层厚度的要求。自由段需外套塑料管隔离，对防腐有特殊要求的锚固段钢筋提供双重防腐作用的波形管并注入灰浆或树脂。锚杆钻机进行跟管钻进施工，如图 4.10.3-1 所示。

钢绞线通常为一整盘方式包装，宜使用机械切割，不得使用电弧切割。杆体内的绑扎材料不宜采用镀锌材料。钢绞线分为有粘结钢绞线和无粘结钢绞线，有粘结钢绞线锚杆制作时应在锚杆自由段的每根钢绞线上施作防腐层和隔离层。

2）锚杆的安装

锚杆安装前应检查钻孔孔距及钻孔轴线是否符合规范及设计要求。

锚杆一般由人工安装，对于大型锚杆有时采用吊装。在进行锚杆安装前应对钻孔重新检查，发现坍孔、掉块时应进行清理。锚杆安装前应对锚杆体进行详细检查，对损坏的防护层、配件、螺纹应进行修复。在推送过程中用力要均匀，以免在推送时损坏锚杆配件和防护层。当锚杆设置有排气管、注浆管和注浆袋时，推送时不要使锚杆体转动，并不断检查排气管和注浆管，以免管子折死、压扁和磨坏，并确保锚杆在就位后排气管和注浆管畅通。在遇到锚索推送困难时，宜将锚索抽出，查明原因后再推送。必要时应对钻孔重新进行清洗。

3）锚头的施工

锚具、垫板应与锚杆体同轴安装，对于钢绞线或高强钢丝锚杆，锚杆体锁定后其偏差应不超过±5°。垫板应安装平整、牢固，垫板与垫墩接触面无空隙。

切割锚头多余的锚杆体宜采用冷切割的方法，锚具外保留长度不应小于100mm。当需要补偿张拉时，应考虑保留张拉长度。U形承载体构造如图4.10.3-2所示。

打筑垫墩用的混凝土强度等级一般大于C30，有时锚头处地层不太规则，在这种情况下，为了保证垫墩混凝土的质量，应确保垫墩最薄处的厚度大于10cm，对于锚固力较高的锚杆，垫墩内应配置环形钢筋。

图4.10.3-2　U形承载体构造

3. 注浆体材料及注浆工艺

注浆是为了形成锚固段和为锚杆提供防腐蚀保护层，一定压力的注浆还可以使注浆体渗入地层的裂隙和缝隙中，从而起到固结地层、提高地基承载力的作用。水泥砂浆的成分及拌制和注入方法决定了灌浆体与周围岩土体的粘结强度和防腐效果。

1）水泥浆的成分

灌注锚杆的水泥浆通常采用质量良好、新鲜的普通硅酸盐水泥和干净水掺入细砂配制搅拌而成，必要时可采用抗硫酸盐水泥。水泥龄期不应超过一个月，强度应大于32.5MPa。压力型锚杆最好采用更高强度的水泥。

水灰比对水泥浆的质量有着特别重要的作用，过量的水会使浆液产生泌水，降低强度并产生较大收缩，降低浆液硬化后的耐久性，灌注锚杆的水泥浆最适宜的水灰比为0.4～0.45，采用这种水灰比的灰浆具有泵送所要求的流动度，收缩也小。为了加速或延缓凝固，防止在凝固过程中的收缩和诱发膨胀，当水灰比较小时为增加浆液的流动度及预防浆液的泌水等，可在浆液中加入外加剂，如三乙醇胺（早强剂，掺量为水泥重量的0.05%）、木质磺酸钙（缓凝剂，水泥重量的0.2%～0.5%）、铝粉（膨胀剂，水泥重量的0.005%～0.02%）、UNF-5（减水剂，水泥重量的0.6%）、纤维素醚（抗泌剂，水泥重量的0.2%～0.3%）。因使用外加剂的经验有限，不要同时使用数种外加剂以获得水泥浆的综合效应。向搅拌机加入任何一种外加剂，均须在搅拌时间过半后送入；拌好的浆液存放时间不得超过120min。浆液拌好后应存放于特制的容器内，并使其缓慢搅动。

浆体的强度一般7d不应低于20MPa，28d不应低于30MPa；压力型锚杆浆体强度7d不应低于25MPa，28d不应低于35MPa。

2）注浆工艺

水泥浆采用注浆泵通过高压胶管和注浆管注入锚杆孔，注浆泵的操作压力范围为 0.1～12MPa，通常采用挤压式或活塞式两种注浆泵，挤压式注浆泵可注入水泥砂浆，但压力较小，仅适用于一次注浆或封闭自由段的注浆。注浆管一般是直径 12～25mm 的 PVC 软塑料管，管底离钻孔底部的距离通常为 100～250mm，并每隔 2m 左右就用胶带将注浆管与锚杆预应力筋相连。在插入预应力筋时，在注浆管端部临时包裹密封材料以免堵塞，注浆时浆液在压力作用下冲破密封材料注入孔内。

注浆常分为一次注浆和二次高压注浆两种注浆方式。一次注浆是浆液通过插到孔底的注浆管，从孔底一次将钻孔注满直至从孔口流出的注浆方法。这种方法要求锚杆预应力筋的自由段预先进行处理，采取有效措施确保预应力筋不与浆液接触。

二次高压注浆是在一次注浆形成注浆体的基础上，对锚杆锚固段进行二次（或多次）高压劈裂注浆，使浆液向周围地层挤压渗透，形成直径较大的锚固体并提高锚杆周围地层的力学性能，大大提高锚杆的承载能力。通常在一次注浆后 4～24h 进行，具体间隔时间由浆体强度达到 5MPa 左右而加以控制。该注浆方法需随预应力筋绑扎二次注浆管和密封袋或密封卷，注浆完成后不拔出二次注浆管。二次高压注浆非常适用于承载力低的软弱土层中的锚杆。

注浆压力取决于注浆的目的和方法、注浆部位的上覆地层厚度等因素，通常锚杆的注浆压力不超过 2MPa。

锚杆注浆的质量决定着锚杆的承载力，必须做好注浆记录。采用二次注浆时，尤其需做好二次注浆时的注浆压力、持续时间、二次注浆量等记录。

3）安全技术

注浆管路应连接牢固、可靠，保证畅通，防止塞泵、塞管。注浆施工过程中，应在现场加强巡视，及时发现安全隐患，例如注浆软管破裂、接头断开等现象，导致浆液飞溅和软管甩出伤人，做好前期预防工作，避免不必要的事故发生，对注浆管路做好保护工作。

向锚杆孔注浆时，相关操作人员必须戴上防护眼镜，防止浆液射入眼睛内。注浆罐内应保持一定数量的砂浆，以防罐体放空，砂浆喷出伤人。处理管路堵塞前，应消除灌内压力。

4. 张拉锁定

1）锚具

锚杆的锚头用锚具通过张拉锁定，锚具的类型与预应力筋的品种相适应，主要有以下几种类型：用于锁定预应力钢丝的墩头锚具、锥形锚具；用于锁定预应力钢绞线的挤压锚具，如：JM 锚具、XM 锚具、QM 锚具和 OVM 锚具；用于锁定精轧螺纹钢筋的精轧螺纹钢筋锚具；用于锁定中空锚杆的螺纹锚具；用于锁定钢筋的螺栓杆锚具。

锚具应满足分级张拉、补偿张拉等张拉工艺要求，并具有能放松预应力筋的性能。

2）垫板

锚杆用垫板的材料一般为普通钢板，外形为方形，其尺寸大小和厚度应由锚固力的大小确定，为了确保垫板平面与锚杆的轴线垂直和提高垫墩的承载力，可使用与钻孔直径相匹配的钢管焊接成套筒垫板。

3）张拉

当注浆体达到设计强度的 80% 后可进行张拉。一次性张拉较方便，但是这种张拉方法存在着许多不可靠性。因为高应力锚杆由许多根钢绞线组成，要保证每一根钢绞线受力的一致性是不可能的，特别是很短的锚杆，其微小的变形可能会出现很大的应力变化，需采用有效的施工措施以减小锚杆整体的受力不均匀性。

采用单根预张拉后再整体张拉的施工方法，可以大大减小应力不均匀现象。另外，使用小型千斤顶进行单根对称和分级循环的张拉方法同样有效，但这种方法在张拉某一根钢绞线时会对其他的钢绞线产生影响。分级循环次数越多，其相互影响和应力不均匀性越小。在实际工程中，根据锚杆承载力的大小一般分为3～5级。

考虑到张拉时应力向远端分布的时效性，以及施工的安全性，加载速率不宜太快，并且在达到每一级张拉应力的预定值后，应使张拉设备稳压一定时间，在张拉系统出力值不变时，确信油压表无压力向下漂移后再进行锁定。

张拉应力的大小应按设计要求进行，对于临时锚杆，预应力不宜超过锚杆材料强度标准值的65%，由于锚具回缩等原因造成的预应力损失采用超张拉的方法克服，超张拉值一般为设计预应力的5%～10%，其程序为

$$0 \longrightarrow m\sigma_{con} \xrightarrow{\text{稳压 } t_{min}} m\sigma_{con} \longrightarrow \sigma_{con}$$

式中　　m——超张拉系数，105%～110%；

$\quad\quad\sigma_{con}$——设计预应力；

$\quad\quad t_{min}$——最小稳压时间，一般大于2min。

为了能安全地将锚杆张拉到设计应力，在张拉时应遵循以下要求：

（1）根据锚杆类型及要求，可采取整体张拉、先单根预张拉然后整体张拉或单根—对称—分级循环的张拉方法。

（2）采用先单根预张拉然后整体张拉的方法时，锚杆各单元体的预应力值应当一致，预应力总值不宜大于设计预应力的10%，也不宜小于5%。

（3）采用单根—对称—分级循环张拉的方法时，不宜少于三个循环，当预应力较大时不宜少于四个循环。

（4）张拉千斤顶的轴线必须与锚杆轴线一致，锚环、夹片和锚杆张拉部分不得有泥沙、锈蚀层或其他污物。

（5）张拉时，加载速率要平缓，速率宜控制在设计预应力值的0.1/min左右，卸荷载速率宜控制在设计预应力值的0.2/min。

（6）在张拉时，应采用张拉系统出力与锚杆体伸长值来综合控制锚杆应力，当实际伸长值与理论值差别较大时，应暂停张拉，待查明原因并采取相应措施后方可进行张拉。

（7）预应力筋锁定后48h内，若发现预应力损失大于锚杆拉力设定值的10%，应进行补偿张拉。

（8）锚杆的张拉顺序应避免相近锚杆相互影响。

（9）单孔复合锚固型锚杆必须先对各单元锚杆分别张拉，当各单元锚杆在同等荷载条件下因自由长度不等引起的弹性伸长差得到补偿后，方可同时张拉各单元锚杆。先张拉最大自由长度的单元锚杆，最后张拉最小自由长度的单元锚杆，再同时张拉全部单元锚杆。

（10）为了确保张拉系统能可靠地进行张拉，其额定出力值一般不应小于锚杆设计预应力值的1.5倍。张拉系统应能在额定出力范围内以任一增量对锚杆进行张拉，且可在中

间相对应的荷载水平上进行可靠稳压。

4）预应力锚杆的安全技术

预应力锚杆各条钢筋的连接要牢固，严防在张拉时发生脱扣现象。张拉设备应连接可靠，作业前必须在张拉端设置有效的防护措施。

预应力锚杆张拉过程中，孔口前方严禁站人，操作人员应站在千斤顶侧面操作，千斤顶顶力作用线方向不得有人。进行锚杆预应力张拉施工时，其下方严禁进行其他操作。施加荷载时，严禁敲击、调整施力装置。不得在锚杆端部悬挂重物或碰撞锚具。

检验锚杆锚固力时，拉力计必须牢固可靠，拉拔锚杆时，拉力计前方和下方严禁站人。

工程实测表明，锚杆张拉锁定后一般预应力损失较大，造成预应力损失的主要因素有土体蠕变、锚头及连接的变形、相邻锚杆的影响等。锚杆锁定时预应力损失约为 $10\% \sim 15\%$。故锚杆锁定应考虑相邻锚杆张拉锁定引起的预应力损失，锚杆出现锚头松弛、脱落、锚具失效等情况时，应及时进行修复并对其进行再次锁定。

5. 配件

锚杆配件主要为导向帽、隔离支架、对中支架和束线环。

导向帽主要用于钢绞线和高强钢丝制作的锚杆，其功能是便于锚杆推送。导向帽由于在锚固段的远端，即便腐蚀也不会影响锚杆性能，所以其材料可使用一般的金属薄板或相应的钢管制作。

隔离支架的作用是使锚固段各钢绞线相互分离，以保证使锚固段钢绞线周围均有一定厚度的注浆体覆盖。

对中支架用于张拉段，其作用是使张拉段锚杆体在孔中居中，以使锚杆体被一定厚度的注浆体覆盖。隔离支架和对中支架位于锚杆体上，均属锚杆的重要配件。永久锚杆的隔离和对中装置应使用耐久性和耐腐性良好且对锚杆体无腐蚀性的材料，一般宜选用硬质材料。

6. 锚杆施工对周边环境的影响及预防措施

施工前应详细调查周边建筑、管线的分布情况，锚杆布置时应留出一定距离，以免施工时破坏。

锚杆成孔过程中若施工不当易造成塌孔，甚至引起水土流失，影响周边道路管线、建筑物的正常使用。例如，粉砂土地基中，在地下水位明显高于锚杆孔口时，若不采取针对措施直接钻孔，则粉砂土在水流作用下易塌孔、流砂，土颗粒大量流失造成周边地面沉陷，严重时影响基坑安全。可在孔口外接套管斜向上引至一定高度、套管内灌水保持水压平衡后再钻进；或采用全套管跟管钻进。

在软土地基中，由于土体强度较低，若上覆土层厚度较小，在注浆压力作用下，易造成土体强度破坏后隆起、开裂。故在注浆时，应合理选定注浆压力、稳压时间、注浆工艺（一次或多次注浆、间隔注浆的合理顺序等）、注浆量等。

应确定合理的锚杆张拉顺序、张拉应力，避免后张拉的锚杆影响前期已张拉的锚杆。

锚杆的防腐处理极其重要，尤其对于使用时间较长的锚杆。因腐蚀破坏不易发觉，一旦发生，往往会酿成严重事故。

4.11 逆作法

4.11.1 概述

逆作法一般是先沿建筑物地下室轴线施工地下连续墙或沿基坑的周围施工其他临时围护墙，同时在建筑物内部的有关位置浇筑或打下中间支承桩和柱，作为施工期间于底板封底之前承受上部结构自重和施工荷载的支承；然后，施工地面一层的梁板结构，作为地下连续墙或其他围护墙的水平支撑，随后逐层向下开挖土方和浇筑各层地下结构，直至底板封底；同时，由于地面一层的楼面结构已经完成，为上部结构的施工创造了条件，因此可以同时向上逐层进行地上结构的施工；如此地面上、下同时进行施工，直至工程结束。逆作法可以分为全逆作法、半逆作法及部分逆作法。逆作法必然是采用支护结构与主体结构相结合，对施工地下结构而言，逆作法仅仅是一种自上而下的施工方法。

4.11.2 逆作法施工特点

与常规的临时支护方法相比，采用支护结构与主体结构相结合施工高层和超高层建筑的深基坑和地下结构具有诸多的优点，如由于可同时向地上和地下施工因而可以缩短工程的施工工期；水平梁板支撑刚度大，挡土安全性高，围护结构和土体的变形小，对周围的环境影响小；采用封闭逆作法施工，施工现场文明；已完成之地面层可充分利用，地面层先行完成，无须架设栈桥，可作为材料堆置场或施工作业场；避免了采用临时支撑的浪费现象，工程的经济效益显著，有利于实现基坑工程的可持续发展等。

支护结构与主体结构相结合适用于如下基坑工程：

（1）大面积的地下工程，一般边长大于100m的大基坑更为合适；

（2）大深度的地下工程，一般大于或等于2层的地下室工程更为合适；

（3）复杂形状的地下工程；

（4）周边状况较差，对环境要求很高的地下工程；

（5）作业空间较小和上部结构工期要求紧迫的地下工程。

4.11.3 逆作法结构施工

1. 逆作水平结构施工

逆作法施工，其地下室的结构节点形式与常规施工法有着较大的区别。根据逆作法的施工特点，地下室结构不论是哪种结构形式都是由上往下分层浇筑的。地下室结构的浇筑方法有三种。

1）利用土模浇筑梁板

对于首层结构梁板及地下各层梁板，开挖至其设计标高后，将土面整平夯实，浇筑一层厚约50mm的素混凝土（如果土质好则抹一层砂浆亦可），然后刷一层隔离层，即成楼板的模板。对于梁模板，如土质好可用土胎模，按梁断面挖出沟槽即可；如土质较差，可用模板搭设梁模板。图 4.11.3-1 所示为逆作施工时的土模示意图。

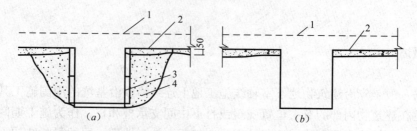

图 4.11.3-1　逆作施工时的梁、板模板
(a) 用钢模板组成梁模；(b) 梁模用上胎模
1—楼面板；2—素混凝土层与隔离层；3—钢模板；4—填土

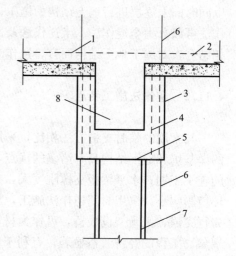

图 4.11.3-2　柱头模板与施工缝
1—楼面板；2—素混凝土层与隔离层；
3—柱头模板；4—预留浇筑孔；5—施工缝；
6—柱筋；7—H 型钢；8—梁

至于柱头模板，施工时先把柱头处的土挖出至梁底以下 500mm 处，设置柱子的施工缝模板，为使下部柱子易于浇筑，该模板宜呈斜面安装，柱子钢筋通穿模板向下伸出接头长度，在施工缝模板上面组立柱头模板与梁板连接。如土质好柱头可用土胎模，否则就用模板搭设。柱头下部的柱子在挖出后再搭设模板进行浇筑，如图 4.11.3-2 所示。

柱子施工缝处的浇筑方法，常用的有三种，即直接法、充填法和注浆法，如图 4.11.3-3 所示。直接法即在施工缝下部继续浇筑混凝土时，仍然浇筑相同的混凝土，有时添加一些铝粉以减少收缩。为浇筑密实可做出一个假牛腿，混凝土硬化后可凿去。充填法即在施工缝处留出充填接缝，待混凝土面处理后，再于接缝处充填膨胀混凝土或无浮浆混凝土。注浆法即在施工缝处留出缝隙，待后浇混凝土硬化后用压力压入水泥浆充填。在上述三种方法中，直

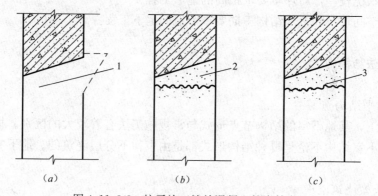

图 4.11.3-3　柱子施工缝处混凝土的浇筑方法
(a) 直接法；(b) 充填法；(c) 注浆法
1—浇筑混凝土；2—填充无浮浆混凝土；3—压入水泥浆

接法施工最简单，成本亦最低。施工时可对接缝处混凝土进行二次振捣，以进一步排除混凝土中的气泡，确保混凝土密实和减少收缩。

2）利用支模方式浇筑梁板

用此法施工时，先挖去地下结构一层高的土层，然后按常规方法搭设梁板模板，浇筑梁板混凝土，再向下延伸竖向结构（柱或墙板）。为此，需解决两个问题，一个是设法减少梁板支承的沉降和结构的变形，另一个是解决竖向构件的上、下连接和混凝土浇筑。

为了减少楼板支承的沉降和结构变形，施工时需对土层采取措施进行临时加固。加固的方法有两种：一种方法是浇筑一层素混凝土，以提高土层的承载能力和减少沉降，待墙、梁浇筑完毕，开挖下层土方时随土一同挖除，这就要额外耗费一些混凝土；另一种方法是铺设砂垫层，上铺枕木以扩大支承面积，这样上层柱子或墙板的钢筋可插入砂垫层，以便与下层后浇筑结构的钢筋连接。

有时还可用吊模板的措施来解决模板的支承问题。在这种方法中，梁、平台板采用木模，排架采用ϕ48钢管。柱、剪力墙、楼梯模板亦可采用木模。由于采用盆式开挖，因此使得模板排架可以周转循环使用。在盆式开挖区域，各层水平楼板施工时，排架立杆在挖土盆顶和盆底均采用一根通长钢管。挖土边坡为台阶式，即排架立杆搭设在台阶上，台阶宽度大于1000mm，上下级台阶高差300mm左右。台阶上的立杆为两根钢管搭接，搭接长度不小于1000mm。排架沿每1500mm高度设置一道水平牵杠，离地200mm设置扫地杆（挖土盆顶部位只考虑水平牵杠，高度根据盆顶与结构底标高的净空距离而定）。排架每隔四排立杆设置一道纵向剪刀撑，由底至顶连续设置。排架模板支承如图4.11.3-4所示。

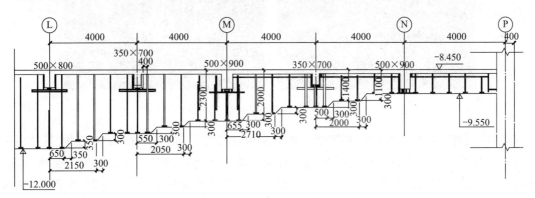

图4.11.3-4 排架模板支承示意

3）无排吊模施工方法

采用无排吊模施工工艺时，挖土深度基本同土模施工。对于地面梁板或地下各层梁板，挖至其设计标高后，将土面整平夯实，浇筑一层厚约50mm的素混凝土（若土质好抹一层砂浆亦可），然后在垫层上铺设模板，模板预留吊筋，在下一层土方开挖时用于固定模板。

图4.11.3-5、图4.11.3-6分别为无排吊模施工示意和实景。

2. 逆作竖向结构施工

1）中间支承柱及剪力墙施工

结构柱和板墙的主筋与水平构件中的预留插筋进行连接，板面钢筋接头采用电渣压力焊连接，板底钢筋采用电焊连接。

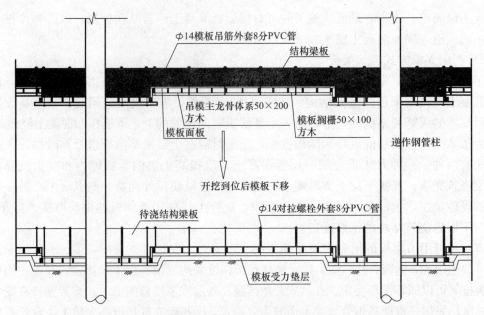

图 4.11.3-5 无排吊模施工示意

图 4.11.3-6 无排吊模施工实景

"一柱一桩"格构柱混凝土逆作施工时，分两次支模，第一次支模高度为柱高减去预留柱帽的高度，主要为方便格构柱振捣混凝土，第二次支模到顶，顶部形成柱帽的形式。应根据图纸要求弹出模板的控制线，施工人员严格按照控制线来进行格构柱模板的安装。模板使用前，涂刷隔离剂，以提高模板的使用寿命，同时也易保证拆模时不损坏混凝土表面。图 4.11.3-7、图 4.11.3-8 所示为示意图和实景图。

当剪力墙也采用逆作法施工时，施工方法与格构柱相似，顶部也形成开口形的类似柱帽的形式。图 4.11.3-9 所示为剪力墙逆作施工完成后的实景图。

2）内衬墙施工

逆作内衬墙的施工流程为：衬墙面分格弹线→凿出地下连续墙立筋→衬墙螺杆焊接→放线→搭设脚手排架→衬墙与地下连续墙的堵漏→衬墙外排钢筋绑扎→衬墙内侧钢筋绑扎→拉杆焊接→衬墙钢筋隐蔽验收→支衬墙模板→支板底模→绑扎板钢筋→板钢筋验收→板、衬墙和梁混凝土浇筑→混凝土养护。

施工内衬墙结构，内部结构施工时采用脚手钢管搭排架，模板采用九夹板，内部结构施工时要严格控制内衬墙的轴线，保证内衬墙的厚度，并要对地下连续墙墙面进行清洗凿

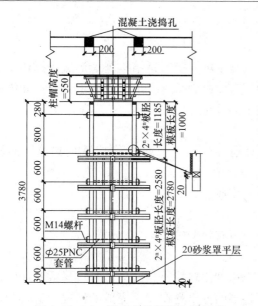

图 4.11.3-7 逆作立柱模板支撑示意

图 4.11.3-8 逆作立柱模板支撑实景

毛处理，地下连续墙接缝有渗漏的必须进行修补，验收合格后方可进行结构施工。在衬墙混凝土浇筑前应对纵横向施工缝进行凿毛和接口防水处理。

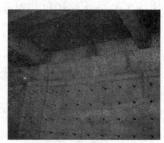

图 4.11.3-9 剪力墙逆作施工完成后的实景

4.11.4 逆作法土方开挖技术

支护结构与主体结构相结合在采用逆作法施工时，土方开挖首先要满足"两墙合一"地下连续墙以及结构楼板的变形及受力要求，其次，在确保已完成结构满足受力要求的情况下尽可能地提高挖土效率。

1. 取土口的设置

在主体工程与支护结构相结合的逆作法施工工艺中，除顶板施工阶段采用明挖法以外，其余地下结构的土方均采用暗挖法施工。逆作法施工中，为了满足结构受力以及有效传递水平力的要求，常规取土口大小一般在 150m² 左右，布置时需满足以下几个原则：

（1）大小满足结构受力要求，特别是在土压力作用下必须能够有效传递水平力。

（2）水平间距一是要满足挖土机最多二次翻土的要求，避免多次翻土引起土体过分扰动；二是在暗挖阶段，尽量满足自然通风的要求。

（3）取土口数量应满足在底板抽条开挖时的出土要求。

（4）地下各层楼板与顶板洞口位置应相对应。

地下自然通风的有效距离一般在 15m 左右，挖土机的有效半径在 7～8m 左右，土方需要驳运时，一般最多翻驳二次为宜。综合考虑通风和土方翻驳要求，并经过多个工程实践，对于取土口净距的设置可以量化如下指标：一是取土口之间的净距离，可考虑在 30～35m；二是取土口的大小，在满足结构受力的情况下，尽可能采用大开口，目前比较成熟的大取土口的面积通常可达到 600m² 左右。取土口布置时在考虑上述原则时，可充分利用结构原有洞口，或主楼筒体等部位。

2. 土方开挖形式

对于土方及混凝土结构量大的情况，无论是基坑开挖还是结构施工形成支撑体系，相应工期均较长，无形中增大了基坑风险。为了有效控制基坑变形，基坑土方开挖和结构施工时可通过划分施工块并采取分块开挖与施工的方法。

1）施工块划分的原则

（1）按照"时空效应"原理，采取"分层、分块、平衡对称、限时支撑"的施工方法；

（2）综合考虑基坑立体施工、交叉、流水作业的要求；

（3）合理设置结构施工缝。

结合上述原则，在土方开挖时，可采取以下有效措施。

2）合理划分各层分块的大小

由于一般情况下顶板为明挖法施工，挖土速度比较快，相对应的基坑暴露时间短，故第一层土的开挖可相应划分得大一些；地下各层的挖土是在顶板完成的情况下进行的，属于逆作暗挖，速度比较慢，为减小每块开挖的基坑暴露时间，顶板以下各层土方开挖和结构施工的分块面积可相对小些，这样可以缩短每块的挖土和结构施工时间，从而使围护结构的变形减小，地下结构分块时需考虑每个分块挖土时能够有较为方便的出土口。

3）采用盆式开挖方式

通常情况下，逆作区顶板施工前，先大面积开挖土方至板底下约 150mm 处，然后利用土模进行顶板结构施工。采用土模施工明挖土方量很少，大量的土方将在后期进行逆作暗挖，挖土效率将大大降低；同时，由于顶板下的模板体系无法在挖土前进行拆除，大量的模板将会因为无法实现周转而造成浪费。针对大面积深基坑的首层土开挖，为兼顾基坑变形及土方开挖的效率，可采用盆式开挖的方式，周边留土，明挖中间的大部分土方，一方面控制基坑变形，另一方面增加明挖工作量从而增加了出土效率。对于顶板以下各层土方的开挖，也可采用盆式开挖的方式，起到控制基坑变形的作用。

4）采用抽条开挖方式

逆作底板土方开挖时，一般来说底板厚度较大，支撑到挖土面的净空较大，这对控制基坑的变形不利。此时可采取中心岛施工的方式，即基坑中部底板达到一定强度后，按一定间距抽条开挖周边土方，并分块浇捣基础底板，每块底板土方开挖至混凝土浇捣完毕，必须控制在 72h 以内。

5）楼板结构局部加强代替挖土栈桥

支护结构与主体结构相结合的基坑，由于顶板先于大量土方开挖施工，因此可以将栈桥的设计和水平梁板的永久结构设计结合起来，并充分利用永久结构的工程桩，对楼板局部节点进行加强，作为逆作挖土的施工栈桥，满足工程挖土施工的需要。

4.11.5 逆作通风照明

通风、照明和用电安全是逆作法施工措施中的重要组成部分。这些方面稍有不慎，就有可能酿成事故。可以采取预留通风口、专用防水动力照明电路等手段并辅以安全措施确保安全。图 4.11.5-1 所示为通风设备实景图。

图 4.11.5-1　通风设备实景

在浇筑地下室各层楼板时，按挖土行进路线应预先留设通风口。随着地下挖土工作面的推进，当露出通风口后，应及时安装大功率涡流风机，并启动风机向地下施工操作面送风，清新空气由各风口流入，经地下施工操作面再从取土孔中流出，形成空气流通循环，以保证施工作业面的安全。

在风机的选择时，应综合考虑如下因素：

（1）风机的安装空间和传动装置；

（2）输送介质、环境要求、风机串并联；

（3）首次成本和运行成本；

（4）风机类型和噪声；

（5）风机运行的调节；

（6）传动装置的可靠性；

（7）风机使用年限。

在各层楼板结构水平构件上留设的临时施工洞口位置宜上下对齐，应满足施工及自然通风等要求。风管应敷设牢固、平顺，接头严密、不漏风，且不应妨碍运输、影响挖土及结构施工，并配有专人负责检查、养护。地下室施工采用送风作业时，应采用鼓风法从地面向地下送风到工作面，鼓风功率应不低于 $1kW/1000m^3$。风机表面应保持清洁，进、出风口不得有杂物，应定期清除风机及管道内的灰尘等杂物。

地下施工动力、照明线路需设置专用的防水线路，并埋设在楼板、梁、柱等结构中，专用的防水电箱应设置在柱上，不得随意挪动。随着地下工作面的推进，自电箱至各电气设备的线路均需采用双层绝缘电线，并架空铺设在楼板底。施工完毕应及时收拢架空线，并切断电箱电源。在整个土方开挖施工过程中，各施工操作面上均需专职安全巡视员监护各类安全措施和检查落实。

通常情况下，照明线路水平向可通过在楼板中的预设管路，竖向利用固定在格构柱上的预设管，照明灯具应置于预先制作的标准灯架上，灯架固定在格构柱或结构楼板上。

逆作法照明及电力设施应符合下列要求：

（1）逆作法施工中自然采光不满足施工要求时应单独编制专项照明用电方案。

（2）每层地下室应根据施工方案及相关规范要求装置足够的照明设备及电力插座。

（3）逆作法地下室施工应设一般照明、局部照明和混合照明。在一个工作场所内，不得只设局部照明。

根据《施工现场临时用电安全技术规范》JGJ46 的要求，无自然采光的地下室大空间施工场所，应编制专项照明用电方案。

逆作法地下室自然采光条件差，结构复杂。尤其是节点构造部位，需加强局部照明设施，但在一个工作场地内，局部照明难以满足施工及安全要求，必须和一般照明混合配制。图 4.11.5-2、图 4.11.5-3 所示为照明示意。

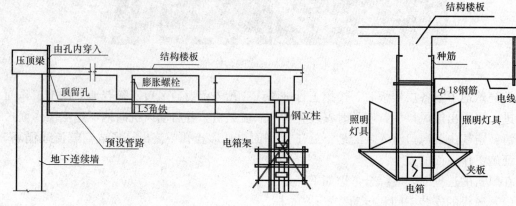

图 4.11.5-2　照明线路布设示意　　　　图 4.11.5-3　标准灯架搭设示意

为了防止突发停电事故，在各层板的应急通道上应设置一路应急照明系统，应急照明需采用一路单独的线路，以便于施工人员在发生意外事故导致停电的时候安全从现场撤离，避免人员伤亡事故的产生。应急通道上大约每隔 20m 设置一盏应急照明灯具，应急照明灯具在停电后应有充分的照明时间，以确保现场施工人员能安全撤离。

4.12　坑内土体加固

4.12.1　概述

基坑土体加固是指通过对软弱地基掺入一定量的固化剂或使土体固结，以提高地基土的力学性能。

场地的地基土加固通常分为两种类型：结构物地基加固和施工期间地基加固。前者属于永久性加固，后者是施工期间的临时性加固。本文主要是针对基坑开挖工程中的临时性地基处理，我们称之为基坑土体加固。处理的对象指软弱地基土，包括由淤泥质土、人工填土或其他高压缩性土层构成的软弱地基。主要是为提高土的强度和降低地基土的压缩性，确保施工期间基坑本身的安全和基坑周边环境安全而对基坑相应的土体进行加固。

4.12.2　坑内土体加固的方法与适用范围

基坑土体加固的方法，包括注浆（各种注浆工艺、双液速凝注浆等）、双轴搅拌桩、三轴搅拌桩（SMW）、高压旋喷桩、降水等加固方式。基坑土体的加固方法及适用范围可参见表 4.12.2-1。

各种土体加固方法的适用范围表

表 4.12.2-1

加固方法 地基土性	对各类地基土的适用情况			
	人工填土	淤泥质土、黏性土	粉性土	砂性土
注浆法	※	※	O	O
双轴水泥土搅拌法	※	O	O	※
三轴水泥土搅拌法	※	O	O	O
高压旋喷法	O	O	O	O
降水法	—	※	O	O

注：※表示慎用，O 表示可用。

表中地基加固的各施工工法可详见相关专业规程或规范。表中人工填土包括杂填土、浜填土、素填土和冲填土地基等。其中，素填土是由碎石、砂土、粉土、黏性土组成的填土，其中含少量杂质；冲填土则是由水力冲填泥砂形成的填土；杂填土则是由建筑垃圾、工业废料、生活垃圾等杂物组成的填土，土性不均匀，且常含有机质，会影响加固的效果和质量，故应慎重对待。

在软弱土层，如上海、广州、天津等沿海城市地区，建筑深基坑在开挖时使周围土层产生一定的变形，而这些变形又有可能对周围环境产生不利影响和危害。为避免坑内软弱土体的破坏，采用压浆、旋喷注浆、搅拌桩或其他方法对地基掺入一定量的固化剂或使土体固结，能有效提高土体的抗压强度和土体的侧向抗力，减少土体压缩和地基变形及围护墙向坑内的位移，减少基坑开挖对环境的不利影响，并使基坑围护结构或邻近结构及环境不致发生超过允许的沉降或位移。

4.12.3 坑内土体加固施工

基坑加固施工时应对选定方案在有代表性的地段上进行现场试验，以确定处理效果，获取技术参数。地基土加固施工前，应根据设计要求、现场条件、材料供应、工期要求等，编制施工组织设计。

基坑采取加固处理属地下隐蔽工程，施工质量的控制十分重要。虽在施工时不能直接观察到加固的质量，但可通过施工过程中的工序操作、工艺参数和浆液浓度等因素的实际执行情况和土层的各种反应来控制加固施工质量。对所有的基坑进行土体加固试验，或现场原位试验是不现实的。故在基坑施工过程中加强施工管理和质量控制显得极为重要。

1. 施工管理或加固体施工要点

基坑加固施工应根据工程地质、环境、基坑结构等条件编制基坑土体加固施工组织设计，应包括下列内容，但不限于此：①土体加固概况；②基坑土体加固的选用材料配比及强度，加固范围和布置；③土体加固处理施工方法的工艺及质量控制措施；④采用机械、设备及各种计量仪表；⑤施工中必要的监测及加固效果的检验；⑥进度计划；⑦主要施工操作记录表。

2. 施工质量控制措施及要点

坑内土体加固是地基处理的一部分，施工技术要求对土体加固采取质量控制措施。

（1）基坑规模大或坑边有重要保护的建、构筑物时，加固效果不好时会对工程或周边环境产生较坏影响或重大损失，为此，一般要求进行加固工艺的适宜性试验。通过地基工艺性试桩，掌握对该场地的成桩经验及各种操作技术参数。施工前必须进行室内水泥土的抗压强度试验，以选择合适的外掺剂和提供各种配比的强度参数。

（2）根据施工机械性能制订周密的施工方案，加固体的施工设备的性能和功能应完好，严禁没有水泥用量计量装置的设备投入使用。

（3）对施工质量实施监控技术，对在施工过程中水泥掺入量、水泥泵喷浆均匀程度直接进行实时监控，与微机系统连接而直接显示各个加固段的水泥用量与加固体深度的关系。并可与加固体水泥用量设计值进行比较，确保水泥掺合的均匀度和水泥加固体的均匀性。

（4）加固施工过程中，因加固工艺的局限性，在某些土层条件下会产生漏浆和冒浆现象，使掺入的水泥浆没有有效地留置在需要加固的区域。在密集的加固区域，由于水泥浆压力或机械搅拌，会产生过大的挤土现象，从而对环境产生不利影响。为此，施工过程中除工程自身进行施工操作记录外，尚需进行环境监控，避免加固过程对环境造成不利影响。

（5）采用降水方案时应特别加强截水帷幕的施工质量管理，并进行截水帷幕的质量检测，如发现问题应在开挖前进行处理、解决。坑内降水一般采用轻型井点、喷射井点或深井井点，当土层为饱和黏土、粉土、淤泥和淤泥质黏土时，此时宜辅之与电极相结合。坑内降水应在围护结构（含隔水帷幕）完工，并达到设计要求后进行。当坑内作地基加固时，也宜在地基加固完工并达到设计要求后进行。降水加固地基时，对发生浑浊的井管必须关闭废弃或重新埋设。坑内降水时，对坑内外水位和土体变形进行监控。

3. 加固施工注意事项

（1）加固材料及其配方是加固工程的重要组成部分之一。采用得适当与否，将会影响到固结体的质量、物理力学指标和化学稳定性以及工程造价。在基坑工程中，有时对固化时间要求较短，需考虑在水泥中添加促凝或早强剂，以加速浆液固化和提高固结体早期强度。

在一定的土质条件下，通过调节浆液的水灰比和单位时间的喷射量或改变提升速度等措施可适当提高或降低加固体强度。

（2）一般对基坑土体的加固作用是考虑在基坑开挖过程中减少土体的压缩变形。但由于加固技术的局限性，在加固施工时，如施工不当也会对基坑和环境产生不利影响。如在围护体强度未达到设计强度要求时，即进行坑内旋喷加固有可能会对围护墙产生破坏作用。又如坑外边加固施工不当，加固挤土或冒浆也会对坑边土体产生破坏作用。又如降水施工时降深过度或围护壁渗漏均会对坑外地基和环境建筑等产生不利影响。为减少或消除此种影响，进行施工工艺和技术措施分析，选择合适的施工顺序和施工方案是必要的。

（3）若坑内土体加固紧贴围护墙，宜先进行围护墙施工，再进行坑内土体加固。采用这种施工顺序，有利于围护墙施工的垂直度控制。若坑内土体与围护墙保持有一定的距离，则先后施工顺序可不受限制。但从周边环境保护的角度出发，先施工围护墙，再施工坑内土体加固，则对周边环境保护有利。

（4）高压喷射喷注浆施工受孔位周边环境和地下障碍物的影响，孔位可根据现场实际情况进行确定。应根据实际需要，确定水泥浆液中掺合料和外加剂的种类和掺量。高压喷射注浆施工可以在地面进行，也可在基坑开挖一定深度后入坑进行施工。因此，需要考虑加固施工期间对基坑周边环境的影响。

（5）当采用水泥土搅拌桩进行土体加固时，加固有效范围往往位于基坑坑底附近区域，而搅拌桩施工从地面开始搅拌至加固范围的底部，导致加固范围以上的土体因搅拌也被扰动，因此宜对加固范围以上部分土体进行低掺量加固（双轴水泥土搅拌桩加固水泥回掺量为 8％以上，三轴水泥土搅拌桩加固水泥回掺量为 12％以上），这对控制基坑变形是有利的。

（6）预搅下沉时一般不宜冲水，只有遇较硬土层而下沉太慢时，方可适量冲水，但须考虑冲水对桩身强度的影响。当在基坑周边外侧进行地基加固时须考虑对环境的不利影响，对施工顺序和进度进行控制和必要的修正。

（7）在搅拌桩施工过程中，有关人员应经常检查施工记录，根据每一根桩的水泥或石灰用量、成桩时间、成桩深度等对其质量进行评价，如发现缺陷，应视其所在部位和影响程度分别采取补桩、注浆或其他加强措施。

本章参考文献

[1] 国家标准. 岩土工程勘察安全规范 GB50585—2010 [S]. 北京：中国建筑工业出版社，2010.
[2] 国家标准. 建筑地基基础设计规范 GB50007—2009 [S]. 北京：中国建筑工业出版社，2009.
[3] 陈肇元，崔京浩主编. 土钉支护在基坑工程中的应用 [M]. 第二版. 北京：中国建筑工业出版社，2000.
[4] 程良奎，杨志银编著. 喷射混凝土与土钉墙 [M]. 北京：中国建筑工业出版社，1998.
[5] 曾宪明，黄久松，王作民等编著. 土钉支护设计与施工手册 [M]. 北京：中国建筑工业出版社，2000.
[6] 刘国彬，王卫东主编. 基坑工程手册 [M]. 第二版. 北京：中国建筑工业出版社，2009.
[7] 龚晓南. 地基处理手册 [M]. 第三版. 北京：中国建筑工业出版社，2008.
[8] 张哲彬. 超深地下连续墙套铣接头施工技术 [J]. 建筑施工，2013（4）.
[9] 李耀良，袁芬. 大深度大厚度地下连续墙的应用与施工工艺 [J]. 建筑施工，2005（4）.
[10] 上海市工程建设规范. 基坑工程设计规程 DBJ08—61—2010 [S]. 上海：上海市建筑建材业市场管理总站，2010.
[11] 上海市工程建设规范. 地下连续墙施工规程 DG/TJ08—2073—2010 [S]. 上海：上海市建筑建材业市场管理总站，2010.
[12] 行业标准. 型钢水泥土搅拌墙技术规程 [S]. 北京：中国建筑工业出版社，2010.
[13] 张雁，刘金波. 桩基手册 [M]. 北京：中国建筑工业出版社，2009.
[14] 史佩栋. 桩基工程手册 [M]. 北京：人民交通出版社，2008.
[15] 龚晓南. 深基坑工程设计施工手册 [M]. 北京：中国建筑工业出版社，2001.
[16] 周申一，张立荣，杨仁杰. 沉井沉箱施工技术 [M]. 北京：人民交通出版社，2005.
[17] 上海市工程建设规范，沉井与气压沉箱施工技术规程 DG/TJ08-2084-2011 [S]. 上海：上海市建筑建材业市场管理总站，2011.
[18] 徐鹏飞，李耀良，徐伟. 压入式沉井施工对环境影响的现场监测研究 [J]. 建筑施工，2014（4）.
[19] 程良奎，范景伦，韩军，许建平. 岩土锚固 [M]. 北京：中国建筑工业出版社，2003.

［20］ 苏自约，陈谦，徐祯祥，刘璇. 锚固技术在岩土工程中的应用［M］. 北京：人民交通出版社，2006.

［21］ 肖昭然，李象范，侯学渊. 岩土锚固工程技术［M］. 北京：人民交通出版社，1996.

［22］ 国家标准. 建筑基坑支护技术规程 JGJ120—2012［S］. 北京：中国建筑工业出版社，2012.

［23］ 国家标准. 锚杆喷射混凝土支护技术规程 GB50086—2001［S］. 北京：中国建筑工业出版社，2001.

［24］ 中国工程建设标准化协会标准. 岩土锚杆（索）技术规程 CECS 22：2005［S］. 北京：中国建筑工业出版社，2005.

［25］ 徐至钧，赵锡宏. 逆作法设计与施工［M］. 北京：机械工业出版社，2002.

［26］ 王允恭. 逆作法设计施工与实例［M］. 北京：中国建筑工业出版社，2011.

［27］ 上海市工程建设规范. 逆作法施工技术规程 DG/TJ08—2113—2012［S］. 上海：上海市建筑建材业市场管理总站，2012.

［28］ 行业标准. 施工现场临时用电安全技术规范. JGJ46—2005［S］. 北京：中国建筑工业出版社，2005.

5 地下水与地表水控制

5.1 一般规定

5.1.1 地下水与地表水控制是一项关键技术

为了给基坑土方开挖和地下结构工程的施工创造条件，基坑围护结构体系必须满足如下要求：①适度的施工空间；②干燥的施工空间；③安全的施工空间。其中，干燥的施工空间就是采取降水、排水、截水等各种措施，保证地下工程施工的作业面在地下水位以上，方便地下工程的施工作业，并确保施工安全。

在影响基坑稳定性和周边环境安全性的诸多因素中，地下水是较为重要的因素，深基坑工程事故多数与地下水的作用及对其处理不当有关。深基坑工程的地下水控制是深基坑工程勘察、设计、施工、监测中均须高度重视的关键技术。

地下水对基坑工程的危害，包括：增加支护结构上的水土压力作用，引起土的抗剪强度降低，抽（排）水也会引起地层不均匀沉降与地面沉陷、基坑涌水、渗流破坏（流土、管涌、坑底突涌）等。深基坑工程的地下水控制应根据施工场地的工程地质与水文地质条件及岩土工程特点，采取可靠措施，防止因地下水引起的基坑失稳及其对周边环境的影响或破坏。

深基坑工程地下水与地表水控制的方法为降水与排水、截水帷幕、回灌等，其中又分别包括多种形式。根据工程地质、水文地质条件、周边环境、开挖深度和支护结构形式等因素，可分别采用不同方法或几种方法的组合，以达到有效控制地下水的目的。

5.1.2 施工组织设计或施工方案的编制

地下水和地表水控制应根据设计文件、基坑开挖场地工程地质、水文地质条件及基坑周边环境条件编制施工组织设计或施工方案。

地下水和地表水控制的施工方案根据《建筑与市政降水工程技术规范》JGJ/T111—98的规定，应包括："工程概况、施工要求、技术方法、工程布置、工程数量、施工组织、设备材料、加工计划、降水井与排水设施、施工程序、工程措施与辅助措施、质量检查与安全措施、工期安排、工程环境、工程经济，并附有关图表。"

降排水施工方案应包含各种泵的扬程、功率，排水管路尺寸、材料、路线，水箱位置、尺寸，电力配置等。降排水系统应保证水流排入市政管网或排水渠道，应采取措施防止抽排出的水倒灌流入基坑。

地下水、地表水控制与基坑支护结构设计文件、施工组织设计、地下结构设计施工密切相关，地下水和地表水控制的施工组织设计应与土方开挖施工密切配合，并应在施工或运行过程中根据现场状态及时进行调整。

5.1.3 地下水和地表水控制的相关规定

（1）当采用设计的降排水方法不满足设计要求时，或基坑内坡道或通道等无法按降水设计方案实施时，应反馈设计单位调整设计，制订补救措施。

（2）当基坑内出现临时局部深挖时，可采取集水明排、盲沟等技术措施，并应与整体降水系统有效结合。

（3）抽水含砂量是降排水引起环境变化的主要因素之一，在满足设计要求的前提下，应严格监控含砂量。因此，抽水应采取措施控制出水含砂量。含砂量控制，应满足设计要求，并应满足有关规范要求。

（4）当支护结构或地基处理施工时，应采取措施防止打桩、注浆等施工行为造成管井、点井的失效。如果在与降水井临近的地基上进行注浆，将可能严重影响井管的出水效果，因此需控制注浆点位置以及与管井抽水运行的交叉时间，避免注浆堵塞井管。

（5）当坑底下部的承压水影响到基坑安全时，应采取坑底土体加固或降低承压水头等治理措施。

（6）应进行中长期天气预报资料收集，编制晴雨表，根据天气预报实时调整施工进度。降雨前应对已开挖未进行支护的侧壁采用覆盖措施，并应配备设备及时排除基坑内积水。

（7）当因地下水或地表水控制施工引起基坑周边建（构）筑物或地下管线产生超限沉降时，应查找原因并采取有效措施，控制沉降的进一步扩大。

（8）基坑降排水期间应根据施工组织设计配备发电机组，并应进行相应的供电切换演练，防止因停电而影响降排水施工给基坑造成不利后果。

（9）井点的拔除或封井方案应满足设计要求，并应在施工组织设计中体现。

（10）在粉性土及砂土中施工水泥土截水帷幕，宜采用适合的添加剂，降低截水帷幕渗透系数，并应对帷幕桩渗透系数进行检验，当检验结果不满足设计要求时，应进行设计复核。

（11）截水帷幕与灌注桩间不应存在间隙，当环境保护设计要求较高时，应在灌注桩与截水帷幕之间采取注浆加固等措施。众多工程实践表明，截水帷幕与灌注桩间存在间隙时，往往产生较大的环境变形，因此，对环境保护要求较高的工程，在灌注桩与截水帷幕之间应采取注浆加固等措施，可以减少环境变形。

（12）所有运行系统的电力电缆必须由专业人员负责安装、接头与拆除；井管、水泵的安装应由专业施工单位负责施工，并采用起重设备。

5.1.4 施工降水对环境影响的预测与预防

为了保障基坑相邻建（构）筑物及市政管线安全，本规范专门编写了"环境影响预测与预防"一节，通过对降、排水引起的基坑周边环境影响的预测与预防，以减少地下水对环境的不利影响，甚至破坏。

5.2　排水与降水

5.2.1　地下水控制的类型和方法

1. 地下水的危害类型

在基坑施工中，地下水的危害类型主要包括涌水、流土、管涌、突涌、流砂、地层固结沉降及岩溶地面塌陷等多种类型。其中，流土、管涌、突涌属于渗流破坏。不同的渗流破坏的类型及稳定要求参见《深基坑支护技术指南》"第 3 章　土压力计算与基坑稳定分析"的相关内容。

基坑施工中，为避免产生流砂、管涌、坑底突涌，防止坑壁土体的坍塌，保证施工安全和减少基坑开挖对周边环境的影响，当基坑开挖深度内存在饱和软土层和含水层及坑底以下存在承压含水层时，需要选择合适的方法进行基坑降水与排水。

2. 基坑降水与排水的主要作用

（1）防止基坑底面与坡面渗水，保证坑底干燥，方便施工作业。

（2）增加边坡和坑底的稳定性，防止边坡和坑底的土层颗粒流失，防止流砂产生。

（3）减少被开挖土体含水量，便于机械挖土、土方外运、坑内施工作业。

（4）有效提高土体的抗剪强度与基坑稳定性。对于放坡开挖而言，可提高边坡稳定性。对于有支护基坑的开挖，可增加被动区土体抗力，减少主动区土体侧压力，从而提高支护体系的稳定性和强度保证，减少支护体系的变形。

（5）减少承压水头对基坑底板的顶托力，防止坑底突涌。

3. 深基坑工程地下水控制的设计方案，首先应从基坑周边环境限制条件出发，然后研究场地工程地质条件、水文地质条件与基坑围护结构状况，充分利用基坑支护结构（如地下连续墙等）为地下水控制创造的有利条件，在此基础上经技术、经济对比，选择合理、有效、可靠的地下水控制方案。

4. 深基坑工程中地下水控制方法主要分为三大类型：集水明排、疏干降水和截水帷幕；当降水引起地面沉降过大的情况时，可采用回灌的方法。

目前，常用的疏干降、排水方法和适用条件如表 5.2.1-1 所示。

目前常用的疏干降、排水方法和适用条件　　　　　　　　表 5.2.1-1

降水方法	降水深度（m）	渗透系数（cm/s）	适用地层
集水明排	<5	$1 \times 10^{-7} \sim 2 \times 10^{-4}$	含薄层粉砂的粉质黏土、黏质粉土、砂质粉土、细粉砂
轻型井点	<6		
多级轻型井点	$6 \sim 10$		
喷射井点	$8 \sim 20$		
砂（砾）井	按下卧导水层性质确定	$>5 \times 10^{-7}$	同上
电渗井点	根据选定的井点确定	$<1 \times 10^{-7}$	黏土、淤泥质黏土、粉质黏土
管井	>6	$>1 \times 10^{-6}$	含薄层粉砂的粉质黏土、砂质黏土、各类砂土、砾砂、卵石

5.2.2 集水明排

集水明排有基坑内排水和基坑外地面排水两种情况。明排适用于收集和排除地表雨水、生活废水和填土、黏性土、粉土、砂土等土体内水量有限的上层滞水、潜水，并且土层不会发生渗透破坏的情况。

1. 集水明排的适用范围

（1）地下水类型一般为上层滞水，含水土层渗透能力较弱；

（2）一般为浅基坑，降水深度不大，基坑地下水位超出基础底板标高不大于 2.0m；

（3）排水场区附近没有地表水体直接补给；

（4）含水层土质密实，坑壁稳定（细粒土边坡不易被冲刷而塌方），不会产生流砂、管涌等具有不良影响的地基土，否则应采取支护和防潜蚀措施。

2. 集水明排措施

集水明排一般可以采用以下方法：

（1）基坑外侧设置由集水井和排水沟组成的地表排水系统，避免坑外地表明水流入基坑内。排水沟宜布置在基坑边净距 0.5m 以外，有截水帷幕时，基坑边从截水帷幕外边缘起计算；无截水帷幕时，基坑边从坡顶边缘起计算。

（2）多级放坡开挖时，可在分级平台上设置排水沟。

（3）基坑内宜设置排水沟、集水井和盲沟等，以疏导基坑内明水。集水井中的水应采用抽水设备抽至地面。盲沟中宜回填级配砾石作为滤水层。

排水沟、集水井尺寸应根据排水量确定，抽水设备应根据排水量大小及基坑深度确定，可设置多级抽水系统。集水井尽可能设置在基坑阴角附近。

一般来说，深基坑工程较少采用集水明排的方法。

5.2.3 集水明排的安全规定

1）排水沟和集水井宜布置于地下结构外侧，距坡脚不宜小于 0.5m。单级放坡基坑的降水井宜设置在坡顶，多级放坡基坑的降水井宜设置于坡顶、放坡平台。

2）排水沟、集水井设计应符合下列规定：

（1）排水沟深度、宽度、坡度应根据基坑涌水量计算确定，排水沟底宽不宜小于 300mm。

（2）集水井大小和数量应根据基坑涌水量和渗漏水量、积水水量确定，且直径（或宽度）不宜小于 0.6m，底面应比排水沟沟底深 0.5m，间距不宜大于 30m。集水井壁应有防护结构，并应设置碎石滤水层、泵端纱网。

（3）当基坑开挖深度超过地下水位后，排水沟与集水井的深度应随开挖深度加深，并应及时将集水井中的水排出基坑。

（4）排水沟或集水井的排水量计算应满足下式要求：

$$V \geqslant 1.5Q$$

式中 V——排水量（m^3/d）；

Q——基坑涌水量（m³/d），按降水设计计算或根据工程经验确定。

5.2.4 疏干降水

1. 疏干降水的目的、类型

疏干降水的目的，除了有效降低基坑开挖深度范围内的地下水位标高之外，还必须有效降低被开挖土体的含水量，达到提高边坡稳定性、增加坑内土体的固结强度、便于机械挖土，以及提供坑内干作业施工条件等诸多目的。

疏干降水的对象一般包括基坑开挖深度范围内的上层滞水、潜水。当开挖深度较大时，还包括微承压与承压含水层上段的局部疏干降水。

当基坑周边设置了截水帷幕，隔断了基坑内外含水层之间的地下水水力联系时，一般采用坑内疏干降水，其类型为封闭型疏干降水，如图 5.2.4-1（a）所示。

当基坑周边未设置截水帷幕、采用放坡大开挖时，一般采用坑内与坑外疏干降水，其类型为敞开型疏干降水，如图 5.2.4-1（b）所示。

当基坑周边截水帷幕深度不足、仅部分隔断基坑内外含水层之间的地下水水力联系时，一般采用坑内疏干降水，其类型为半封闭型疏干降水，如图 5.2.4-1（c）所示。

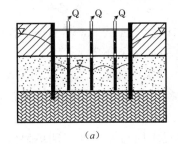 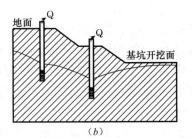 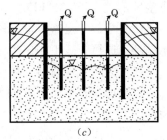

（a） （b） （c）

图 5.2.4-1　疏干降水类型图

（a）封闭式疏干降水；（b）敞开式疏干降水；（c）半封闭式疏干降水

2. 常用疏干降水方法

常用疏干降水方法一般包括轻型井点（含多级轻型井点）降水、喷射井点降水、电渗井点降水、管井降水（管材可采用钢管、混凝土管、PVC 硬管等）、真空管井降水等方法。可根据工程场地的工程地质与水文地质条件及基坑工程特点，选择针对性较强的疏干降水方法，以求获得较好的降水效果。

1）轻型井点降水施工

轻型井点系统降低地下水位的过程如图 5.2.4-2 所示，即沿基坑周围以一定的间距埋入井点管（下端为滤管），在地面上用水平铺设的集水总管将各井点管连接起来，在一定位置设置真空泵和离心泵。当开动真空泵和离心泵时，地下水在真空吸力的作用下，经滤管进入管井，然后经集水总管排出，从而降低水位。

2）喷射井点降水施工

（1）喷射井点管埋设方法与轻型井点相同，为保证埋设质量，宜用套管法冲孔加水及压缩空气排泥，当套管内含泥量经测定小于 5% 时下井管及灌砂，然后再拔套管。对于深

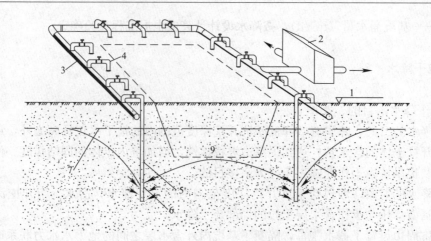

图 5.2.4-2　轻型井点降水地下水位全貌图

1—地面；2—水泵房；3—总管；4—弯联管；5—井点管；6—滤管；7—初始地下水位；8—水位降落曲线；9—基坑

度大于 10m 的喷射井点管，宜用起重机下管。下井管时，水泵应先开始运转，以便每下好一根井点管，立即与总管接通（暂不与回水总管连接），然后及时进行单根井点试抽排泥，井管内排出的泥浆从水沟排出，测定井管内的真空度，待井管出水变清后，地面测定真空度不宜小于 93.3kPa。

（2）全部井点管沉没完毕后，将井点管与回水总管连接并进行全面试抽，然后使工作水循环，进行正式工作。各套进水总管均应用阀门隔开，各套回水管应分开。

（3）为防止喷射器损坏，安装前应对喷射井管逐根冲洗，开泵压力不宜大于 0.3kPa，以后逐步加大开泵压力。如发现井点管周围有翻砂、冒水现象，应立即关闭井管后进行检修。

（4）工作水应保持清洁，试抽 2d 后，应更换清水，此后视水质污浊程度定期更换清水，以减轻对喷嘴及水泵叶轮的磨损。

3）管井降水施工

（1）管井降水现场施工工艺流程

降水管井施工的整个工艺流程包括成孔工艺和成井工艺，具体流程如下：

准备工作→钻机进场→定位安装→开孔→下护口管→钻进→终孔后冲孔换浆→下井管→稀释泥浆→填砂→止水封孔→洗井→下泵试抽→合理安排排水管路及电缆线路→试抽水→正式抽水→水位与流量记录（图 5.2.4-3、图 5.2.4-4）。

图 5.2.4-3　钻机成孔

图 5.2.4-4　安放井点管

（2）降水管井竣工验收

管井施工完毕后要进行管井竣工验收，在施工现场对管井的质量进行逐井检查和验收。管井验收结束后，均须填写"管井验收单"，有关责任人应签字。

根据降水管井的特点和我国各地降水管井施工的实际情况，参照我国《供水管井技术规范》GB50296—99关于供水管井竣工验收的质量标准规定，降水管井竣工验收质量标准主要应有下述四个方面：

① 管井出水量：实测管井在设计降深时的出水量应不小于管井设计出水量，当管井设计出水量超过抽水设备的能力时，按单位储水量检查，当具有位于同一水文地质单元并且管井结构基本相同的已建管井资料时，新建管井的单位出水量应与已建管井的单位出水量接近。

② 井水含砂量：管井抽水稳定后，井水含砂量应不超过 $1/10000 \sim 1/20000$（体积比）。

③ 井斜：实测管井斜度应不大于 $1°$。

④ 管井内沉淀物：管井内沉淀物的高度应不小于井深的 0.5%。

4）真空管井降水施工

真空降水管井的施工方法与降水管井的施工方法相同，真空降水管井施工尚应满足以下要求：

（1）宜采用真空泵抽气集水，深井泵或潜水泵排水。

（2）井管应严密封闭，并与真空泵吸气管相连。

（3）单井出水口与排水总管的连接管路中应设置单向阀。

（4）对于分段设置滤管的真空降水管井，应对开挖后暴露的井管、滤管、填砾层等采取有效封闭措施。

（5）井管内真空度不宜小于 0.065MPa，宜在井管与真空泵吸气管的连接位置处安装高灵敏度的真空压力表监测。

5）电渗井点降水施工

电渗井点埋设程序一般是先埋设轻型井点或喷射井点管，预留出布置电渗井点阳极的位置，待轻型井点降水不能满足降水要求时，再埋设电渗阳极，以改善降水性能。电渗井点（阳极）埋设与轻型井点、喷射井点埋设方法相同。阳极埋设可用 75mm 的旋叶式电钻钻孔埋设，钻进时加水和高压空气循环排泥，阳极就位后，利用下一钻孔排出泥浆倒灌填孔，使阳极与土接触良好，减少电阻，以利电渗。如深度不大，亦可用锤击法打入。钢筋埋设必须垂直，严禁与相邻阴极相碰，以免造成短路，损坏设备。

3. 疏干降水运行控制

疏干降水效果可以从两个方面检验。①观测坑内地下水位是否达到设计或施工要求的埋深；②通过观测疏干降水的总排水量或其他测试手段，判别被开挖土体含水量是否下降到有效范围内。上述两个方面均应满足要求，才能保证疏干降水效果。

通过疏干降水，短期内不可能将被开挖土体完全疏干，只能部分降低土体的含水量。为保证疏干降水效果，以淤泥质黏性土和黏性土为主的土体含水量的有效降低幅度不宜小于 8%，以砂性土为主或富含砂性土夹层的土体含水量的有效降低幅度不宜小于 10%。

疏干降水运行可以从以下几个方面进行控制：

（1）在正式降水之前，必须准确测定各井口和地面标高，测定静止水位，安排好抽水设备、电缆及排水管道，进行降水试运行。其目的为检查排水及电路是否正常，以及抽水系统是否完好，保证整个降水系统的正常运转。

（2）抽出的地下水应排入场外市政管道或其他排水设施中，应避免抽出的地下水就地回渗，影响降水效果。

（3）降水运行应与基坑开挖施工互相配合。基坑开挖前，应提前进行预降水，一般在开挖前须保证有2周左右的预降水时间。在基坑开挖阶段，坑内因降雨或其他原因形成的积水应及时排出坑外，尽量减少大气降水和坑内积水的渗入。

（4）对于基坑周边环境保护要求严格、坑内疏干含水层与坑外地下水水力联系较强的基坑工程，应严格执行"按需疏干"的降水运行原则，避免过量降低地下水位。

（5）在基坑内、外，均应进行地下水监控。条件许可时，宜采用地下水位自动监控手段，对地下水位实行全程跟踪监测。

（6）降水运行阶段，应对毁坏的抽水泵及时更换，疏干井管可随基坑开挖进程逐步割除。

（7）当基坑开挖至设计深度后，应根据坑位地下水的补给条件或水位恢复特征，采取合适的封井措施对疏干井进行有效封闭。

5.2.5 管井降水施工的安全规定

1）当降水管井采用钻、冲孔法施工时，应符合下列规定：

（1）应采取措施防止机具突然倾倒或钻具下落造成人员伤亡或设备损坏；

（2）施工前先查明井位附近地下构筑物及地下电缆、水、煤气管道的情况，并应采取相应防护措施；

（3）钻机转动部分应有安全防护装置；

（4）在架空输电线附近施工，应按安全操作规程的有关规定进行，钻架与高压线之间应有可靠的安全距离；

（5）夜间施工应有足够的照明设备，对钻机操作台、传动及转盘等危险部位和主要通道不应留有黑影。

2）降水系统运行应符合下列规定：

（1）降水系统应进行试运行，试运行之前应测定各井口和地面标高、静止水位，检查抽水设备、抽水与排水系统；试运行抽水控制时间为1d，并应检查出水质量和出水量。

（2）轻型井点降水系统运行应符合下列规定：

① 总管与真空泵接好后，应开动真空泵进行试抽水，检查泵的工作状态；

② 真空泵的真空度应达到0.08MPa及以上；

③ 正式抽水宜在预抽水15d后进行；

④ 应及时做好降水记录。

（3）管井降水抽水运行应符合下列规定：

① 正式抽水宜在预抽水3d后进行；

② 坑内降水井宜在基坑开挖20d前开始运行；

③ 应加盖保护深井井口。车辆行驶道路上的降水井，应加盖市政承重井盖，排水通

道宜采用暗沟或暗管。

（4）真空降水管井抽水运行应符合下列规定：

① 井点使用时抽水应连续，不得停泵，并应配备能自动切换的电源。

② 当降水过程中出现长时间抽浑水或出现清后又浑情况时，应立即检查纠正。

③ 应采取措施防止漏气，真空度应控制在$-0.06\sim-0.03$MPa。当真空度达不到要求时，应检查管道漏气情况并及时修复。

④ 当井点管淤塞太多，严重影响降水效果时，应逐个用高压水反复冲洗井点管或拔出重新埋设。

⑤ 应根据工程经验和运行条件、泵的质量情况等配备一定数量的备用射流泵。对使用的射流泵应进行日常保养与检查，发现不正常应及时更换。

（5）降水运行阶段应有专人值班，应对降排水系统进行定期或不定期巡查，防止停电或其他因素影响降排水系统正常运行。

（6）降水井随基坑开挖深度需切除时，对继续运行的降水井应去除井管四周地面下1m的滤料层，并应采用黏土封井后再运行。

5.2.6 承压水降水

1. 承压水降水概述

在大多数自然条件下，软土地区的承压水压力与上部覆土层的自重应力相互平衡，或小于上部覆土层的自重应力。当基坑开挖到一定深度后，导致基坑底面下的土层自重应力小于下伏承压水压力，承压水将会冲破上部覆土层涌向坑内，坑内发生突水、涌砂或涌土，即形成基坑突涌。基坑突涌往往具有突发性质，导致基坑围护结构严重损坏或倒塌、坑外大面积地面下沉或塌陷、危及周边建（构）筑物及地下管线的安全，甚至造成施工人员伤亡。基坑突涌引起的工程事故是无可挽回的灾难性事故，经济损失巨大，社会负面影响严重。

在深基坑工程施工中，必须重视承压水对基坑稳定性的重要影响。由于基坑突涌的发生是承压水的高水头压力引起的，通过降水降低承压水位（通常亦称之为"承压水头"），达到降低承压水压力的目的，成为最直接、最有效的承压水控制措施之一。在基坑工程施工前，应认真分析工程场地的承压水特性，制订有效的承压水降水设计方案。在基坑工程施工中，应采取有效的承压水降水措施，将承压水位严格控制在安全埋深以下。

2. 承压水降水设计

承压水降水设计，是指综合考虑基坑工程场区的工程地质与水文地质条件、基坑围护结构特性、周围环境的保护要求或变形限制条件等因素，提出合理、可行的承压水降水设计理念与方案，便于后续的降水设计、施工与运行等工作。

在承压水降水设计阶段，需根据降水目的含水层位置、厚度、截水帷幕的深度、周围环境对工程降水的限制条件、施工方法、围护结构的特点、基坑面积、开挖深度、场地施工条件等一系列因素，综合考虑减压井群的平面布置、管井结构及井深等。

1）坑内减压降水

对于坑内减压降水而言，不仅将基坑减压降水井布置在基坑内部，而且必须保证减压井过滤器底端的深度不超过截水帷幕底端的深度，才是真正意义上的坑内减压降水。坑内井群抽水后，坑外的承压水绕过截水帷幕的底端，绕流进坑内，同时下部含水层中的水垂直经坑底流入基坑，在坑内承压水位降到安全埋深以下时，坑外的水位降深相对下降较小，从而因降水引起的地面变形也较小。坑内降水结构如图 5.2.6-1 所示。

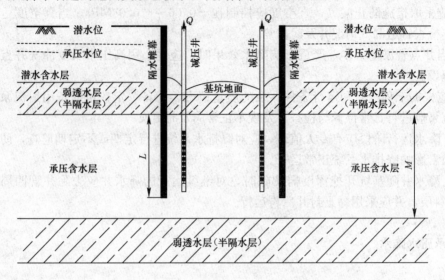

(*a*)

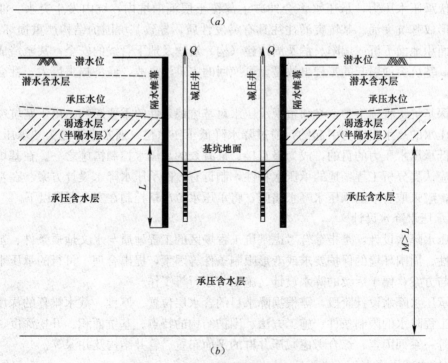

(*b*)

图 5.2.6-1　坑内降水结构示意（一）

(*a*) 坑内承压含水层半封闭；(*b*) 悬挂式截水帷幕

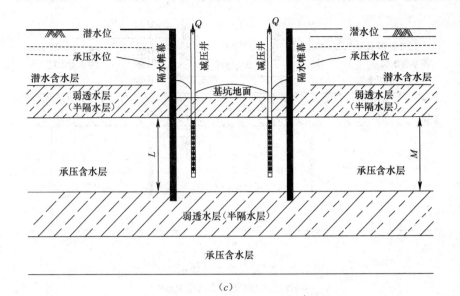

(c)

图 5.2.6-1　坑内降水结构示意（二）

(c) 坑内承压含水层全封闭

　　如果仅将减压降水井布置在坑内，但降水井过滤器底端的深度超过截水帷幕底端的深度，伸入承压含水层下部，则抽出的大量地下水来自截水帷幕以下的水平径向流，不但使基坑外侧承压含水层的水位降深增大，降水引起的地面变形也增大，失去了坑内减压降水的意义，成为"形式上的坑内减压降水"。换言之，坑内减压降水必须合理设置减压降水井过滤器的位置，充分利用截水帷幕的挡水（屏蔽）功效，以较小的抽水流量，使基坑范围内的承压水水头降低到设计标高以下，并尽量减小坑外的水头降深，以减少因降水引起的地面变形。

　　2）坑外减压降水

　　对于坑外减压降水而言，不仅将减压降水井布置在基坑围护体外侧，而且要使减压井过滤器底端的深度不小于截水帷幕底端的深度，才能保证坑外减压降水效果。坑外降水结构如图 5.2.6-2 所示。

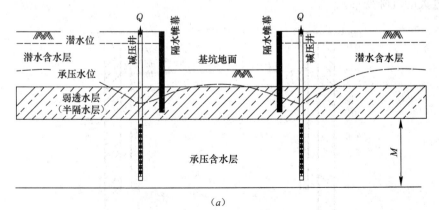

(a)

图 5.2.6-2　坑外降水结构示意（一）

(a) 坑内外承压含水层全连通

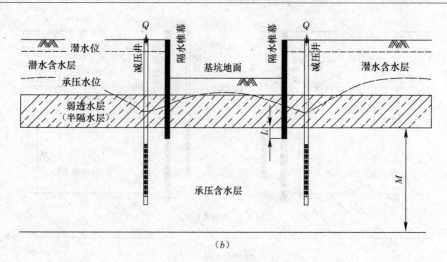

(b)

图 5.2.6-2　坑外降水结构示意（二）

(b) 坑内外承压含水层几乎全连通

如果坑外减压降水井过滤器底端的深度小于截水帷幕底端的深度，则坑内地下水需绕过截水帷幕底端才能进入坑外降水井内，抽出的地下水大部分来自坑外的水平径向流，导致坑内水位下降缓慢或降水失效，不但使基坑外侧承压含水层的水位降深增大，降水引起的地面变形也增大，换言之，坑外减压降水必须合理设置减压降水井过滤器的位置，减小截水帷幕的挡水（屏蔽）功效，以较小的抽水流量，使基坑范围内的承压水水头降低到设计标高以下，并尽量减小坑外的水头降深与降水引起的地面变形。

5.3　截水帷幕

在基坑开挖之前，为防止地下水渗入坑内，沿基坑周边或在基坑坑底构筑的连续、封闭的截水隔渗体，称为截水帷幕，如图 5.3-1 所示。主要作用是在基坑开挖过程中，阻隔地下水或延长其渗径，防止基坑发生渗透破坏，使基坑开挖可顺利进行，同时避免基坑周边发生过大的沉降变形。

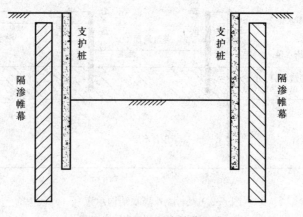

图 5.3-1　竖向隔渗帷幕示意

5.3.1 截水帷幕的分类

（1）按帷幕施工工艺，截水帷幕可分为：水泥土搅拌法帷幕，包括深层搅拌法（湿法）和粉体喷搅法（干法）；高压喷射注浆法帷幕；地下连续墙帷幕；SMW工法帷幕。

（2）按帷幕体材料，截水帷幕可分为：水泥土帷幕、混凝土或塑料混凝土帷幕、钢筋混凝土帷幕。

（3）按帷幕所处的位置，截水帷幕可分为：竖向截水帷幕，包括悬挂式和落底式帷幕两种（图5.3.1-1）；水平隔渗铺盖（帷幕一般指竖向的，水平隔渗铺盖来自水利工程）。

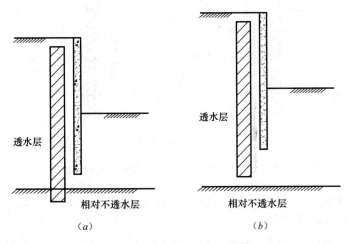

图5.3.1-1　竖向隔渗帷幕类别
(a) 落底式帷幕；(b) 悬挂式帷幕

（4）按帷幕发挥功能，截水帷幕可分为：截水帷幕（以截水为主，如高压喷射注浆、水泥土搅拌墙等帷幕）；支挡截水帷幕（这类帷幕既能发挥防水截水隔渗功能，又有足够的强度与刚度承受土压力，维持基坑的稳定。如地下连续墙、SMW工法挡墙、水泥土重力式挡墙等，当有可靠的工程经验时，也可采用地层冻结法形成支挡截水帷幕）。

一般情况下，截水帷幕方案的工程造价是降水的2.5～5倍，并存在渗漏风险。也可采用截水帷幕和降水相结合的方法。选择截水隔渗方案前，须掌握场址的地下水类型、水文地质特征，并结合基坑周边环境条件等进行综合的评估。

5.3.2 截水帷幕的适用条件

（1）地下水资源保护的要求。在我国北方、西北等地区，地下水资源匮乏，为保护地下水资源，不允许采用敞开式降水方案。为使基坑开挖顺利，有关部门要求采用截水隔渗方法。

（2）环境保护的要求。在大多数中心城区，基坑周边存在对沉降变形敏感的建（构）筑物、市政设施或地下管网等设施。为避免渗透破坏和因降水引发过大的附加沉降，影响其正常使用或安全性，须采用截水帷幕方法。

5.3.3　竖向截水帷幕设计与施工注意事项

（1）对由水泥土材料形成的帷幕体，应满足渗透系数 $k \leqslant 10^{-6}$ cm/s；

（2）帷幕体厚度、嵌固强度应满足土体不发生渗透破坏的要求；

（3）若场地条件许可，截水帷幕尽可能与支护结构分离，形成独立的封闭体（图 5.3.3-1）；

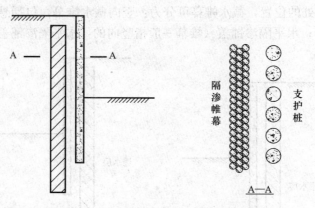

图 5.3.3-1　截水帷幕与支护结构分离布置

（4）若场地开阔，截水帷幕可布置在支护结构主动区范围之外，以避免万一发生变形导致墙体开裂、防渗功能失效；

（5）当含水层较厚、渗透系数较大时，截水帷幕可与降水井组合使用；

（6）当含水层和相对隔水层互层时，宜优先选择落底（相对隔水层）帷幕；当含水层很厚，隔水层底板很深时，可采用悬挂式帷幕和降水相结合的方法。

5.3.4　截水帷幕和井点降水组合使用

以下两种情况可考虑组合使用截水帷幕和井点降水方法：

（1）开挖深度范围内既存在上层滞水或潜水，也涉及承压水，基坑同时存在侧壁发生渗漏和坑底发生突涌的可能性。通常的做法：设置侧向帷幕（深层搅拌、或双管高喷、或钢筋混凝土地下连续墙），进入坑底以下一定深度，形成悬挂式或者嵌入承压水隔水层顶板的垂直截水帷幕，同时布设井点，进行减压降水或疏干降水。

（2）在基坑周边环境严峻及对地面沉降很敏感的情况下，可采用落底式竖向帷幕。将地下连续墙嵌入承压水含水层以下的隔水层底板中，并辅以坑内深井降水或疏干降水。这种情况下，竖向帷幕须彻底隔断坑外地下水，确保截水效果。

5.3.5　截水帷幕的施工安全的规定

1. 水泥土截水帷幕施工应符合下列规定：

（1）应保证施工桩径，并确保相邻桩搭接要求，当采用高压喷射注浆法作为局部截水帷幕时，应采用复喷工艺，喷浆下沉或提升速度不应大于 100mm/min；

（2）应采取措施减少二重管、三重管高压喷射注浆施工对基坑周围建筑物及管线沉降变形的影响，必要时应调整帷幕桩墙设计。

2. 注浆法帷幕施工应符合下列规定：

（1）注浆帷幕施工前应进行现场注浆试验，试验孔的布置应选取有代表性的地段，并应在土层中采用钻孔取芯结合注水试验检验截水防渗效果；

（2）注浆管上拔时宜采用拔管机；

（3）当土层存在动水或土层较软弱时，可采用双液注浆法来控制浆液的渗流范围，两种浆液混合后在管内的时间应小于浆液的凝固时间。

3. 三轴水泥土搅拌桩截水帷幕施工应符合下列规定：

（1）应采用套接孔法施工，相邻桩的搭接时间间隔不宜大于 24h；

（2）当帷幕墙前设置混凝土排桩时，宜先施工截水帷幕，后施工灌注排桩；

（3）当采用多排三轴水泥土搅拌桩内套挡土桩墙方案时，应控制三轴搅拌桩施工对基坑周边环境的影响。

4. 钢板桩截水帷幕施工应符合下列规定：

（1）应评估钢板桩施工对周围环境的影响；

（2）在拔除钢板桩前应先用振动锤振动钢板桩，拔除后的桩孔应采用注浆回填；

（3）钢板桩打入与拔除时应对周边环境进行监测。

5. 兼作截水帷幕的钻孔咬合桩施工应符合下列规定：

（1）宜采用软切割全套管钻机施工；

（2）砂土中的全套管钻孔咬合桩施工，应根据产生管涌的不同情况，采取相应的克服砂土管涌的技术措施，并应随时观察孔内地下水和穿越砂层的动态，按少取土多压进的原则操作，确保套管超前；

（3）套管底口应始终保持超前于开挖面 2.5m 以上；当遇套管底无法超前时，可向套管内注水来平衡第一序列桩混凝土的压力，阻止管涌发生。

6. 冻结法截水帷幕施工应符合下列规定：

（1）冻结孔施工应具备可靠稳定的电源和预备电源。

（2）冻结管接头强度应满足拔管和冻结壁变形作用要求，冻结管下入地层后应进行试压。

（3）冰冻站安装应进行管路密封性试验，并应采取措施保证冻结站的冷却效率。正式运转后不得无故停止或减少供冷。

（4）施工过程中应采取措施减小成孔引起的土层沉降，及时监测倾斜。

（5）开挖前应对冻结壁的形成进行检测分析，并对冻结运转参数进行评估；检验合格以及施工准备工作就绪后应进行试开挖，判定具备开挖条件后可进行正式开挖。

（6）开挖过程应维持地层的温度稳定，并应对冻结壁进行位移和温度监测。

（7）冻结壁解冻过程中应对土层和周边环境进行连续监测，必要时应对地层采取补偿注浆等措施。冻结壁全部融化后应继续监测直到沉降达到控制要求。

（8）冻结工作结束后，应对遗留在地层中的冻结管进行填充和封孔，并应保留记录。

（9）冻结站拆除时应回收盐水，不得随意排放。

7. 截水帷幕质量控制和保护应符合下列规定：

（1）截水帷幕深度应满足设计要求；

（2）截水帷幕的平面位置、垂直度偏差应符合设计要求；

（3）截水帷幕水泥掺入量和桩体质量应满足设计要求；

（4）帷幕的养护龄期应满足设计要求；

（5）支护结构变形量应满足设计要求；

（6）严禁土方开挖和运输破坏截水帷幕。

8. 截水措施失效时，可采用下列处理措施：

（1）设置导流水管；

（2）采用遇水膨胀材料或压密注浆、聚氨酯注浆等方法堵漏；

（3）快硬早强混凝土浇筑护墙；

（4）在基坑外壁增设高压旋喷或水泥土搅拌桩截水帷幕；

（5）增设坑内降水和排水设施。

5.4 回灌

5.4.1 地下水回灌技术

当由于降水引起的基坑变形较大或坑外地面沉降较大，可能影响基坑支护体系和周边环境安全时，应立即启动应急预案，采取应急抢险技术措施，防止事故的进一步扩大，地下水回灌技术是基坑抢险或地基处理的技术措施之一。

在降水场地外缘设置回灌水系统，包括回灌井及回灌砂沟、砂井等。

在降水井点和要保护的地区之间设置一排回灌井点，在利用降水井点降水的同时利用回灌井点向土层内灌入一定数量的水，形成一道水幕，从而减少降水以外区域的地下水流失，使地下水位基本不变，达到保护环境的目的。

回灌井点、回灌砂沟或回灌砂井与降水井点的距离一般不宜小于6m，以防止降水井点仅抽吸回灌井点的水，而使基坑内水位无法下降，失去降水的作用。砂井或回灌井点的深度应按降水水位曲线和土层渗透性来确定，一般应控制在降水曲线以下1m。回灌砂沟应设在透水性较好的土层内。

回灌管井的回灌方法主要有真空回灌和压力回灌两大类。

1. 真空回灌法

真空回灌的适用条件：①地下水位较深（静水位埋深大于10m）、渗透性良好的含水层；②真空回灌对滤网的冲击力较小，适用于滤网结构耐压、耐冲击强度较差，以及使用年限较长的老井；③对回灌量要求不大的井。

2. 压力回灌法

常压回灌利用自来水的管网压力（0.1～0.2MPa）产生的水头差进行回灌。高压回灌在常压回灌装置的基础上，使用机械动力设备（如离心机）加压，产生更大的水头差。

常压回灌利用自来水的管网压力进行回灌，压力较小。高压回灌利用机械动力对回灌水源加压，压力可以自由控制，其大小可根据井的结构强度和回灌量而定。因此，压力回灌的适用范围很大，特别是对地下水位较高和透水性较差的含水层，采用压力回灌的效果较好。由于压力回灌对滤水管网眼和含水层的冲击力较大，宜适用于滤网强度较大的深井。

5.4.2　回灌施工的安全规定

（1）宜根据场地地质条件和降深控制要求，按表 5.4.2-1 选择回灌方法。

地下水回灌方法　　　　　　　　　　　　　　　　　　表 5.4.2-1

回灌方法 ＼ 条件	土质类别	渗透系数（m/d）	回灌方式
管井	填土、粉土、砂土、碎石土、裂隙基岩	0.1～20.0	异层回灌
砂井	砂土、碎石土	—	异层回灌
砂沟	砂土、碎石土	—	同层回灌
大口井	填土、粉土、砂土、碎石土	—	异层回灌
渗坑	砂土、碎石土	—	同层回灌

（2）应根据降水井布置、出水量、现场条件建立回灌系统，回灌点应布置在被保护建筑与降水井之间，并应通过现场试验确定回灌量和回灌工艺。

（3）回灌注水量应保持稳定，在贮水箱进出口处应设置滤网，回灌水的水头高度可根据回灌水量进行调整，严禁超灌引起湿陷事故。

（4）回灌砂井中的砂宜选用不均匀系数为 3～5 的纯净中粗砂，含泥量不宜大于 3%，灌砂量不少于井孔体积的 95%。

（5）回灌水水质不得低于原地下水水质标准，回灌不应造成区域性地下水质污染。

（6）回灌管路产生堵塞时，应根据产生堵塞的原因，采取连续反冲洗方法、间歇停泵反冲洗与压力灌水相结合的方法进行处理。

5.5　环境影响预测与预防

深基坑工程存在的安全质量问题类型很多，成因也较为复杂。在水土压力作用下，支护结构可能发生破坏，支护结构形式不同，破坏形式也有差异。渗水可能引起流土、流砂、突涌，造成地基与基坑的破坏。应引起工程界的重视，切实做好深基坑工程降、排水对周围环境影响的预测，采取可行的应对技术措施，防止工程事故的发生，消除或减少工程降、排水对周围环境的损害或破坏。

5.5.1　工程降排水对基坑周边环境的影响

基坑工程降、排水对周围环境的影响，可能造成周边建（构）筑物、地面道路、市政设施及地下管线的破坏。

规范明确了环境影响预测的内容，降水引起的对基坑周边环境的影响的预测宜包括下列内容：

（1）地面沉降、塌陷。

（2）建（构）筑物、地下管线开裂、位移、沉降、变形。

（3）产生流砂、流土、管渗、潜蚀等。

5.5.2 渗透破坏引起的地面沉陷

渗流破坏（流土、管涌、突涌）产生含水层水土流失引起的地面沉陷与降水引起的固结沉降是两种截然不同的地面变形。渗流破坏可能导致地表数十米范围内产生大量下沉并伴随地表开裂，造成周边建（构）筑物、地面道路、市政设施及地下管线和支护结构的破坏。降、排水则是在降水漏斗范围内产生有限、可控的不均匀沉降。因此，相对来讲，渗流破坏要比降水引起的地面沉降严重得多，预测与预防及处置也困难得多。

1. 渗流破坏产生的原因

渗流破坏的产生有以下三种情况：

（1）在没有管井降水和可靠截水帷幕的情况下，在地下水位以下强行开挖，产生较大范围内的流土或突涌；

（2）帷幕截水隔渗不严，局部有漏洞存在，渗漏水流携砂，造成砂土层流失；

（3）降水未达到预计深度，地下水位仍高于开挖深度或减压降水后的承压水头高度仍可突破坑底隔水层，产生突涌。

2. 控制渗透破坏的主要措施

对于深基坑开挖，一方面要正确认识渗透破坏的严重后果，找到产生渗透破坏的原因，另一方面又要采取一定的措施，防止渗透破坏的发生或将渗透破坏的影响降低。常用的工程措施有：

（1）根据含水层渗透性的大小，选用适当类型的管井降水，使地下水位降至开挖深度以下一定深度，即疏干开挖深度内的含水层，是防止渗透破坏的根本措施；

（2）采用可靠的竖向截水帷幕或竖向截水帷幕加水平封底，也是可行的控制措施，但水平封底对承压水突涌不易奏效，应以降水减压为宜。

5.5.3 环境影响预测与预防的有关规定

1. 可根据调查或实测资料、工程经验预测和判断降水对基坑周边环境的影响；可根据建筑物的结构形式、荷载大小、地基条件采用现行国家标准《建筑地基基础设计规范》GB50007 规定的分层总和法，或采用单向固结法按下式估算降水引起的建筑物或地面沉降量：

$$s = \psi_{\mathrm{w}} \sum_{i=1}^{n} \frac{\Delta\sigma'_{zi}\Delta h_i}{E_{si}} \tag{5.5.3-1}$$

式中　　s——降水引起的建筑物基础或地面的沉降量（m）。

ψ_{w}——沉降计算经验系数，应根据地区工程经验取值；无经验时，对软土地层，宜取 $\psi_{\mathrm{w}}=1.0\sim1.2$，对一般地层可取 $0.6\sim1.0$，对当量模量大于 10MPa 的土层、复合土层可取 0.4~0.6，对密实砂层可取 0.2~0.4。

$\Delta\sigma_{zi}'$——降水引起的地面下第 i 土层中点处的有效应力增量（kPa）；对黏性土，应取降水结束时土的有效应力增量。

Δh_i——第 i 层土的厚度（m）。

E_{si}——按实际应力段确定的第 i 层土的压缩模量（kPa）；对采用地基处理的复合土层应按现行行业标准《建筑地基处理技术规范》JGJ79 规定的方法取值。

降水引起的建筑物或地面沉降量的计算方法较多，如数值方法等，最好能采取多种方法相互验证，并应按最不利情况编制对应的预防措施。

2. 减少基坑降水对周边环境影响的措施应符合下列规定：

1）应检测帷幕截水效果，对渗漏点进行处理；

2）滤水管外宜包两层 60 目井底布，外填砾料应保证设计厚度和质量，抽水含砂量应符合有关规范要求；

3）应通过调整降水井数量、间距或水泵设置深度，控制降水影响范围，在保证地下水位降深达到要求时减少抽水量；

4）应限定单井出水流量，防止地下水流速过快带动细砂涌入井内，造成地基土渗流破坏；

5）开始降水时水泵启动，应根据与保护对象的距离按先远后近的原则间隔进行；结束降水时关闭水泵，应按先近后远的原则间隔进行。

5.5.4　常见的渗流破坏的应对措施

1. 基坑支护桩排桩间土体发生渗漏

为防止支护桩排桩间土体发生渗漏或流砂破坏，通常桩间施工粉喷桩等，与桩排一起作为截水帷幕。当两者之间存在空洞、蜂窝、开叉时，在基坑开挖过程中，地下水有可能携带粉土、粉细砂等从截水帷幕外渗入坑内，使得开挖无法进行，有时甚至造成基坑相邻路面下陷和周边建（构）筑物沉降倾斜、地下管线断裂等事故（图 5.5.4-1）。

1）造成桩间渗漏的主要原因

（1）土层不均匀或地下障碍物等影响截水帷幕施工质量；

（2）受施工设备限制，超过某一深度之后（如 10m）深层搅拌质量无法保障；

（3）施工中，粉喷桩均匀性差，桩身存在缺陷或垂直度控制不好，影响桩间搭接质量，形成渗漏通道；

（4）为抢工期，在粉喷桩没有达到设计强度时就开始挖土，基坑变形后低强度粉喷桩桩身易发生裂缝，形成渗漏通道；

（5）桩排设计刚度不够，基坑变形过大，使桩排与粉喷桩产生分离。

2）桩间渗漏常用的处理措施

对于基坑支护桩排桩间发生渗漏的问题，常用的处理措施有：

图 5.5.4-1　支护桩排桩间土体发生流失导致的基坑事故

（1）立即停止土方开挖，确定漏点范围，迅速用堵漏材料处理截水帷幕。一般情况下，可采用压密注浆对截水帷幕进行修补和封堵。若漏水严重，可采用双液注浆化学堵漏法：先在坑内筑土围堰蓄水，减少坑内外水头差及渗流速度，后在漏点范围内布设直径108mm的钻孔，钻孔穿过所有可能出现渗漏通道的区域，再往孔中填充细石料，填塞渗漏缝隙，当坑内外水头差较小时，进行化学注浆，封堵渗漏间隙。若漏水量很大，应直接寻找漏洞，用土袋和C20混凝土填充漏洞。

（2）在渗漏发生部位设置井点降水，将地下水位降低到基坑开挖深度以下。

2. 基坑坑底发生突涌破坏

当相对隔水层较薄，不足以抵抗承压水产生的水压力时，基坑坑底会发生突涌破坏。突涌破坏发生具有突然性，后果极其严重。若处理不及时，会引发基坑滑塌破坏。

1）引发突涌的主要原因

（1）承压水头过大；

（2）截水帷幕嵌入不透水层深度不够；

（3）水平封底厚度不足；

（4）大量雨水或生活废水渗入土层，使得坑外地下水位升高，导致水压力增大。

2）坑底突涌破坏常用的处理措施

（1）对发生渗漏部位，可用袋装土对其进行反压，增加上覆荷载，阻止土颗粒随涌水流出；

（2）增设降水井或增大抽水量，降低承压水头；

（3）沿周边重要建筑物施工截水帷幕，延长地下水渗漏路径，阻止砂土流失，避免环境破坏；

（4）雨天及时排水，预防雨水渗入土体。

3. 基坑坑底发生局部流土、管涌破坏

当基坑粉砂含量较大，坑底附近水力坡度较大时，常会发生坑底局部流土、管涌破坏。

坑底局部流土、管涌破坏常用的处理措施：

1）基坑外侧设置井点降水，减少水力坡度；

2）在管涌口附近用编织袋或麻袋装土抢筑围井，井内同步铺填反滤料及灌水，制止涌水带砂；

3）当流土、管涌严重，涌水涌砂量大，来不及采取其他措施时，可采用滤水性材料作为压重直接分层压在其出口范围，由下到上压重，颗粒由小到大，厚度根据渗流程度确定，分层厚度不宜小于30cm；

4）采用旋喷桩或搅拌桩对发生渗漏的支护结构渗漏范围内施作旋喷桩或搅拌桩截水，常用的做法是在桩间外侧施作一根，并在外侧施作一排相互咬合的旋喷桩墙或搅拌桩墙。

4. 截水帷幕遭破坏

若截水帷幕失效，则漏水量大，基坑外侧水位急速下降。先将坑底积水排出，保证基坑不被浸泡。随后寻找水源和其通道，进行封堵。在基坑内砌筑围堰，灌水抬高水头，减少基坑内外水头差和水流流速。当水流流速减少到一定程度时，用高压注浆在帷幕外侧封堵帷幕缝隙和固结周围土体，可用双液注浆加快水泥浆的凝固速度，注浆注入量要远大于流失量。在封堵水源入口的同时，应封堵支护结构间隙。当支护结构内侧不渗漏或只有轻微渗漏时，可撤掉围堰，桩间缝隙处设模板，灌注混凝土封堵。

5. 基坑降水疏不干问题

"疏不干"问题的存在是由于基坑内外地下水始终存在水力联系，基坑外水源源源不断地补给基坑内，所以消除或削减的对策应是切断或减弱基坑内外的水力联系。具体对策包括：

1）增加管井数量，缩小管井间距。

2）外围设置截水帷幕，基坑内疏干降水。

3）增加滤水管的过水能力。

4）水平井降水。水平井降水通过一口大尺寸竖井和井内任意高度单一或多方向长度不一的水平滤水管实现。

5）含水层底板水平滤水管导疏，消除地下水"疏不干"问题。

6）采用落底式截水帷幕，避开"疏不干"问题。

5.5.5 基坑降水引起周边建筑物直接损失的预测

1. 基坑降水引起的周边建筑物直接损失预测方法

基坑降水可能引起周边地面沉降，导致相邻建筑物损坏，因此有必要研究相邻建筑物直接损失（简称损失）预测方法，为降水方案的选择提供依据。基坑降水导致的周边地面沉降与降水方式、井位布置、土层分布、岩性参数、地面工程结构物形式、超载大小等多种因素有关，但总体来说，等沉降曲线与降水漏斗面相关，大体呈同心圆分布。基于这种认识，预测的总体思路是：将受基坑降水影响的周边地面划分成适当宽度的"环带"，如图 5.5.5-1、图 5.5.5-2 所示，根据本章参考文献 [7] 的方法确定降低后的水位分布和每一个环带中心位置处的地面沉降，再确定相邻环带间的沉降梯度。定义建筑物的直接经济损失量与其现有价值的比值为直接损失率（λ）。然后，根据历史案例分析，建立地面沉降梯度与建筑物直接损失率之间的定量关系。最终由各环带的沉降梯度确定基坑周边建筑物的直接损失。

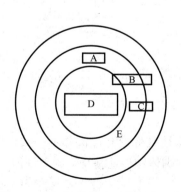

图 5.5.5-1　基坑周边环带划分示意

A、B、C—基坑周边不同位置的建筑物；D—基坑；E—环带

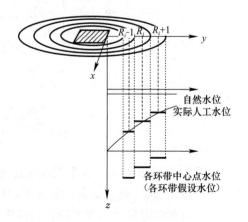

图 5.5.5-2　环带计算水位示意

2. 基坑周边地面沉降

1）基坑周边环带划分

以基坑几何中心为圆心，将降水影响范围内地面划分成多个同心环带，相邻环带半径分别增加一定值。本章参考文献［7］研究表明：基坑降水影响范围大体为水位降深的 6 倍以内。环带数量越多，计算量越大，结果越精细。考虑到直接损失预测工作的精度要求及计算工作量，本文取相邻环带半径增加值为 $0.2S_w$（S_w 为基坑底面水位降深）。各环带的半径分别为 $R_i = i \cdot 0.2S_w$，每个环带中心点距离基坑边壁的距离为 $D_i = [0.1 + 0.2(i-1)]S_w$（$i = 1, 2 \cdots\cdots n$）。近似地，将每一环带中心位置的计算水位作为整个环带的水位（见图 5.5.5-2）。

2）地面沉降梯度

将每个环带内的水位视为相等（取环带中心处水位），根据降水沉降计算模型确定各环带中心位置处的沉降，并以此作为整个环带的沉降量；相邻两个环带中心位置处沉降差与其距离的比值，定义为地面沉降梯度 G。

$$G_i = \frac{S_i - S_{i+1}}{D_{i+1} - D_i} \qquad (5.5.5-1)$$

式中　G_i——i 环的沉降梯度，取 i 与 $i+1$ 环之间沉降差与距离的比值（‰）；

　　　S_i——i 环中心点的沉降（mm）；

　　　D_i——i 环中心距基坑边壁的距离（m）。

3. 地面沉降梯度与建筑物直接损失

1）建筑物允许沉降差

国内外相关规范和标准分别给出了不同结构形式建筑物地基的变形允许值，仅选取砌体结构作为研究对象，有关规范[8~10]对砌体结构地基变形允许值的规定如图 5.5.5-3 所示。

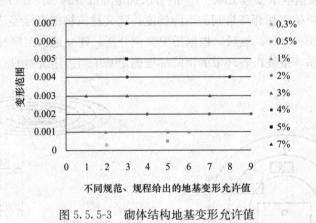

图 5.5.5-3　砌体结构地基变形允许值

从图 5.5.5-3 看出，各个规范所规定的砌体结构地基变形允许值并不一致，但集中在 0.3‰～7‰ 之间。偏于安全，采用 1‰ 作为基坑周边砌体结构地基变形的允许值。

2）地面沉降梯度与建筑物直接损失

为了确定建筑物直接损失率和地面沉降梯度之间的关系曲线，作如下假定：建筑物与其基础刚性连成一个整体，则地面沉降梯度等于基础倾角的正切值，也等于建筑物整体倾角的正切值。收集近年国内砌体结构变形与直接损失率关系案例，通过归纳得到了三组关于建筑物倾斜率和直接损失率的样本。

$$\begin{cases} G = 0.017, & \lambda = 0.15 \\ G = 0.045, & \lambda = 0.80 \\ G = 0.056, & \lambda = 0.95 \end{cases}$$

根据实际情况，还可以确定该曲线的一些基本特征。

（1）当建筑物的变形在允许范围内（<1‰）时，结构直接损失率在5%以内。

（2）当地面的沉降梯度$G \to \infty$时，所对应的直接损失率趋于100%。根据本文收集的数个案例，实际取地面沉降梯度$G \geqslant 0.06$时，建筑物直接损失率达到100%，即$\lambda = 1.0$。

（3）当地面沉降梯度小于允许值时，直接损失率增长速度缓慢；超过允许值后直接损失率增长加快。

根据上述曲线特征，可以选择S形曲线来描述地面沉降梯度与建筑物直接损失率的关系，其曲线形式如式（5.5.5-2）所示。

$$y = \frac{1}{a + be^{-x}} + c \qquad (5.5.5\text{-}2)$$

根据曲线特征和历史样本，利用Powell优化算法来确定式（5.5.5-2）中的参数，得到砌体结构直接损失率预测公式，如式（5.5.5-3）所示，曲线形状如图5.5.5-4所示。

$$y = \frac{1}{0.9692 + 30.4862e^{-100x}} - 0.0318$$

$$(5.5.5\text{-}3)$$

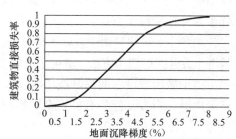

图5.5.5-4　建筑物直接损失率
与地面沉降梯度关系曲线

式中　y——建筑物直接损失率；

x——地面沉降梯度。

本章参考文献

[1]　行业标准. 建筑与市政降水工程技术规范 JGJ/T111—98 [S]. 北京：中国建筑工业出版社，2000.

[2]　刘国彬，王卫东主编. 基坑工程手册 [M]. 第二版. 北京：中国建筑工业出版社，2009.

[3]　中国土木工程学会土力学及岩土工程分会主编. 深基坑支护技术指南 [M]. 北京：中国建筑工业出版社，2012.

[4]　国家标准. 供水管井技术规范 GB50296—99 [S]. 北京：中国建筑工业出版社，2000.

[5]　行业标准. 建筑地基处理技术规范 JGJ79 [S]. 北京：中国建筑工业出版社，2000.

[6]　国家标准. 建筑地基基础设计规范 GB50007—2009 [S]. 北京：中国建筑工业出版社，2009.

[7]　宋建学，周乃军，邓攀. 基坑降水引起的环境变形研究 [J]. 建筑科学，2006，22 (3)：26-31.

[8]　上海市工程建设规范. 地基基础设计规范 DGJ08—11—2010 [S]. 上海：上海市建筑建材业市场管理总站，2010.

[9]　贵州省地方标准. 贵州省建筑地基基础设计规范 DB22/45—2004 [S]. 贵阳：贵州省建设厅，2004.

[10]　刘晓静. 河南信阳楼房倾斜30cm，五大责任主体验收合格 [EB/OL]，2010-10-22. http://news. sohu. com/20101022/n276251717. shtml.

6 土石方开挖

深基坑工程施工的主要施工过程有支护结构施工（包括支撑的拆除）、地下水与地表水控制和土方开挖三项，就是说，土方开挖是深基坑工程施工的主要过程之一。土方开挖一般包括基坑开挖、土方装运、土方回填压实等工作。

随着基坑开挖工程规模越来越大，机械化施工已成为土方开挖中提高工效、缩短工期的必要手段。土方开挖可以根据不同机械的工作性能和特点，结合土石方开挖的具体需要，选择不同种类的土方施工机械。土方开挖包括：无内支撑的基坑开挖、有内支撑的基坑开挖、土方开挖与爆破等各种基坑开挖形式，还包括基坑土方回填。

基坑土方开挖的目的是为了进行地下结构的施工。为了实施土方开挖施工，就必须采取相应的支护施工技术，以保证基坑及周边环境的安全。基坑支护结构设计应综合考虑基坑土方开挖的施工方法，而基坑土方开挖的施工方案则应结合基坑支护结构设计来确定。

本章主要论述常用土方施工机械及其施工方法、基坑土方开挖的基本原则、不同条件下基坑土方开挖的施工方法、基坑土方回填的方法、基坑开挖施工道路和施工平台设置等内容。

由于城市建设中的深基坑工程主要是土方开挖，故本章主要讨论土方开挖中的施工与安全内容，石方开挖的有关安全内容请参见有关规范与手册。

6.1 一般规定

6.1.1 基坑土方开挖的基本原则

基坑是由若干条直线或曲线组合而形成的封闭平面形状，由于基坑平面形状的多样性和开挖深度的差异性，每一个基坑工程均有其特性。基坑边界是指基坑边剖面及其附近区域，基坑边界形式是指为保证坑壁稳定所采取的具体围护或支护方式。同一个基坑可能只有一种围护或支护形式，也可能是多种围护或支护形式的组合。常见的围护或支护形式如图 6.1.1-1 所示。

经过长期的工程实践，目前有多种适用于不同地质条件和基坑深度的经济合理的基坑围护或支护形式，不同的围护或支护形式，其土方开挖的方法各不相同。

1. 基坑土方开挖的分类

1）按基坑支护结构形式分

根据基坑支护结构设计的不同，基坑土方开挖主要分为无内支撑的基坑开挖和有内支撑的基坑开挖。无内支撑基坑是指在基坑开挖深度范围内不设置内部支撑的基坑，包括采用放坡开挖的基坑，采用重力式水泥土墙、土钉墙支护、土层锚杆支护、钢板桩拉锚支护、板式悬臂支护的基坑。有内支撑的基坑开挖是指在基坑开挖深度范围内设置一道或多

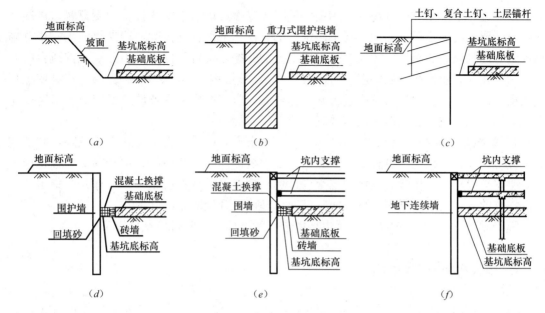

图 6.1.1-1　常见的围护或支护形式

(a) 放坡；(b) 水泥土重力式围护墙；(c) 土层锚杆或土钉墙；(d) 板式悬臂围护墙；

(e) 临时内支撑结合板式围护墙；(f) 梁板结构代替临时支撑结合板式围护墙

道内部临时支撑以及水平结构代替内部临时支撑的基坑。

2）按基坑开挖方法分

根据基坑开挖方法的不同，基坑土方开挖可分为明挖法和暗挖法。无内支撑基坑开挖一般采用明挖法；有内支撑基坑开挖一般有明挖法、暗挖法、明挖法与暗挖法相结合三种方法。基坑内部有临时支撑以及水平结构代替内部临时支撑的土方开挖一般采用明挖法；基坑内部有水平结构梁板代替内部临时支撑的土方开挖一般采用暗挖法，盖挖法施工工艺的土方开挖属于暗挖法的一种形式；明挖法与暗挖法相结合是指在基坑内部部分区域采用明挖和部分区域采用暗挖的一种挖土方式。

2. 基坑土方开挖的总体要求

1）编制土方开挖施工方案并履行审批和专家评审手续：基坑开挖前应根据工程地质条件与水文地质条件资料、结构和支护设计文件、周边环境保护要求、现场施工场地条件、基坑平面形状、基坑开挖深度、挖土机械选型、挖土工况、施工方法、降排水措施、季节性施工措施、支护结构变形控制和环境保护措施、监测方案、安全技术措施和应急预案等，遵循"分层、分段、分块、对称、均衡、限时"和"先撑后挖、限时支撑、严禁超挖"的原则编制土方开挖施工方案。土方开挖施工方案应履行审批手续，并按照有关规定进行专家评审论证。

2）基坑工程中坑内栈桥道路和栈桥平台应根据施工要求及荷载情况进行专项设计，施工过程中应严格按照设计要求对施工栈桥的荷载进行控制。挖土机械的停放和行走路线布置、挖土顺序、土方驳运、材料堆放等应避免引起对工程桩、支护结构、降水措施、监测设施和周边环境的不利影响，施工时应按照设计要求控制基坑周边区域的堆载。

3）基坑开挖过程中，支护结构应达到设计要求的强度，挖土施工工况应满足设计要求，才能进行下层土方的开挖。采用钢筋混凝土支撑或以水平结构代替内支撑时，混凝土达到设计要求的强度后，才能进行下层土方的开挖。采用钢支撑时，钢支撑施工完毕并施加预应力达到设计要求后，才能进行下层土方的开挖。基坑开挖应采用分层开挖或台阶式开挖的方式，软土地区分层厚度一般不大于 4m，分层坡度不应大于 1：1.5。基坑挖土机械及土方运输车辆直接进入坑内进行施工作业时，应采取措施保证坡道稳定。坡道宽度应保证车辆正常行驶，软土地区坡道坡度不应大于 1：8。

4）机械挖土应挖至坑底以上 20～30cm，余下土方应采用人工修底方式挖除，减少坑底土方的扰动。机械挖土过程中，应有防止工程桩侧向受力的措施，坑底以上工程桩应根据分层挖土过程分段凿除。基坑开挖至设计标高应及时进行垫层施工。电梯井、集水井等局部深坑的开挖，应根据深坑现场实际情况合理确定开挖顺序和方法。

5）基坑开挖应对支护结构和周边环境进行动态监测，实行信息化施工。

6.1.2 土石方开挖的安全规定

1）土石方开挖前应对围护结构和降水效果进行检查，满足设计要求后方可开挖，开挖中应对临时开挖侧壁的稳定性进行验算。

2）基坑开挖除应满足设计工况要求按分层、分段、限时、限高和均衡、对称开挖的方法进行外，尚应符合下列规定：

（1）当挖土机械、运输车辆等直接进入基坑进行施工作业时，应采取措施保证坡道稳定，坡道坡度不应大于 1：7，坡道宽度应满足行车要求；

（2）基坑周边、放坡平台的施工荷载应按设计要求进行控制；

（3）基坑开挖的土方不应在邻近建筑及基坑周边影响范围内堆放，当需堆放时应进行承载力和相关稳定性验算；

（4）邻近基坑边的局部深坑宜在大面积垫层完成后开挖；

（5）挖土机械不得碰撞工程桩、围护墙、支撑、立柱和立柱桩、降水井管、监测点等；

（6）当基坑开挖深度范围内有地下水时，应采取有效的降水与排水措施，地下水宜在每层土方开挖面以下 800～1000mm。

3）基坑开挖过程中，当基坑周边相邻工程进行桩基、基坑支护、土方开挖、爆破等施工作业时，应根据相互之间的施工影响，采取可靠的安全技术措施。

4）基坑开挖应采用信息施工法，根据基坑周边环境等监测数据，及时调整开挖的施工顺序和施工方法。

5）在土石方开挖施工过程中，当发现有毒有害液体、气体、固体时，应立即停止作业，进行现场保护，并应报有关部门处理后方可继续施工。

6）土石方爆破应符合现行行业标准《建筑施工土石方工程安全技术规范》JGJ180 的规定。

6.2 常用土方施工机械及其施工方法

常用土方施工机械主要可分为前期场地平整压实机械、土方挖掘机械、土方装运机械、土方回填压实机械等四类。这些机械有国外进口的，也有国产的。

场地平整压实机械主要有推土机、压路机等；土方挖掘机械主要有反铲挖掘机、抓铲挖掘机等；土方装运机械主要有自卸式运输车等；土方回填压实机械主要有推土机、压路机和夯实机等。

6.2.1 反铲挖掘机

1. 反铲挖掘机的选型

反铲挖掘机是应用最广泛的土方挖掘机械，具有操作灵活、回转速度快等特点。常用的反铲挖掘机如图 6.2.1-1 所示。

反铲挖掘机的选型应根据基坑土质条件、平面形状、开挖深度、挖土方法、施工进度等情况，结合挖掘机作业方法等进行选型；在实际应用中，应根据生产厂家挖掘机产品的规格型号和技术参数，并结合施工单位的施工经验进行选型。

图 6.2.1-1 反铲挖掘机

2. 反铲挖掘机的作业方法

反铲挖掘机每一挖掘作业循环包括挖掘、回转、卸土和返回四个过程。

3. 反铲挖掘机单机挖土方法

反铲挖掘机单机挖土方法可分为坑内单机挖土、坑边定点单机挖土、坑边栈桥平台定点单机挖土、坑内栈桥平台或栈桥道路定点单机挖土等形式。单机挖土是对一条作业线路而言，同一基坑可能有多条作业线路在进行单机挖土。

（1）坑内单机挖土应根据挖掘机的工作半径、开挖深度，选择从基坑的一端挖至另一端，如图 6.2.1-2 所示。挖土过程中应注意挖掘机及土方运输车辆所在土层的稳定性，防止基坑边坡失稳。

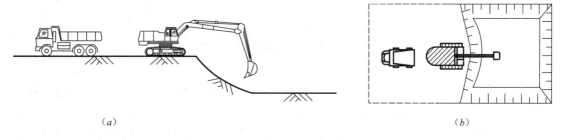

（a）   （b）

图 6.2.1-2 反铲挖掘机坑内单机挖土方法
（a）剖面；（b）平面

（2）坑边定点单机挖土应根据坑边土方运输车辆行驶情况，结合挖掘机的工作半径、开挖深度，选择坑边挖掘机定点位置进行挖土，此时动臂及铲斗回转 90°即可进行卸土。坑边挖掘方法的循环时间较短，挖土效率高，挖掘机始终沿坑边作业移动。该种挖土方式在支护设计时应考虑挖土机械及运输车辆在坑边的荷载，如图 6.2.1-3 所示。

（3）坑边栈桥平台定点单机挖土与坑边定点单机挖土基本相似。该方式适用于坑边施工道路宽度较小，无法满足土方运输车辆行走，或挖掘机需要加大挖土作业范围的情况。

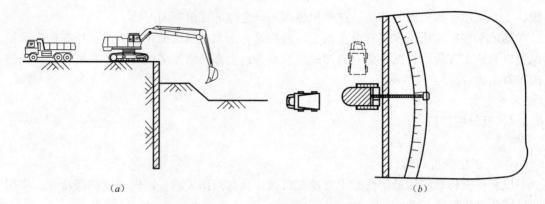

图 6.2.1-3　反铲挖掘机坑边定点单机挖土方法
(a) 剖面；(b) 平面

栈桥平台的大小应能满足挖掘机停放，也可根据挖掘机和土方运输车辆同时停放的要求设计栈桥平台。机械停放应能够满足栈桥平台设计荷载的要求。坑边栈桥平台定点单机挖土如图 6.2.1-4 所示。

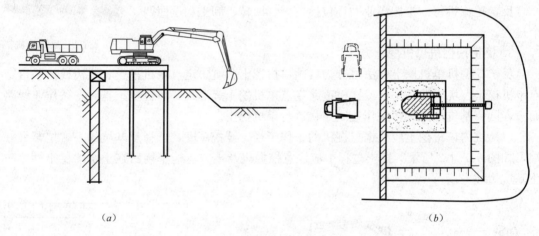

图 6.2.1-4　反铲挖掘机坑边栈桥平台定点单机挖土方法
(a) 剖面；(b) 平面

（4）坑内栈桥平台或栈桥道路定点单机挖土，既适用于场地狭小、需在坑内设置栈桥道路的基坑，也适用于基坑面积较大、需在坑内设置栈桥道路或栈桥平台的基坑。若栈桥道路有足够的宽度，挖掘机可直接停在栈桥道路上作业；若栈桥道路宽度较小无法满足土方运输车辆行走，可在栈桥道路边设置栈桥平台。机械停放和行走应能够满足栈桥平台和栈桥道路设计荷载的要求。坑内栈桥平台和栈桥道路定点单机挖土如图 6.2.1-5 所示。

4. 反铲挖掘机多机挖土方法

反铲挖掘机多机挖土方法可分为基坑内不分层多机挖土、基坑内分层多机挖土、基坑定点挖土与坑中挖掘机配合挖土等形式。多机挖土是对一条作业线路而言的，同一基坑可能有多条作业线路在进行多机挖土。

（1）基坑内不分层多机挖土方法较为简单，不分层开挖的基坑应根据挖掘机作业半径、坑内土层、基坑大小、运输车辆停放位置等确定多机挖土的方法，如图 6.2.1-6 所示。

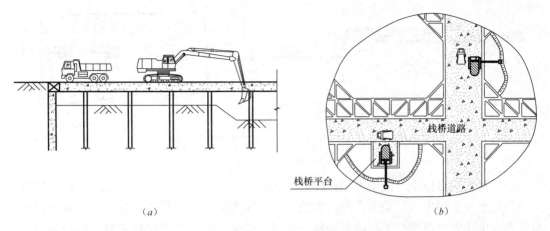

图 6.2.1-5　反铲挖掘机坑内栈桥道路定点单机挖土方法
(a) 剖面；(b) 平面

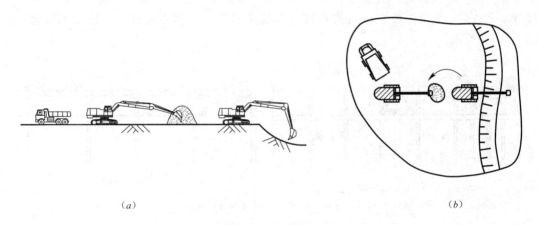

图 6.2.1-6　反铲挖掘机基坑内不分层多机挖土方法
(a) 剖面；(b) 平面

(2) 基坑内分层多机挖土，一般采用接力挖土的方式。该方式可实现多层土方流水作业，如图 6.2.1-7 所示，也可由一台挖掘机负责下层土方的挖掘并卸至放坡平台，再由另一台停放在上层的挖掘机将坡顶土方卸至土方运输车辆，形成三机接力挖土，如图 6.2.1-8 所示。分层接力开挖过程中形成的临时多级边坡应验算其稳定性，确保施工过程安全。

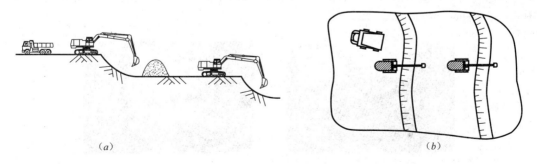

图 6.2.1-7　反铲挖掘机坑内分层多机挖土方法 (一)
(a) 剖面；(b) 平面

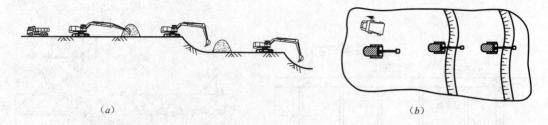

图 6.2.1-8　反铲挖掘机坑内分层多机挖土方法（二）
（a）剖面；（b）平面

（3）基坑定点挖土与坑中挖掘机配合挖土适用于开挖较深、面积较大的基坑。这种方法是基坑土方工程中应用最为广泛的方法之一，在大型基坑工程中普遍采用。基坑定点挖土可参考坑边定点单机挖土、坑边栈桥平台定点单机挖土、坑内栈桥平台或栈桥道路定点单机挖土等方法进行。基坑内挖掘机挖土可参考单机挖土、不分层多机挖土、分层多机挖土等方法进行。该方法一般采用中小型挖掘机进行土方开挖，同时由其他的挖掘机在坑内进行水平驳运，并由停放在基坑边或基坑内的定点挖掘机将土方卸至运输车辆外运，如图 6.2.1-9 所示。

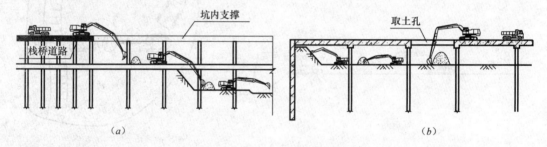

图 6.2.1-9　基坑定点挖土与坑中挖掘机配合挖土方法
（a）顺作法；（b）逆作法

6.2.2　抓铲挖掘机

1. 抓铲挖掘机的选型

抓铲挖掘机是基坑土方工程中常用的挖掘机械，主要用于基坑定点挖土。对于开挖深度较大的基坑，抓铲挖掘机定点挖土比反铲挖掘机定点挖土适用性更强。抓铲挖掘机如图 6.2.2-1 所示。

（a）　　　　　　　　　　　　　　　　　　（b）

图 6.2.2-1　抓铲挖掘机

2. 抓铲挖掘机作业方法

抓铲挖掘机每一挖掘作业循环包括挖掘、回转、卸土和返回四个过程。

3. 抓铲挖掘机单机挖土方法

抓铲挖掘机坑内单机挖土一般适用于开挖深度较浅、面积较小的基坑工程。

4. 抓铲挖掘机单机定点挖土方法

抓铲挖掘机单机定点挖土可分为坑边定点单机挖土、坑边栈桥平台定点单机挖土、坑内栈桥平台或栈桥道路定点单机挖土等方式。抓铲挖掘机单机定点挖土一般适用于开挖深度较大或取土位置受到一定限制的基坑工程。抓铲挖掘机单机定点挖土方式的选择与反铲挖掘机定点单机挖土方式的选择基本相同，可参考反铲挖掘机的相关内容。抓铲挖掘机单机定点挖土如图 6.2.2-2 所示。

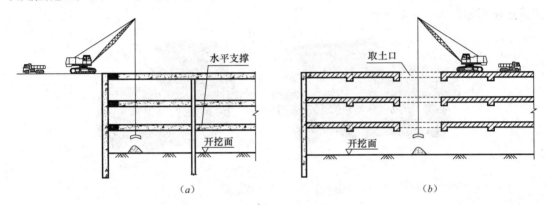

图 6.2.2-2 抓铲挖掘机坑边定点单机挖土方法
(a) 顺作法；(b) 逆作法

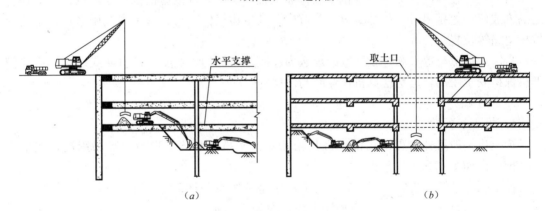

图 6.2.2-3 抓铲挖掘机坑边定点挖土方法
(a) 顺作法；(b) 逆作法

5. 抓铲挖掘机定点挖土与坑中抓铲挖掘机配合挖土方法

抓铲挖掘机定点挖土与坑中抓铲挖掘机配合挖土一般适用于开挖深度和面积较大的基坑工程。这种方法是基坑土方工程中应用最为广泛的方法之一，在超大超深基坑工程中普遍采用。

在基坑土方工程中，抓铲挖掘机可根据基坑平面形状、支护设计形式、开挖深度等选择合适的定点开挖位置，如基坑边、坑边栈桥平台、坑内栈桥平台或栈桥道路等。应根据抓铲挖掘机定点位置，确定坑内反铲挖掘机合理的挖土分区。坑内各分区的土方开挖可参照反铲挖掘机的单机或多机挖土方法，通过单机或多机配合将坑内土方挖运或驳运至抓铲挖掘机定点作业范围，然后由抓铲挖掘机将土方卸至运输车辆外运，如图 6.2.2-3 所示。

6.2.3 其他土方施工机械

1. 自卸式运输车

1）自卸式运输车的选型

自卸式运输车可分为轻型自卸式运输车、中型自卸式运输车、重型自卸式运输车。自卸式运输车如图 6.2.3-1 所示。

(a)   (b)

图 6.2.3-1 自卸式运输车

2）自卸式运输车与挖掘机械配合施工方法

自卸式运输车的作业需与挖掘机械作业配合，运输车可根据挖掘机停放位置，选择合适的方式停在挖掘机旁，如基坑边、基坑内、基坑边栈桥平台、基坑内栈桥平台、基坑内栈桥道路等位置。

自卸式运输车停放和行驶区域的承载力应满足车辆的作业要求；自卸式运输车应与挖掘机保持安全距离，避免挖掘机作业时与之碰撞。

2. 推土机

1）推土机的选型

推土机一般可分为履带式推土机和轮胎式推土机，基坑工程中一般采用履带式推土机。推土机如图 6.2.3-2 所示。

推土机在基坑工程中应用较广，一般用于基坑场地平整、浅基坑开挖、土方回填、土方短距离驳运等施工作业。

2）推土机与其他机械配合施工

推土机可单独施工，也可与其他土方机械配合进行施工。根据其不同的使用功能，推土机可与挖掘机、压实机械等配合施工。

3. 压路机

1）压路机的选型

压路机分为静作用压路机和振动压路机，静作用压路

图 6.2.3-2 推土机

机分为钢筒式压路机和轮胎式压路机。钢筒式静作用压路机如图 6.2.3-3 所示。

2）压路机与其他机械配合施工

压路机一般可与挖掘机、推土机等配合施工。压路机在压实土体前，一般先由挖掘机或推土机完成场地平整或土方回填作业，然后由压路机实施土体压实作业。

4. 夯压机

1）夯压机的选型

夯压机分为冲击、振动、振动冲击等形式。夯压机如图 6.2.3-4 所示。

图 6.2.3-3　钢筒式压路机

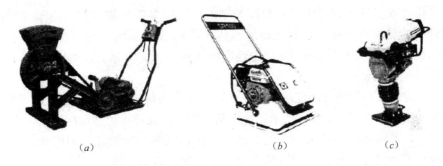

（a）　　　　　　　　　（b）　　　　　　　（c）

图 6.2.3-4　夯压机

2）夯压机与其他机械配合施工

夯压机一般可与挖掘机、推土机、压路机等配合施工。夯压机在基坑回填压实作业时，一般由挖掘机、推土机进行分层回填，然后由夯压机进行土方分层压实作业；对于压路机无法行走的区域，可采用夯压机配合完成边角区域土体的压实施工。

6.3　无内支撑的基坑开挖

6.3.1　无内支撑基坑的土方开挖

1. 放坡开挖

（1）一级放坡开挖的基坑：

在场地条件允许时，可采用放坡开挖。为确保基坑安全施工，一级放坡开挖的基坑，应按照要求验算边坡的稳定性。由于地域的不同，放坡开挖的要求差异较大，如上海地区规定一级放坡基坑开挖深度不应大于 4.0m。放坡开挖边坡坡度应根据地质水文资料、边坡留置时间、边坡堆载等情况经过验算确定，各地应根据相关规定确定放坡开挖允许的深度和坡度。

地质条件较好、开挖深度较浅时，可采用竖向一次性开挖的方法，其典型开挖方法如图 6.3.1-1（a）所示。地质条件较差，或开挖深度较大，或挖掘机性能受到限制时，可采用分层开挖的方法，一级放坡开挖的基坑土方开挖方法可应用于明挖法施工工程。

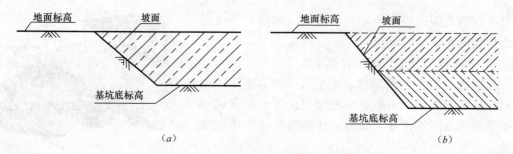

图 6.3.1-1　一级放坡基坑土方开挖方法
(a) 一级放坡竖向一次性开挖；(b) 一级放坡竖向分层开挖

（2）多级放坡开挖的基坑：

场地允许并能保证土坡稳定时，较深的基坑可采用多级放坡开挖。由于地域的不同，多级放坡开挖的要求差异较大，如上海地区规定多级放坡基坑开挖深度不应大于 7.0m。各级边坡的稳定性和多级边坡的整体稳定性应根据地质水文资料、边坡留置时间、边坡堆载等情况经过经验确定。

地质条件较好、每级边坡深度较浅时，可以按每级边坡高度为分层厚度进行分层开挖，其典型开挖方法如图 6.3.1-2（a）所示。地质条件较差，或每级边坡深度较大，或挖掘机性能受到限制时，各级边坡也可采用分层开挖的方法，其典型开挖方法如图 6.3.1-2（b）所示。多级放坡开挖的基坑土方开挖方法可应用于明挖法施工工程。

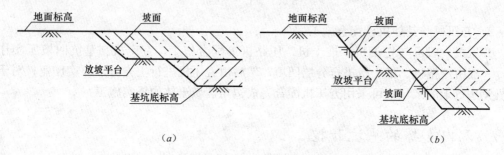

图 6.3.1-2　多级放坡基坑土方开挖方法
(a) 各级放坡竖向一次性开挖；(b) 各级放坡竖向分层开挖

（3）采用一级或多级放坡开挖时，放坡坡度一般不大于 1：1.5；采用多级放坡时，放坡平台宽度应严格控制不得小于 1.5m，在正常情况下放坡平台宽度一般不应小于 3.0m。

2. 有地下水的放坡开挖

放坡坡脚位于地下水以下时，应采取降水或截水的措施。放坡坡顶、放坡平台和放坡坡脚位置应采取集水明排措施，保证排水系统畅通。基坑土质较差或施工周期较长时，放坡面及放坡平台表面应采取护坡措施。护坡可采用钢丝网水泥砂浆、钢丝网细石混凝土、钢丝网喷射混凝土等方式。

6.3.2　有围护无内支撑基坑的土方开挖

有围护无内支撑的基坑一般包括采用土钉支护、复合土钉墙支护、土层锚杆支护、重力式水泥土围护墙、板式悬臂围护墙、钢板桩拉锚支护的基坑。有围护无内支撑的基坑土方开挖方法可应用于明挖法施工工程。

1. 土钉支护、复合土钉墙支护或土层锚杆支护

采用土钉支护、复合土钉墙支护或土层锚杆支护的基坑，应提供成孔施工的工作面宽度，其开挖应与土钉或锚杆施工相协调，开挖与支护施工应交替作业。对于面积较大的基坑，可采取岛式开挖的方式，先挖除距基坑边8～10m的土方，中部岛状土体应满足边坡稳定性要求。基坑边土方开挖应分层分段进行，每层开挖深度在满足土钉或土层锚杆施工工作面要求的前提下，应尽量减少，每层分段长度一般不应大于30m。每层每段开挖后应限时进行土钉或土层锚杆施工。

采用土钉支护、复合土钉墙支护、土层锚杆支护的基坑开挖，应采取分层开挖的方法，并与支护施工交替进行。每层土方开挖深度一般为土钉或锚杆的竖向间距，按照开挖一层土方施工一排土钉或锚杆的原则进行施工。若土层锚杆的竖向间距较大，则上下两道锚杆之间的土方应进行分层开挖。土方开挖应与支护施工密切配合，必须在土钉或锚杆支护完成并养护达到设计要求后方可开挖下一层土方。土钉支护、复合土钉墙支护、土层锚杆支护基坑分层开挖方法如图6.3.2-1所示。

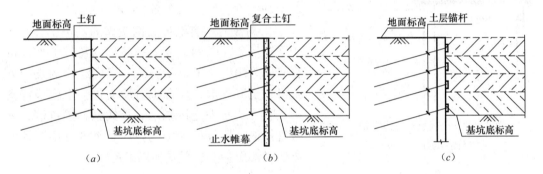

图6.3.2-1　土钉支护、复合土钉支护、土层锚杆支护基坑分层开挖方法
(a) 土钉支护分层开挖；(b) 复合土钉支护分层开挖；(c) 土层锚杆支护分层开挖

2. 重力式水泥土围护墙或板式悬臂支护

采用重力式水泥土围护墙或板式悬臂支护的基坑，基坑总体开挖方案可根据基坑大小、环境条件，采用分层、分块的开挖方式。对于面积较大的基坑，基坑中部土方应先行开挖，然后再挖基坑周边的土方。

采用重力式水泥土围护墙和板式悬臂围护墙的基坑开挖，应根据地质情况、开挖深度、周边环境、边坡堆载控制要求、挖掘机性能等确定分层开挖方法。若基坑开挖深度较浅，且周边环境条件较好，可采取竖向一次性开挖的方法，以板式悬臂围护墙为例，其典型开挖方法如图6.3.2-2 (a) 所示。上海地区采取竖向一次性开挖的基坑，其开挖深度一般不超过4.0m。若基坑开挖深度较深，或周边环境保护要求较高，基坑开挖可采取竖向分层开挖的方法，以重力式水泥土围护墙为例，其典型开挖方法如图6.3.2-2 (b) 所示。

3. 钢板桩拉锚支护

采用钢板桩拉锚支护的基坑，应先开挖基坑边2～3m的土方进行拉锚施工，大面积开挖应在拉锚支护施工完毕且预应力施加符合设计要求后方可进行，大面积基坑开挖应遵

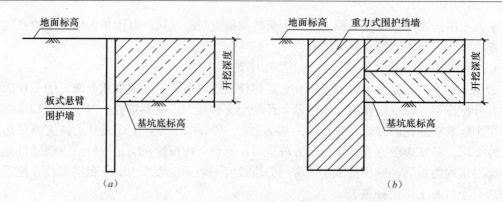

图 6.3.2-2 重力式水泥土围护墙和板式悬臂围护墙基坑土方开挖方法
(a) 板式悬臂支护竖向一次性开挖；(b) 重力式水泥土围护墙竖向分层开挖

循分层、分块的开挖方式。

钢板桩拉锚支护基坑的开挖，应采取分层开挖的方式，第一层土方应首先开挖至拉锚围檩底部 200～300mm，拉锚支护形成并按设计要求施加预应力后，下层土方才可进行开挖，其典型开挖方法如图 6.3.2-3 所示。

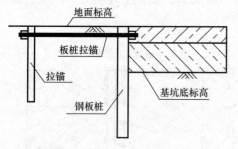

图 6.3.2-3 钢板桩拉锚支护
基坑分层土方开挖方法

4. 对于有些有围护无内支撑的基坑工程，由于受现场条件限制，或支护工程的特殊需要，可在竖向采用组合的支护方式。竖向组合的支护方式可在土钉支护、复合土钉墙支护、土层锚杆支护、重力式水泥土围护墙、板式悬臂围护墙、钢板桩拉锚支护等形式中选择，其土方分层开挖的方法可参照各支护形式加以确定。

6.3.3 无内支撑基坑开挖施工安全规定

1) 放坡开挖的基坑，边坡表面护坡应符合下列规定：

(1) 坡面可采用钢丝网水泥砂浆或现浇钢筋混凝土覆盖，现浇混凝土可采用钢板网喷射混凝土，护坡面层的厚度不应小于 50mm、混凝土强度等级不宜低于 C20 级，配筋应根据计算确定，混凝土面层应采用短土钉固定。

(2) 护坡面层宜扩展至坡顶和坡脚一定的距离，坡顶可与施工道路相连，坡脚可与垫层相连。

(3) 护坡坡面应设置泄水孔，间距应根据设计确定；当无设计要求时，可采用 1.5～3.0m。

(4) 当进行分级放坡开挖时，在上一级基坑处理完成之前，严禁下一级基坑坡面土方开挖。

2) 放坡开挖基坑的坡顶和坡脚应设置截水明沟、集水井。

3) 采用土钉或复合土钉墙支护的基坑开挖施工应符合下列规定：

(1) 截水帷幕、微型桩的强度和龄期应达到设计要求后方可进行土方开挖；

（2）基坑开挖应与土钉施工分层交替进行，并应缩短无支护暴露时间；

（3）面积较大的基坑可采用岛式开挖方式，应先挖除距基坑边 8～10m 的土方，再挖除基坑中部的土方；

（4）采用分层分段方法进行土方开挖，每层土方开挖的底标高应低于相应土钉位置，距离宜为 200～500mm，每层分段长度不应大于 30m；

（5）应在土钉承载力或龄期达到设计要求后开挖下一层土方。

4）采用锚杆支护的基坑开挖施工应符合下列规定：

（1）面层或排桩、微型桩、截水帷幕的强度和龄期应达到设计要求后方可进行土方开挖；

（2）基坑开挖应与锚杆施工分层交替进行，并应缩短无支护暴露时间；

（3）锚杆承载力、龄期达到设计要求后方可进行下一层土方开挖；

（4）预应力锚杆应经试验检测合格后方可进行下一层土方开挖，并应对预应力进行监测。

5）采用重力式水泥土围护墙的基坑开挖施工应符合下列规定：

（1）重力式水泥土围护墙的强度、龄期应达到设计要求后方可进行土方开挖；

（2）面积较大的基坑宜采用盆式开挖方式，盆边留土平台宽度不宜小于 8m；

（3）土方开挖至坑底后应及时浇筑垫层，围护墙无垫层暴露长度不宜大于 25m。

6.4 有内支撑的基坑开挖

6.4.1 有内支撑基坑的土方开挖

有内支撑的基坑开挖方法和顺序应尽量减少基坑无支撑暴露时间。应先开挖周边环境要求较低的一侧土方，再开挖环境要求较高的一侧土方，应根据基坑平面特点采用分块、对称开挖的方法，限时完成支撑或垫层。基坑开挖面积较大的工程，可根据周边环境、支撑形式等因素，采用岛式开挖、盆式开挖、分层分块开挖的方式。

（1）岛式开挖的基坑，中部岛状土体高度不大于 4.0m 时，可采用一级边坡；中部岛状土体高度大于 4.0m 时，可采用二级边坡，但岛状土体高度一般不大于 9.0m。一级边坡应验算边坡稳定性，二级边坡应同时验算各级边坡的稳定性和整体边坡的稳定性。

（2）盆式开挖的基坑，盆边宽度不应小于 8.0m；盆边与盆底高差不大于 4.0m 时，可采用一级边坡；盆边与盆底高差大于 4.0m 时，可采用二级边坡，但盆边与盆底高差一般不大于 7.0m。一级边坡应验算边坡稳定性，二级边坡应同时验算各级边坡的稳定性和整体边坡的稳定性。

（3）对于长度和宽度较大的基坑可采用分层分块土方开挖的方式。分层的原则是每施工一道支撑后再开挖下一层土方，第一层土方的开挖深度一般为地面至第一道支撑底，中间各层土方的开挖深度一般为相邻两道支撑的竖向间距，最后一层土方的开挖深度应为最下一道支撑底至坑底。分块的原则是根据基坑平面形状、基坑支撑布置等情况，按照基坑变形和周边环境控制要求，将基坑划分为若干个周边分块和中部分块，并确定各分块的开挖顺序，通常情况下应先开挖中部分块再开挖周边分块。

（4）狭长形基坑，如地铁车站等明挖基坑工程，应根据狭长形基坑的特点，选择合适的斜面分层分段挖土方法。采用斜面分层分段挖土方法时，一般以支撑的竖向间距作为分层厚度，斜面可采用分段多级边坡的方法，多级边坡间应设置安全加宽平台，加宽平台之间的土方边坡一般不超过二级；各级土方边坡坡度一般不应大于 1：1.5，斜面总坡度不应大于 1：3。

6.4.2　有围护基坑土方的开挖方法

（1）有内支撑的基坑土方开挖：

内支撑体系可分为有围檩支撑体系和无围檩支撑体系。有围檩支撑体系可采用钢管支撑、型钢支撑、钢筋混凝土支撑；无围檩支撑体系可采用钢管支撑、型钢支撑；圆形围檩属于一种特殊的内支撑体系。利用水平结构代替临时内支撑的基坑也属于有内支撑基坑的一种形式，包括利用水平结构梁和水平结构梁板代替临时内支撑的形式。有内支撑的基坑土方开挖方法可应用于明挖法或暗挖法施工工程。

（2）采用顺作法施工的有内支撑的基坑，其边界应采用分层开挖的方式，分层的原则是每施工一道支撑后再挖下一层土方。第一层土方的开挖深度一般为地面至第一道支撑底，中间各层土方的开挖深度一般为相邻两道支撑的竖向间距，最后一层土方的开挖深度应为最底一道支撑底至坑底。顺作法施工的有内支撑的基坑分层开挖的方法如图 6.4.2-1（a）所示。

（3）采用逆作法施工的基坑，其基坑土方开挖也采用分层开挖的方式，分层的原则与顺作法相似，其分层开挖的方法如图 6.4.2-1（b）所示。代替临时支撑的水平结构因为是永久结构，所以应根据结构施工要求，采用相应的模板施工方案，一般可采用胶合板木模、组合钢模、泥底模等形式。采用胶合板木模支模形式对结构施工质量有保证，采用泥底模形式对结构施工质量难以控制，泥底模一般在特殊情况下采用。采用胶合板木模形式常用的支撑形式是短排架支模方式，所以土方分层厚度尚应考虑短排架支模的空间要求，分层挖土深度应距结构底标高一定距离。

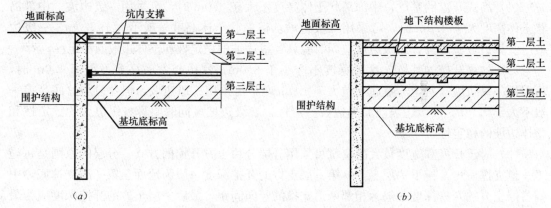

图 6.4.2-1　有内支撑的基坑土方开挖方法
（a）顺作法分层开挖；（b）逆作法分层开挖

（4）有些有内支撑的基坑工程，由于受现场条件限制，或支护工程的特殊需要，可在竖向采用顺作法与逆作法组合的方式，也可采用有围檩无内支撑与有围檩有内支撑的支护方式，其土方分层开挖的方法可参照各围护和支护形式下的土方开挖进行。

6.4.3　放坡与围护相结合的基坑土方开挖

1. 上段一级放坡下段有围护无内支撑的基坑土方开挖

为了节约建设成本和缩短建设工期，对于地质条件和周边环境条件较好、开挖深度相对较浅，且具有放坡场地的基坑，可采用上段一级放坡、下段有围护无内支撑的基坑形式。上段一级放坡、下段有围护无内支撑的基坑是上段一级放坡与下段有围护无内支撑支护形式在竖向上的组合。下段有围护无内支撑支护一般包括土钉支护、复合土钉墙支护、土层锚杆支护、重力式水泥土围护墙、板式悬臂围护墙等形式。上段一级放坡、下段有围护无内支撑的基坑土方开挖方法可应用于明挖法施工工程。

采用该支护形式的基坑土方开挖应采取分层方式。以上段一级放坡不分层开挖，下段土钉支护分层开挖为例，其典型开挖方法如图 6.4.3-1（a）所示。以上段一级放坡不分层开挖，下段重力式水泥土围护墙不分层开挖为例，其典型开挖方法如图 6.4.3-1（b）所示。对于上段或下段采用分层开挖的基坑，其开挖的方法可参照本章 6.3.1-1-（1）和 6.3.2 的相关内容。

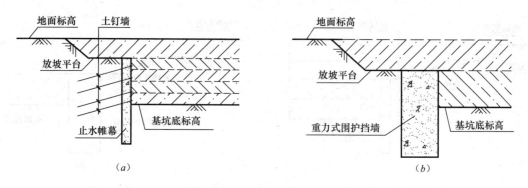

图 6.4.3-1　上段一级放坡下段有围护无内支撑基坑分层土方开挖方法
（a）下段土钉支护分层开挖；（b）下段重力式水泥土围护墙不分层开挖

2. 上段一级放坡下段有围护有内支撑的基坑土方开挖

上段一级放坡、下段有围护有内支撑或以水平结构代替临时支撑的基坑是一级放坡与有围护有内支撑支护形式在竖向上的组合，这种形式的基坑开挖应采取分层方式。上段一级放坡下段有内支撑的基坑土方开挖方法可应用于明挖法或暗挖法施工工程。

以上段一级放坡不分层开挖，下段内支撑的顺作法分层开挖为例，其典型开挖方法如图 6.4.3-2（a）所示。以上段一级放坡不分层开挖，下段以水平结构代替内支撑的逆作法基坑分层开挖为例，其典型开挖方法如图 6.4.3-2（b）所示。对于上段分层开挖的基坑，可参照本章 6.3.2 的相关内容。

3. 上段多级放坡下段有围护无内支撑的基坑土方开挖

上段多级放坡、下段有围护无内支撑的基坑开挖应采用分层开挖的方法。上段多级放

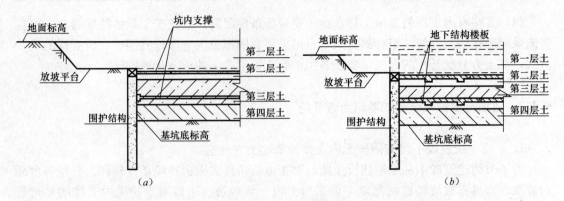

图 6.4.3-2 上段一级放坡下段有内支撑的基坑分层土方开挖方法
(a) 下段顺作法分层开挖；(b) 下段逆作法分层开挖

坡的基坑开挖方法可参照本章 6.3.1-1-(2) 的相关内容。下段有围护无内支撑的基坑开挖方法可参照本章 6.3.2 的相关内容。上段多级放坡、下段有围护无内支撑的基坑土方开挖方法可应用于明挖法施工工程。

以上段二级放坡分层开挖、下段土钉支护分层开挖为例，其典型开挖方法如图 6.4.3-3 (a) 所示。以上段二级放坡分层开挖，下段重力式水泥土围护墙不分层开挖为例，其典型开挖方法如图 6.4.3-3 (b) 所示。

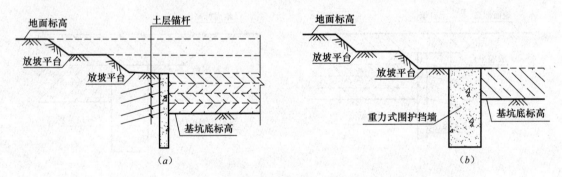

图 6.4.3-3 上段多级放坡下段有围护无内支撑的基坑土方开挖方法
(a) 下段土钉支护分层开挖；(b) 下段重力式围护墙不分层开挖

4. 上段多级放坡下段有围护有内支撑的基坑土方开挖

上段多级放坡下段有围护有内支撑或以水平结构代替临时支撑的基坑是多级放坡与有围护有内支撑支护形式在竖向上的组合，这种形式的基坑开挖应采取分层方式。上段多级放坡的开挖方法可参照本章 6.3.1-1-(2) 的相关内容；下段有围护有内支撑的基坑开挖方法可参照本章 6.4.2 的相关内容。上段多级放坡、下段有内支撑的基坑土方开挖方法可应用于明挖法或暗挖法施工工程。

以上段二级放坡分层开挖、下段有内支撑的顺作法基坑分层开挖为例，其典型开挖方法如图 6.4.3-4 (a) 所示。以上段二级放坡分层开挖，下段以水平结构代替内支撑的逆作法基坑分层开挖为例，其典型开挖方法如图 6.4.3-4 (b) 所示。

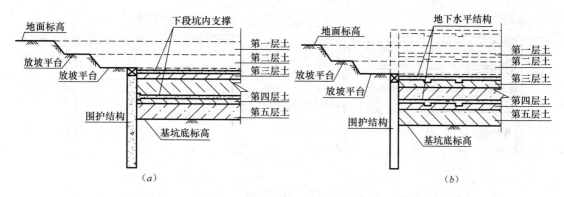

图 6.4.3-4　上段二级放坡下段有内支撑的基坑分层土方开挖方法

(a) 下段顺作法分层开挖；(b) 下段逆作法分层开挖

6.4.4　基坑不分段土方开挖

对于面积较小的基坑，可采用不分块的开挖方法；对于面积较大的有内支撑的基坑，若第一层土方开挖深度较浅，且周边环境较好，可根据具体情况采用不分块的开挖方法；对于第一道支撑采用钢筋混凝土支撑的狭长形地铁车站基坑，第一层土方的开挖也可采用不分块的开挖方法。基坑不分块的开挖方法在基坑边界的表现特征即为不分段开挖方法，包括分层和不分层两种形式。

1. 基坑边界不分层不分段开挖

基坑边界不分层不分段开挖方法，适用于一级放坡开挖的基坑、重力式水泥土围护墙的基坑、板式悬臂围护墙的基坑。基坑边界不分层不分段开挖方法可应用于明挖法施工工程。以重力式水泥土围护墙基坑不分层不分段开挖为例，其典型开挖方法如图 6.4.4-1 所示。

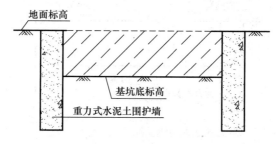

图 6.4.4-1　重力式水泥土围护墙基坑不分层不分段的土方开挖方法

2. 基坑边界分层不分段开挖

基坑边界分层不分段开挖方法，适用于放坡基坑的土方开挖、有围护基坑的土方开挖、放坡与围护相结合基坑的土方开挖。基坑边界分层不分段开挖方法可应用于明挖法或暗挖法施工工程。以板式支护有内支撑顺作法基坑分层不分段开挖为例，其典型开挖方法如图 6.4.4-2 (a) 所示。以水平结构代替内支撑的逆作法基坑分层不分段开挖为例，其典型开挖方法如图 6.4.4-2 (b) 所示。

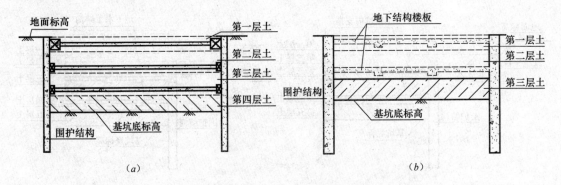

图 6.4.4-2　板式支护有内支撑的基坑分层不分段土方开挖方法
(a) 顺作法分层不分段开挖；(b) 逆作法分层不分段开挖

6.4.5　基坑分段土方开挖

基坑边界纵向长度较大的基坑，为了较好地控制基坑变形，可采取基坑边界分段的开挖方法。基坑边界分段的开挖方法，包括分层和不分层两种形式。基坑开挖中，通过采取分段开挖方式确定合理的开挖顺序，可对周边环境保护起到明显的效果。

1. 基坑边界不分层分段土方开挖

基坑边界不分层分段开挖方法，一般适用于面积较大，基坑开挖对周边环境可能产生不利影响的基坑。基坑边界不分层分段开挖方法可适用于一级放坡开挖的基坑、重力式水泥土围护墙的基坑、板式悬臂围护墙的基坑。为了减少基坑边界的变形，基坑边界上可分若干段先后进行开挖。以重力式水泥土围护墙基坑分三段开挖为例，可先开挖两侧土方，再挖中部土方，基坑典型开挖方法如图 6.4.5-1 所示。基坑边界不分层分段开挖方法可应用于明挖法施工工程。

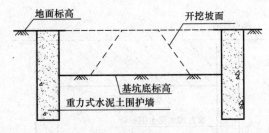

图 6.4.5-1　重力式水泥土围护墙基坑不分层分段土方开挖方法

2. 基坑边界分层分段土方开挖

基坑边界分层分段土方开挖方法，一般适用于面积较大，基坑开挖较深，周边环境复杂，或开挖对周边环境可能造成影响的基坑。基坑边界分层分段开挖一般应综合考虑工程特点、施工工艺、环境要求等因素，结合土方工程实际确定具体的挖土施工方案。基坑边界分层分段土方开挖方法适用于放坡基坑的土方开挖、有围护基坑的土方开挖、放坡与围护相结合基坑的土方开挖。土钉支护或土层锚杆支护基坑、有内支撑的狭长形基坑、有内支撑的分块开挖基坑最为典型。基坑边界分层分段土方开挖方法可应用于明挖法和暗挖法施工工程。

1）土钉支护或土层锚杆支护基坑分层分段土方开挖

对于土钉支护或土层锚杆支护的基坑，基坑边界分段长度一般控制在 20～30m，以复合土钉墙支护基坑边界分层分段土方开挖为例，基坑典型开挖方法如图 6.4.5-2 所示。

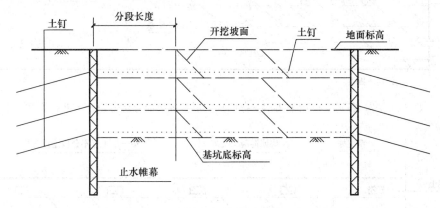

图 6.4.5-2　土钉支护基坑分层分段土方开挖方法

2）有内支撑的狭长形基坑分层分段土方开挖

地铁车站等狭长形基坑一般采用板式支护结合内支撑的形式，地铁车站一般处于城市中心区域，且开挖深度较大，基坑变形控制和周边环境保护要求很高。

对于各道支撑均采用钢支撑的狭长形基坑，可采用斜面分层分段土方开挖的方法。每小段长度一般按照 1～2 个同层水平支撑间距确定，约为 3～8m，每层厚度一般按支撑竖向间距确定，约为 3～4m，每小段开挖和支撑形成时间均有较为严格的限制，一般为 12～36h。斜面分层分段纵向总坡度通过大量工程实践证明，其坡度不宜大于 1∶3；各级土方边坡坡度不宜大于 1∶1.5，各级边坡平台宽度一般不应小于 3.0m；边坡间应根据实际情况设置安全加宽平台，加宽平台之间的土方边坡一般不应超过二级，加宽平台宽度一般不应小于 9.0m。为保证斜面分层分段形成的多级边坡稳定，除按照上述边坡构造要求设置外，尚应对各级小边坡、各阶段形成的多级边坡，以及纵向总边坡的稳定性进行验算。采用斜面分层分段开挖至坑底时，应按照设计或基础底板施工缝设置要求，及时进行垫层和基础底板的施工，基础底板分段浇筑的长度一般控制在 25m 左右，在基础底板形成以后，方可继续进行相邻纵向边坡的开挖。各道支撑均采用钢支撑的狭长形基坑边界斜面分层分段开挖方法如图 6.4.5-3 所示。

当周边环境复杂时，为控制基坑变形，狭长形基坑的第一道支撑采用钢筋混凝土支撑，其余支撑采用钢支撑的形式，在软土地区被广泛应用，实践证明采用这种方式对基坑整体稳定是行之有效的。对于第一道钢筋混凝土支撑底部以上的土方，可采取不分段连续开挖的方法，待钢筋混凝土支撑强度达到设计要求后再挖下层土方。对于第一道钢筋混凝土支撑底部以下土方，应采取斜面分层分段开挖的方法，其施工参数可参照各道支撑均采用钢支撑的狭长形基坑的分层分段开挖的方法，其分层分段开挖方法如图 6.4.5-4 所示。

当周边环境复杂，或地铁车站相邻区域有同时施工的基坑等情况，为更有效地控制基坑变形，也可采用钢支撑与钢筋混凝土支撑交替设置的形式，如第一道和第五道钢筋混凝土支撑，其余支撑采用钢支撑的形式，如图 6.4.5-5 所示。

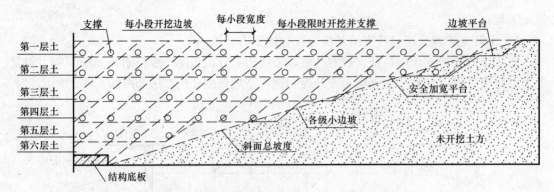

图 6.4.5-3 各道支撑均采用钢支撑的狭长形基坑斜面分层分段土方开挖方法

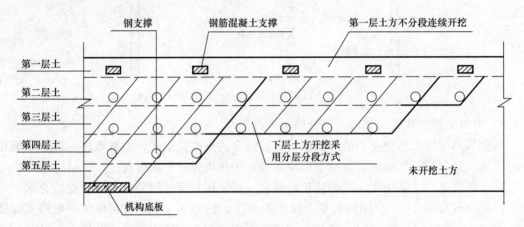

图 6.4.5-4 第一道支撑以下采用钢支撑的狭长形基坑斜面分层分段土方开挖方法

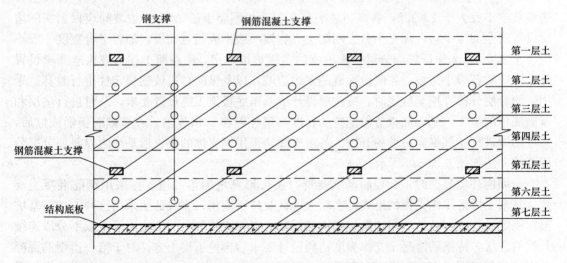

图 6.4.5-5 钢支撑与钢筋混凝土支撑交替设置的狭长形基坑斜面分层分段土方开挖方法

　　基坑全深范围的土方开挖可分为三个阶段，第一阶段先开挖第一道钢筋混凝土支撑底部以上的土方，可采取不分段连续开挖的方法，待钢筋混凝土支撑强度达到设计要求后再挖下层土方；第二段开挖第一道钢筋混凝土支撑底部至第五道支撑底部之间的土方，采取斜面分层分段开挖的方法，待第五道钢筋混凝土支撑强度达到设计要求后再挖下层土方，如图 6.4.5-6（a）所示；第三阶段开挖第五道钢筋混凝土支撑以下的土方，采用斜面分层分段开挖的方法，如图 6.4.5-6（b）所示。

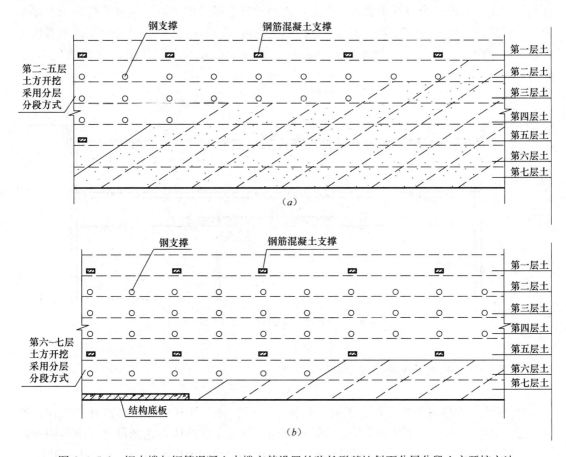

图 6.4.5-6　钢支撑与钢筋混凝土支撑交替设置的狭长形基坑斜面分层分段土方开挖方法
（a）第二阶段土方开挖方法；（b）第三阶段土方开挖方法

　　狭长形基坑在平面上可采取从一端向另一端开挖的方式，也可采取从中间向两端开挖的方式。从中间向两端开挖的方式一般适用于长度较长的基坑，或为加快施工进度而增加挖土工作面的基坑。分层分段开挖的方法可根据支撑形式合理确定，以第一道钢筋混凝土支撑，其余各道为钢支撑的狭长形基坑为例，基坑边界斜面分层分段开挖方法如图 6.4.5-7 所示。

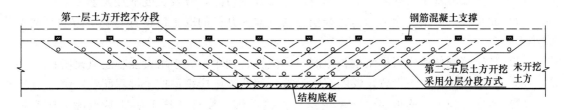

图 6.4.5-7　从中间向两端开挖的狭长形基坑斜面分层分段土方开挖方法

3）有内支撑的分块开挖基坑分层分段土方开挖方法

对于长度和宽度均较大的有内支撑的基坑，如果基坑中部区域有对撑系统，为了控制基坑变形或便于均衡流水施工，应采取平面分块依次开挖的方法，可先开挖中部区域有对撑系统的土方，在中部对撑系统形成以后，再开挖其余部分的土方，这种开挖方法在基坑边界的表现即为分层分段土方开挖的形式。以全深度范围内有两道钢筋混凝土支撑的基坑为例，分层分段土方开挖顺序按图示编号进行，基坑分层分段土方开挖方法如图 6.4.5-8 所示。

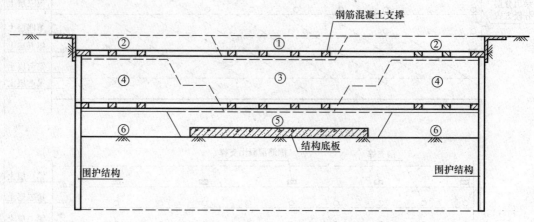

图 6.4.5-8　基坑分层分段土方开挖方法

6.4.6　有内支撑基坑开挖施工安全规定

1）基坑开挖应按先撑后挖、限时、对称、分层、分区等开挖方法确定开挖顺序，严禁超挖，应减小基坑无支撑暴露开挖时间和空间。混凝土支撑应在达到设计要求的强度后进行下层土方开挖；钢支撑应在质量验收并按设计要求施加预应力后进行下层土方开挖。

2）挖土机械不应停留在水平支撑上方进行挖土作业，当在支撑上部行走时，应在支撑上方回填不少于 300mm 厚的土层，并应采取铺设路基箱等措施。

3）立柱桩周边 300mm 土层及塔式起重机基础下钢格构柱周边 300mm 土层应采用人工挖除，格构柱内土方宜采用人工清除。

4）采用逆作法、盖挖法进行暗挖施工应符合下列规定：

（1）基坑土方开挖和结构工程施工的方法和顺序应满足设计工况要求；

（2）基坑土方分层、分段、分块开挖后，应按施工方案的要求限时完成水平结构施工；

（3）当狭长形基坑暗挖时，宜采用分层分段开挖方法，分段长度不宜大于 25m；

（4）面积较大的基坑应采用盆式开挖方式，盆式开挖的取土口位置与基坑边的距离不宜小于 8m；

（5）基坑暗挖作业应根据结构预留洞口的位置、间距、大小增设强制通风设施；

（6）基坑暗挖作业应设置足够的照明设施，照明设施应根据挖土过程配置；

（7）逆作法施工，梁板底模应采用模板支撑系统，模板支撑下的地基承载力应满足要求。

6.5 土石方开挖与爆破

6.5.1 基坑土方分层分块开挖概述

    基坑不同边界形式下的土方分层开挖方法，反映的是挖土过程在基坑边界剖面上的具体表现；基坑边界不同长度条件下的土方分层分段开挖方法，反映的是挖土过程在基坑边界纵向面的具体表现；基坑边界内的土方分层分块开挖方法，反映的是挖土过程在整个基坑平面上的具体表现。通过这三种开挖方式的叙述，可以全面了解基坑开挖的基本规律。

    基坑变形与基坑开挖深度、开挖时间长短关系密切。相同的基坑和相同的支护设计采用的开挖方法和开挖顺序不同，相同的开挖方法和开挖顺序而开挖时间长短不同，都将对基坑变形产生不同程度的影响，有时候基坑变形的差异会很大。大量工程实践证明，合理确定每个开挖空间的大小、开挖空间相对的位置关系、开挖空间的先后顺序，严格控制每个开挖步骤的时间，减少无支撑暴露时间，是控制基坑变形和保护周边环境的有效手段。

    对基坑边界内的土方在平面上进行合理分块，确定各分块开挖的先后顺序，充分利用未开挖部分土体的抵抗能力，有效控制土体位移，以达到减缓基坑变形、保护周边环境的目的。一般可根据现场条件、基坑平面形状、支撑平面布置、支护形式、施工进度等情况，按照对称、平衡、限时的原则，确定土方开挖方法和顺序。基坑对称开挖一般是指根据基坑挖土分块情况，采用对称、间隔开挖的一种方式；基坑限时开挖一般是指根据基坑挖土分块情况，对无支撑暴露时间进行控制的一种方式；基坑平衡开挖是指根据开挖面积和开挖深度等情况，以保持各分块均衡开挖的一种方式。

    坑内设置分隔墙的基坑土方开挖也属于分块开挖的范畴。分隔墙将整个基坑分成了若干个基坑，可根据实际情况确定每个基坑先后开挖的顺序，以及各基坑开挖的限制条件，采用分隔墙的分块开挖方法有利于基坑变形的控制和对周边环境的保护。

    本条主要叙述基坑边界内的土方分层分块开挖方法，其中分层的开挖方法可参照本章6.4.4和6.4.5条的相关内容，而分块开挖的方法是本节叙述的重点。

6.5.2 基坑岛式土方开挖

    1. 岛式土方开挖的概念及适用范围

    （1）岛式土方开挖的概念

    先开挖基坑周边的土方，挖土过程中在基坑中部形成类似岛状的土体，然后再开挖基坑中部的土方，这种挖土方式通常称为岛式土方开挖。岛式土方开挖可在较短时间内完成基坑周边土方开挖及支撑系统施工，这种开挖方式对基坑内部土体隆起控制较为有利。基坑中部大面积无支撑空间的土方，可在支撑系统养护阶段进行开挖。

    （2）岛式土方开挖的适用范围

    岛式土方开挖适用于支撑系统沿基坑周边布置且中部留有较大空间的基坑。边桁架与角撑相结合的支撑体系、圆环形桁架支撑体系、圆形围檩体系的基坑采用岛式土方开挖较为典型。土钉支护、土层锚杆支护的基坑也可采用岛式土方开挖方式。岛式土方开挖适用于明挖法施工工程。

本章 6.4.4 和 6.4.5 条叙述的是基坑分层分段开挖方法，而岛式土方开挖不一定是全深度范围采取的挖土方法。岛式土方开挖可适用于全深度范围基坑土方开挖，也可适用于分层开挖基坑的某一层或几层土方开挖，具体运用可根据实际情况确定。

2. 岛式土方开挖的主要方式和方法

（1）岛式土方开挖的主要方式

岛式土方开挖可根据实际情况选择不同的方式。同一基坑可采用如下的一种方式进行土方开挖，也可采用如下几种方式的组合进行土方开挖，这种组合可以是平面上的组合，也可以是立面上的组合。岛式土方开挖主要有如下三种方式：

方式 1：在开挖基坑周边土方阶段，土方装车挖掘机在基坑边或基坑边栈桥平台上作业，取土后由坑边土方运输车将土方外运。在开挖基坑中部岛状土方阶段，先由基坑内的挖掘机将土方挖出或驳运至基坑边，再由基坑边或基坑边栈桥平台上的土方装车挖掘机进行取土，由坑边土方运输车将土方外运。采用这种方式进行岛式土方开挖，施工灵活，互不干扰，不受基坑开挖深度限制。

方式 2：在开挖基坑周边土方阶段，土方装车挖掘机在岛状土体顶面作业，取土后由岛状土体顶面上的土方运输车通过内外相连的栈桥道路将土方外运。在开挖基坑中部岛状土方阶段，先由基坑内的挖掘机将土方挖出或驳运至基坑中部，再由基坑中部岛状土体顶面的土方装车挖掘机进行取土，再由基坑中部的土方运输车通过内外相连的栈桥道路将土方外运。采用这种方式进行岛式土方开挖，施工灵活，互不干扰，但受基坑开挖深度限制。

方式 3：在开挖基坑周边土方阶段，土方装车挖掘机在岛状土体顶面作业，取土后由岛状土体顶面上的土方运输车通过内外相连的土坡将土方外运。在开挖基坑中部岛状土方阶段，先由基坑内的挖掘机将土方挖出或驳运至基坑中部，由基坑中部岛状土体顶面的土方装车挖掘机进行取土，再由基坑中部的土方运输车通过内外相连的土坡将土方外运。采用这种方式进行岛式土方开挖，施工繁琐，相互干扰，基坑开挖深度有限。

（2）岛式土方开挖的主要方法

采用岛式土方开挖时，基坑中部岛状土体的大小应根据支撑系统所在区域等因素确定，岛状土体的大小不应影响整个支撑系统的形成。基坑中部岛状土体形成的边坡应满足相应的构造要求，以保证挖土过程中岛状土体的稳定。岛状土体的高度应结合土层条件、降水情况、施工荷载等因素综合确定，软土地区一般不大于 6m，当高度大于 4m 时，可采取二级放坡的形式。当采用二级放坡时，为满足挖掘机停放，以及土体临时堆放等要求，放坡平台宽度一般不小于 4m。每级放坡坡度一般不大于 1∶1.5，当采用二级放坡时总放坡坡度一般不大于 1∶2。为满足稳定性要求，应根据实际工况和荷载条件，对各级边坡和总坡度进行验算。当岛状土体较高或验算不满足稳定性要求时，可对岛状土体的边坡进行土体加固。

基坑采用一级放坡的岛式土方开挖方式时，可通过基坑边、基坑边栈桥平台或岛状土体顶面的土方装车挖掘机直按取土装车外运，也可通过基坑内的一台或多台挖掘机将土方挖出并驳运至土方装车挖掘机作业范围，由土方装车挖掘机取土装车外运。基坑采用二级放坡的岛式土方开挖方式时，可通过基坑内的一台或多台挖掘机将土方挖出并驳运至基坑边、基坑边栈桥平台或岛状土体顶面的土方装车挖掘机作业范围，由土方装车挖掘机取土装车外运。

土方装车挖掘机、土方运输车辆在岛状土体顶部进行挖运作业，须在基坑中部与基坑边之间设置栈桥道路或土坡用于土方运输。采用栈桥道路或土坡作为内外联系通道，土方外运效率较高。栈桥道路或土坡的坡度一般不大于 1：8，坡道面还应采取防滑措施，保证车辆行走安全。采用土坡作为内外联系通道时，一般可采用先开挖土坡区域的土方进行支撑系统施工，然后进行回填筑路再次形成土坡，作为后续土方外运的行走通道。用于挖运作业的土坡，自身的稳定性有较高的要求，一般可采取护坡、土体加固、疏干固结土体等措施，土坡路面的承载力还应满足土方运输车辆、挖掘机作业要求。

6.5.3　基坑盆式土方开挖

1. 盆式土方开挖的概念及适用范围

（1）盆式土方开挖的概念

先开挖基坑中部的土方，挖土过程中在基坑中部形成类似盆状的土体，然后再开挖基坑周边的土方，这种挖土方式通常称为盆式土方开挖。盆式土方开挖由于保留基坑周边的土方，减少了基坑围护结构的无支撑暴露的时间，对控制围护墙的变形和减小周边环境的影响较为有利。而基坑周边的土方可在中部支撑系统养护阶段进行开挖。

（2）盆式土方开挖的适用范围

盆式土方开挖适用于基坑中部无支撑或支撑较为密集的大面积基坑。盆式土方开挖适用于明挖法和暗挖法施工工程。

本章第 6.4.4 和 6.4.5 条论述的是全深度范围基坑分层分段开挖方法，而盆式土方开挖不一定是全深度范围采取的开挖方式。盆式土方开挖可适用于全深度范围基坑土方开挖，也可适用于分层开挖基坑的某一层或几层土方开挖，具体运用可根据实际情况确定。

2. 盆式土方开挖的主要方法

采用盆式土方开挖时，基坑中部盆状土体的大小应根据基坑变形和环境保护等因素确定。基坑中部盆状土体形成的边坡应满足相应的构造要求，以保证挖土过程中盆边土体的稳定。盆边土体的高度应结合土层条件、降水情况、施工荷载等因素综合确定，软土地区一般不大于 5m，盆边宽度一般不小于 10m。当盆边高度大于 4m 时，可采取二级放坡的形式；当采用二级放坡时，为满足挖掘机停放，以及土体临时堆放等要求，放坡平台宽度一般不小于 4m。每级放坡坡度一般不大于 1：1.5，当采用二级放坡时总放坡坡度一般不大于 1：2。为满足稳定性要求，应根据实际工况和荷载条件，对各级边坡和总坡度进行验算。

基坑中部进行土方开挖形成盆状土体后，盆边土体应按照对称的原则进行开挖。对于顺作法施工盆中采用对撑的基坑，盆边土体开挖应结合支撑系统的平面布置，先行开挖与对撑相对应的盆边分块土体，以使支撑系统尽早形成。对于逆作法施工中，盆式土方开挖时，盆边土体应根据分区大小，采用分小块先后开挖的方法。对于利用盆中结构作为竖向斜撑支点的基坑，应在竖向斜撑形成后开挖盆边土体。

6.5.4 岛式与盆式相结合的土方开挖

岛式与盆式相结合的土方开挖方法是基坑竖向各分层土方采用岛式与盆式进行交替开挖的一种组合方法。岛式与盆式相结合的土方开挖方法有先岛后盆、先盆后岛和岛盆交替三种形式，工程中采用何种组合，应根据实际情况确定。岛式与盆式相结合的土方开挖方法可应用于明挖法施工工程，特殊情况下可应用于暗挖法施工工程。

以上段复合土钉墙、下段板式支护的基坑为例，采用先岛后盆的土方开挖方法，竖向分层土方典型的开挖方法如图 6.5.4-1 所示。

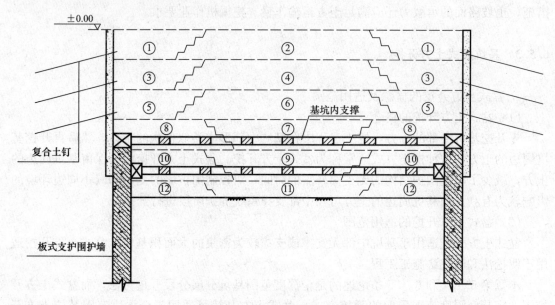

图 6.5.4-1 先盆后岛开挖方法

6.5.5 分层分块土方开挖

1. 分层分块土方开挖的概念及适用范围

（1）分层分块土方开挖的概念

对于分层或不分层开挖的基坑，若基坑不同区域开挖的先后顺序会对基坑变形和周边环境产生不同程度的影响时，需划分区域，并确定各区域开挖顺序，以达到控制变形，减小周边环境影响的目的。区域如何划分，开挖顺序如何确定，是土方开挖需要研究的问题。在基坑竖向上进行合理的土方分层，在平面上进行合理的土方分块，并合理确定各分块开挖的先后顺序，这种挖土方式通常称为分层分块土方开挖。岛式土方开挖和盆式土方开挖属于分层分块土方开挖中较为常用的方式。

（2）分层分块土方开挖的适用范围

分层分块土方开挖可用于大面积无内支撑的基坑，也可用于大面积有内支撑的基坑。分层分块土方开挖方法是基坑土方工程中应用最为广泛的方法之一，在复杂环境条件下的超大超深基坑工程中普遍采用。分层分块土方开挖适用于明挖法或暗挖法施工工程。

分层分块土方开挖可适用于全深度范围基坑开挖方式，也可适用于分层开挖基坑的某一层或几层土方开挖，各层土方的分块和开挖顺序可根据实际情况确定。

2. 分层分块土方开挖的主要方法

对于长度和宽度均较大的基坑，一般可将基坑划分为若干个周边分块和中部分块。通常情况下应先开挖中部分块再开挖周边分块，采用这种土方开挖方式应遵循盆式土方开挖的方法。若支撑系统沿基坑周边布置且中部留有较大空间，可先开挖周边分块再开挖中部分块，开挖过程应遵循岛式土方开挖方法的相关要求。

对于以单向组合对撑系统为主的基坑，通常情况下应先开挖单向组合对撑系统区域的条块土体，及时施工单向组合对撑系统，减少无支撑暴露的时间，条块土体在纵向采用间隔开挖的方式。对于设置角撑系统的基坑，通常情况下可先开挖角撑系统区域的角部土体，及时施工角撑系统，控制基坑角部变形。

应在控制基坑变形和保护周边环境的要求下确定基坑土方分块的大小和数量，制订分块施工先后顺序，并确定基坑土方开挖的施工方案。土方分块开挖后，与相邻的土方分块形成高差，高差一般不超过 7.0m。当高差不超过 4.0m 时，可采取一级边坡；当高差大于 4.0m 时，可采取二级边坡。采取一级或二级边坡时，边坡坡度一般不大于 1:1.5；采取二级边坡时，放坡平台宽度一般不小于 3.0m。各级边坡和总边坡应经稳定性验算。土方分块开挖的方法可参照本章第 6.1 节、6.3.1 条、6.4.2 条、6.4.3 条和 6.4.5 条的相关内容。

6.5.6 土方分层分块开挖施工安全规定

1) 岛式土方开挖应符合下列规定：

(1) 边部土方的开挖范围应根据支撑布置形式、围护墙变形控制等因素确定；边部土方应采用分段开挖的方法，应减小围护墙无支撑或无垫层暴露时间。

(2) 中部岛状土体的各级放坡和总放坡应验算稳定性。

(3) 中部岛状土体的开挖应均衡对称进行。

2) 盆式土方开挖应符合下列规定：

(1) 中部土方的开挖范围应根据支撑形式、围护墙变形控制、坑边土体加固等因素确定；中部有支撑时应先完成中部支撑，再开挖盆边土方。

(2) 盆边开挖形成的临时放坡应进行放坡稳定性验算。

(3) 盆边土体应分块对称开挖，分块大小应根据支撑平面布置确定，应限时完成支撑。

(4) 软土地基盆式开挖的坡面可采取降水、支护、土体加固等措施。

3) 狭长形基坑的土方开挖应符合下列规定：

(1) 采用钢支撑的狭长形基坑可采用纵向斜面分层分段开挖的方法，斜面应设置多级放坡；各阶段形成的放坡和纵向总放坡的稳定性应满足现行行业标准《建筑基坑支护技术规程》JGJ120 的规定。

(2) 每层每段开挖和支撑形成的时间应符合设计要求。

(3) 分层分段开挖至坑底时，应限时施工垫层。

6.5.7 爆破施工安全规定

1) 冻胀土基坑采用爆破法开挖时应符合下列规定：

（1）当冻土爆破开挖深度大于1.0m时，应采取分层开挖，分层厚度可根据钻爆机具性能及人员操作难度确定；

（2）为缩短基坑暴露时间，对浅小基坑，应根据施工机械、人员、钻爆机具的配置情况，采取一次全断面开挖，并及时进行基础施工；对深大基坑，应采取分段开挖、分段进行基础施工。

2) 土石方开挖爆破工程应由具有相应爆破资质和安全生产许可证的企业承担。爆破作业人员应取得有关部门颁发的资格证书，并应持证上岗。爆破工程作业现场应由具有相应资格的技术人员负责指导施工。

3) 爆破参数应根据工程类比法或通过现场试炮确定。

4) 当采用爆破法施工时，应采取合理的爆破施工工艺减小对周边环境的影响。当坡体顶部边缘有建筑物或岩体抗拉强度较低时，坡体的上部宜采用锚杆支护控制岩体开挖后的卸荷裂隙。有锚杆支护的爆破开挖，应采取防止锚杆应力松弛措施。

6.6 基坑土方回填

基坑土方回填一般采用人工回填或机械回填等方式。回填土应符合设计要求，回填土方中不得含有杂物，回填土方的含水率应符合相关要求。回填土方区域的基底不得有垃圾、树根、杂物等；回填土方区域的基底应排除积水。

6.6.1 人工回填

人工回填一般适用于回填工作量小，或机械回填无法实施的区域。人工回填一般根据要求采用分层回填的方法，分层厚度应满足规范要求。人工回填时应按厚度要求回填一层夯实一层，并按相关要求检测回填土的密实度。

6.6.2 机械回填

机械回填一般适用于回填工作量较大且场地条件允许的基坑回填。机械回填采用分层回填的方法，回填压实一层后再进行上一层土方回填压实。分层厚度应根据机械性能进行选择，并应满足规范要求。回填过程中的密实度检测应符合相关要求。若存在机械回填不能实施的区域，应以人工回填进行配合。

基坑回填一般采用挖掘机、推土机、压路机、夯实机、土方运输车等联合作业。运输车辆首先将土方卸至需回土的基坑边，挖掘机或推土机按分层厚度要求进行回填，然后由压路机或夯实机进行压实作业。

6.7 施工道路和施工平台

　　基坑开挖过程中，施工道路和施工平台的设置是土方工程顺利进行的保证。施工道路一般包括坑外道路、坑内土坡道路、坑内栈桥道路等；施工平台一般包括坑边栈桥平台、坑内栈桥平台等。施工道路应具有足够的承载能力，通常情况下施工道路应采用钢筋混凝土路面结构。对于临时性使用且使用频率不高的施工道路，可采用铺设路基箱作为路面结构。对于连接基坑内外的栈桥道路和坑内土坡道路，应具有足够的稳定性，坑内土坡和斜向设置的栈桥道路坡度一般不大于1∶8，并应具有相应的防滑措施。施工平台应具有足够的承载能力和稳定性，并满足相应的作业要求。

6.7.1 施工道路

　　1. 坑外道路的设置

　　坑外道路的设置一般沿基坑四周布置，其宽度应满足机械行走和作业要求。在条件允许的情况下，坑外道路应尽量采用环形布置。对于设置坑内栈桥道路、坑边栈桥平台的基坑，坑外道路的设置还应与栈桥道路、栈桥平台相连接。

　　2. 坑内土坡道路的设置

　　坑内土坡道路的宽度应能满足机械行走要求。由于坑内土坡道路行走频繁，土坡易受扰动，通常情况下土坡应进行必要的加固，如图6.7.1-1所示。土坡面层加强可采用浇筑钢筋混凝土和铺设路基箱等方法；土坡侧面加强可采用护坡、降水疏干固结土体等方法；土坡土体加固可采用高压旋喷、压密注浆等方法。

(a)　　　　　　　　　　　　　(b)

图 6.7.1-1　坑内土坡道路

　　3. 坑内栈桥道路的设置

　　城市中心区域的基坑一般距离建筑红线较近，场内的交通组织较为困难，需结合支撑形式、场内道路、施工工期等设置施工栈桥道路。坑内栈桥道路的宽度应满足机械行走和作业的要求。一般情况下第一道钢筋混凝土支撑及支撑下立柱经过加强后可兼作施工栈桥道路使用，如图6.7.1-2（a）所示。逆作法基坑施工一般以取土作业层作为栈桥道路使用，施工机械应严格按照栈桥道路荷载规定进行挖土作业。坑内栈桥道路也可利用支撑系统作为立柱和主梁，在梁上铺设路基箱，通过组合形成栈桥道路。坑内栈桥道路可作为土方装车挖掘机的作业平台，如图 6.7.1-2（*b*）所示。

（*a*）　　　　　　　　　　　（*b*）

图 6.7.1-2　坑内栈桥道路

6.7.2　挖土栈桥平台

1. 钢筋混凝土结构栈桥平台的设置

钢筋混凝土挖土栈桥平台的平面尺寸应能满足施工机械作业要求。钢筋混凝土挖土栈桥平台一般与钢筋混凝土支撑相结合，可设置在基坑边，也可设置在钢筋混凝土挖土栈桥道路边，如图 6.7.2-1 所示。

（*a*）　　　　　　　　　　　（*b*）

图 6.7.2-1　挖土栈桥平台

2. 钢结构挖土栈桥平台的设置

钢结构挖土栈桥平台一般由立柱、型钢梁、箱形板等组成，其平面尺寸应能满足施工机械作业要求。钢结构挖土栈桥平台一般设置在基坑边或坑内栈桥道路边。钢结构挖土栈桥平台具有可回收的优点。

3. 钢结构与钢筋混凝土结构组合式挖土栈桥平台的设置

钢结构与钢筋混凝土结构组合式挖土栈桥平台一般可采用钢立柱、钢筋混凝土梁和钢结构面板组合而成，也可采用钢立柱、型钢梁和钢筋混凝土板组合而成，组合式挖土栈桥平台在实际应用中可根据具体情况进行选择。

本章参考文献

［1］　国家标准. 建筑地基基础设计规范 GB50007—2009 [S]. 北京：中国建筑工业出版社，2009.

［2］　行业标准. 建筑基坑支护技术规程 JGJ120—2012 [S]. 北京：中国建筑工业出版社，2012.

［3］ 行业标准. 建筑施工土石方工程安全技术规范 JGJ180—2009 ［S］. 北京：中国建筑工业出版社，2009.

［4］ 刘国彬，王卫东主编. 基坑工程手册 ［M］. 第二版. 北京：中国建筑工业出版社，2009.

［5］ 中国土木工程学会土力学及岩土工程分会主编. 深基坑支护技术指南 ［M］. 北京：中国建筑工业出版社，2012.

［6］ 龚晓南，高有潮主编. 深基坑工程设计施工手册 ［M］. 北京：中国建筑工业出版社，2001.

7 特殊性土基坑工程

7.1 特殊性土物理力学性质

7.1.1 什么是特殊性土

特殊性土都有特殊性,例如:

膨胀土:膨胀土具有较高的亲水性,当失水时土体收缩,甚至干裂,遇水即膨胀。新开挖基坑,如果坡面不防护,干燥则出现土体剥落,下雨则出现表面滑塌,如果雨水进入到裂隙中,则会产生较大的膨胀。

冻胀土:受冻膨胀,产生冻胀力,当融化后强度降低。

软土:软土天然含水量高、孔隙比大、压缩性高、渗透系数小,具有触变性、流变性,特别是触变性,当软土受到振动后,土的连接结构破坏,强度降低,甚至变成稀释状态。

湿陷性黄土:当黄土的含水量低于塑限时,随含水量增加,土的内摩擦角和内聚力都降低较多,在浸水湿陷过程中,土的抗剪强度降低最多。

红黏土:红黏土具有裂隙性和胀缩性,在干燥气候下,新开挖面裂隙发生和发展速度极快,数日内便可被收缩裂隙切割得支离破碎,使地面水侵入,水侵入造成土的抗剪强度降低,常造成边坡滑坡和基坑破坏。有些地区如贵阳、遵义、铜仁,红黏土胀缩性大。

盐渍土:其物理力学性质受水影响巨大。

特殊地质条件:存在潜在滑移结构面等。

7.1.2 特殊性土的特性

对特殊性土,由于其物理力学性质会因条件改变发生很大变化,很难掌控,是基坑工程勘察、设计的难点,也是与一般基坑工程的不同之处。设计有时冒进,工程失败;有时保守,造成很大浪费。勘察、设计能否客观准确地反映实际情况、预测发展?基坑工程施工过程和维护使用阶段如何保持环境条件在设计预计范围之内?能否加强监测、及时发现问题、及时解决问题?这些是工程成败的关键。

本章讨论的特殊性土包括膨胀土、冻胀土、软土等,其中湿陷性黄土场地和具有湿陷性的盐渍土场地上的基坑工程,除符合本规程外,尚应符合《湿陷性黄土地区建筑基坑工程安全技术规程》JGJ167的相关规定。

膨胀土、湿陷性黄土、盐渍土、红黏土等浸水后物理力学性质发生很大改变,是引起工程事故的重要原因，土的冻胀也与水密切相关，所以对特殊性土基坑工程要求做好地面排水和基坑侧壁，防止雨水冲刷。

因为特殊性土物理力学性质可能发生很大改变，具有较大的不确定性，所以特殊性土基坑工程应加强监测，按信息法要求进行施工和使用。

7.2 膨胀土

7.2.1 膨胀力

膨胀土膨胀力的大小与其矿物成分、含水量变化、黏粒含量、孔隙比等有关，应按照工况条件结合地区经验确定。我国有关地区膨胀土的物理力学性质指标见表7.2.1-1，供参考。

膨胀土的物理力学性质指标　　　　　　　　表 7.2.1-1

地　区	天然含水量 w（%）	重度 γ（kN/m²）	孔隙比 e	液限（%）	塑性指数 Ip	液性指数 I	黏粒含量 Z（%）	自由膨胀率 F（%）	膨胀率（%）	膨胀力（kPa）	线缩率（%）
云南鸡街	24	20.2	0.68	50	25	<0	48	79	5.01	103	2.97
广西宁明	27.4	19.3	0.79	55	28.9	0.07	53	68	—	175	6.44
广西田阳	21.5	20.2	0.64	47.5	23.9	0.09	45	—	—	98	2.73
云南蒙自	39.4	17.8	1.15	73	34	0.03	42	81	9.55	50	8.20
云南文山	37.3	17.7	1.13	57	27	0.29	45	52	—	62	9.50
云南建水	32.5	18.3	0.99	69	29	0.06	50	52	—	40	7.0
河北邯郸	23.0	20.0	0.67	50.8	26.7	0.05	31	80	3.01	56	4.48
河南平顶山	20.3	20.3	0.61	50.0	26.4	<0	30	62	—	137	—
湖北襄樊	22.4	20.0	0.65	55.2	24.3	<0	32	112	—	30	—
山东临沂	34.8	18.2	1.05	55.2	29.2	0.33	—	61	—	7	—
广西南宁伞厂	35.0	18.6	0.98	62.2	33.2	0.15	61	56	2.6	34	3.8
安徽合肥工大	23.4	20.1	0.68	46.5	23.2	0.09	30	64	—	59	—
江苏六合马集	22	20.6	0.62	41.3	19.8	0.05	—	56	—	85	—
江苏南京卫岗	21.7	20.4	0.63	42.4	21.2	0.07	24.5	—	—	—	—
四川成都川师	21.8	20.2	0.64	43.8	22.2	0.05	40	61	2.19	33	3.5
四川成都龙潭寺	23.3	19.9	0.61	42.8	20.9	0.01	38	90	—	39	5.9
湖北枝江	22.0	20.1	0.66	44.8	2.05	0.03	31	51	—	94	—
湖北荆门	17.9	20.7	0.56	43.9	24.2	0.02	30	64	—	56	2.14
湖北郧县	20.6	20.1	0.63	47.4	22.3	<0	—	538	4.43	26	4.31
陕西安康	20.4	20.2	0.62	50.8	20.3	0	25.8	57	2.07	37	3.47
陕西汉中	22.2	20.1	0.68	42.8	21.3	0.10	24.3	5	1.66	27	5.8
山东泰安	22.3	19.6	0.71	40.2	20.2	0.12	—	65	0.09	14	—
广西金光农场	40	17.8	1.15	80	14	0.02	63	30	0.65	10	3.5
广西桂林奇峰镇	37	18.2	1.13	79	18	<0	—	24	—	47	2.4
贵州贵阳	52.7	16.8	1.57	90	4.5	0.13	54.5	33.3	0.67	14.7	9.38

续表

地　　区	天然含水量 w（％）	重度 γ（kN/m²）	孔隙比 e	液限（％）	塑性指数 Ip	液性指数 I	黏粒含量 Z（％）	自由膨胀率 F（％）	膨胀率（％）	膨胀力（kPa）	线缩率（％）
广西武宣	36	18.3	0.99	68	26	<0	—	25	0.42	—	—
广西来宾市	29	18.5	0.89	58	30	0.04	30	44	—	9	1.5
广西贵县	32	19.2	0.91	67	25	<0	67	50	—	43	1.3
广西武鸣	27	18.5	0.90	72	15	<0	42	46	—	190	1.5
山东泗水泉林	32.5	18.4	0.98	60	32	0.18	—	—	—	—	1.7

注：本表所列数值均为平均值。

7.2.2　设计原则

由于膨胀土的膨胀力较大，一般大于按朗肯理论计算的主动土压力或静止土压力，所以当遇到膨胀土时，一是设计必须考虑，二是采取措施，减少环境对膨胀土的影响，控制膨胀力。

7.2.3　设计注意事项

当地层中存在连通性较好的缓倾坡角薄弱结构面时，应分析开挖期间可能的失稳区域和滑坡规模，可按边坡抗滑计算；具有胀缩裂缝和地裂缝的，应进行沿裂缝滑动的验算。

7.2.4　地区经验

国内一些省市按地区经验结合工况条件对膨胀土、湿陷性黄土强度指标进行折减，折减系数如下，仅供参考。

膨胀土：合肥规定折减系数 0.85；
　　　　河南常用折减系数 0.6～0.7；
　　　　成都有研究建议：0.4。
湿陷性黄土：河南折减系数 0.6～0.65；
　　　　　　西安（何守业）0.43～0.83；
　　　　　　黄河冲击粉土、粉质黏土（郑州、济南）0.75～0.85。

7.2.5　对膨胀土的控制措施

膨胀土长时间暴露失水会干缩、干裂，形成裂缝，遇水又会沿裂缝渗入产生膨胀，因此要求：①开挖后及时封闭，避免长时间暴露，防止土体失水开裂；②做好地面防水和地裂缝封闭；③施工尽量采用干作业；④基坑侧壁要防止雨水冲刷，临时防护可采用防雨布临时覆盖；⑤基坑开挖到底后，迅速施工垫层。

7.2.6 基坑开挖

为了减少开挖影响，对膨胀土基坑开挖的要求是：

(1) 开挖过程中，应采取有效防护措施减少大气环境的影响，分层、分段开挖，一次工作面开展不宜过大，分段长度宜为15～30m。

(2) 土方开挖按照从上到下分层分段依次进行，开挖与坡面防护分级跟进作业，本级边坡开挖完成后，及时进行边坡防护处理，在上一级边坡处理完成之前，禁止下一级边坡开挖。

(3) 土方开挖应按设计开挖轮廓线预留保护层，保护层厚度应根据不同基坑段的地质条件确定，弱膨胀土预留保护层厚度不小于300mm，中强膨胀土预留保护层厚度不小于500mm，对于中强膨胀土，在基坑设计开挖断面轮廓的坡脚处宜预留土墩。

(4) 在分级开挖过程中，应减少地表水和地下水对开挖施工的影响。

(5) 施工过程中，遇不慎雨淋、泡水、失水干裂等情况，应及时处理。

(6) 由于膨胀土与非膨胀土土压力差异大，如果实际情况与勘察报告不符，应及时对支护设计作出调整。开挖过程中，应对开挖揭露的地层情况、岩性、地下水、膨胀性等情况进行记录，检查其是否与报告相符。

7.3 受冻融影响的基坑工程

7.3.1 冻胀力和其影响因素

冻胀是由于土体中原含水分和迁移而来的水分冻结而引起的土体积的局部增大现象。当土受冻结冰后，冰块周围未冻结水含盐离子浓度升高，土中自来水和薄膜水在电渗透压力作用下从低离子浓度向高离子浓度迁移，从而使水在结冰的附近聚积。另外，孔隙水的毛细管压力及水汽运动也在促使水分迁移。当热平衡打破后会继续结冰形成层状、网状冰夹层（快速冻结也可形成较均匀的整体构造）。土冻结时由于水分向冻结峰面迁移，可使土体积增大百分之几十甚至百分之几百。

水结冰时，如果允许其体积自由膨胀，则不会产生冻膨胀力，如果限制其变形，则产生冻胀力。冻胀力大小与冻结温度、温度变化梯度、土体性质（化学成分、含盐量、比表面积等）、含水量、水的补给条件、压力、变形约束条件等因素有关。冻胀力的确定是非常复杂的问题，水冻结时，在完全不能膨胀的条件下，出现最大压力值，根据物理学资料，当温度在−22℃时，该压力最大值达到211.5MPa，表7.3.1-1所示是 B•O•奥尔洛夫测量基础底面以下土冻结时法向冻胀力的一组试验结果。

图7.3.1-1所示是黑龙江水利科学研究所对挡土墙所测的冻胀力试验结果。《冻土地区建筑地基基础设计规范》JGJ118-2011第8.2.11条规定：作用于挡土墙墙背的水平冻胀力大小和分布应由现场试验确定。在不能进行试验时，最大水平冻胀力见表7.3.1-2确定。

B·O·奥尔洛夫测量基础法向冻胀力的一组试验结果　　　　表 7.3.1-1

试验基础的位置	测力计底盘埋深（m）	测力计底盘下冻土层厚度（m）	冻土层温度（℃）	测力计下土的冻胀速度（mm/昼夜）	测力计底盘下法向冻胀力（σ_{II}，kg/cm²）
季节冻层与多年冻土层衔接	0.62	16	−0.4	—	1.7
		20	−0.3	1.38	2.8
		24	−0.7	1.38	6.0
		30	−1.4	1.07	20.5
		35	−3.0	0.92	35.2
		61	−4.8	0.63	56.0
季节冻层与埋深4.5m的多年冻土层不衔接	1.09	18	−0.9	0.95	1.6
		33	−1.4	1.36	5.1
		41	−2.4	1.35	9.5
		51	−4.4	1.22	31.0
		60	−4.7	1.12	38.0
		67	−4.9	0.96	47.0
	1.65	21	−0.8	0.60	0.4
		34	−1.8	0.57	1.5
		41	−2.0	0.50	2.6
		51	−2.3	0.47	5.2
		60	−2.5	0.42	10.3
		70	−2.4	0.39	13.0
		82	−2.7	0.35	15.6
		92	−3.2	0.31	19.1

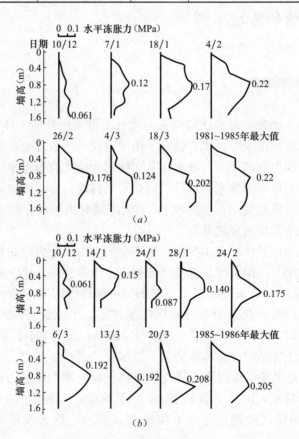

图 7.3.1-1　黑龙江水利科学研究所对挡土墙所测的冻胀力试验结果

表 7.3.1-2

水平冻胀力标准值表

冻胀等级	不冻胀	弱冻胀	冻胀	强冻胀	特强冻胀
冻胀率 η（%）	$\eta<1$	$1<\eta<3.5$	$3.5<\eta<6$	$6<\eta<12$	$\eta>12$
水平冻胀力（kPa）	<15	15~70	70~120	120~200	>200

　　尽管《冻土地区建筑地基基础设计规范》JGJ118—2011 和《水工建筑物抗冰冻设计规范》SL211 中对挡土墙后水平冻胀力和分布给出了参考值，但其冻胀条件和受力状况与基坑工程明显不同，挡土墙研究的多是重力式挡土墙，墙体厚、刚度大，冻胀时挡土墙顶部在冻胀力作用下容易产生裂缝，且挡土墙下部较厚，土不容易冻结，当墙厚超过冻胀线（对墙体材料而言）时，深部并不产生冻胀。基坑工程则明显不同，深度大，临空面积大，受冻主要是基坑侧壁，且水的补给条件既不同于地基冻土，也不同于挡土墙。目前，仅有的几个基坑工程实测实例，数据差异很大，可靠性低，因此，对基坑冻胀力的计算，目前还处在探索的积累资料阶段，况且冻胀力是与土质、冻结温度、支护形式、变形条件等多因素有关，十分复杂。现在还不能给出冻胀力的计算模式，需各地不断积累地区经验。

7.3.2　冻胀和融化对支护结构的影响过程

　　在寒季初期，当气温降到低于零度后，随气温下降，土体温度下降，土体产生体积收缩，支护结构位移维持不变，也可能位移减小，此时冻胀尚未出现。随温度降低，冻胀力产生，并随着冻深的增加，水分的迁移，冻胀变形不断增大，冻胀力也不断增大。当热平衡和水分迁移基本达到平衡后，冻胀力基本稳定，变形也趋于稳定（但排桩支护结构，桩间冻土可能产生蠕变，冻胀变形可能继续扩大，有些粉质黏土桩间土胀出量达几十厘米，甚至超过桩间净距）（图 7.3.2-1）。

（a）　　　　　　　　　　　　　（b）

图 7.3.2-1　桩间土冻胀挤出

　　春季来临，气温回升，冻土逐渐融化，冻胀力逐渐减小和消失。随着融化深度的加大，有些层状水的融化会使土体结构变松散，土质疏松，土体强度降低，融化土层沉陷以及桩间土坍方，锚杆应力松弛或内撑力降低，容易造成邻近地下管线变形过大，甚至破坏。所以，对变形有严格要求的工程，应加强监测，如锚杆应力松弛过大，应重新张拉锚杆，控制变形。

　　经冻融循环后的土体与未冻胀前相比，其抗剪强度降低，铁道科学院西北分院对风火山冻土站细颗粒填土的冻融带土的试验表明：冻融后土的内摩擦角较冻胀前减少约 $10°$。

7.3.3　考虑冻胀力的设计计算

冻胀力和土压力应分别计算，冻胀力不与土压力叠加，这是因为随土体冻结土体失去了散粒体的特性，强度变得很高。土体产生冻胀作用时，对前面支护结构产生压力，同时又对后部未冻土产生等值反向的压力，这个压力起到平衡土压力的作用。因此，从理论上分析，基坑工程的冻胀力最大值不会超过被动土压力值。天气转暖后，随冻土融化冻胀力逐渐消失，逐渐变成土压力起作用（图 7.3.3-1、图 7.3.3-2）。

图 7.3.3-1　冻胀造成锚杆拉断与基坑垮塌　　　　图 7.3.3-2　由于水分迁移形成的冰土互层结构冻土

7.3.4　强冻胀、特强冻胀的应对措施

尽管冻胀力不容易确定，但冻胀发生时其冻胀力肯定大于原来的土压力，由上面的分析可以看出冻胀力一般远大于土的侧压力，特别是特强冻胀土、强冻胀土和冻胀土，由于冻胀力很大，设计采用硬抗造价太高，显然不经济。采用保温措施防止冻胀发生应是首先要考虑的选择，特别是冬期施工的宜搭设暖棚，冬期不施工的，可采取覆盖保温或局部搭设暖棚。

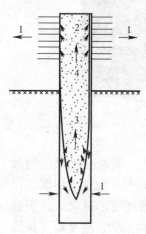

图 7.3.4　热桩工作示意图

1—热流；2—冷凝；
3—蒸发；4—上升气流

也可以考虑采用热棒或热桩防冻，热棒工作原理见图 7.3.4，它是利用深部地温通过低气化点的液体来完成自动热交换。但热棒较贵，基坑工程属于临时工程，一般不会采用。

7.3.5　一般冻胀、弱冻胀的应对措施

（1）由于基坑冻胀力受变形约束影响大，变形控制越小，则冻胀力越大；反之变形越大，则冻胀力会越小，因此，在环境条件许可的前提下，可通过放宽变形控制标准来降低冻胀力。由于锚杆具有一定的伸缩变形能力，可通过降低锚杆张拉力值、加长锚杆等措施，来增加锚杆和基坑的位移。但最主要的是增加锚杆断面积，来增加杆材的抗拉能力，保证在冻胀力作用下锚杆不被拉断。锚杆抗拉能力取决于三个能力：杆材抗拉能力、杆材与锚固体的粘结强度、锚固体与土体之间的剪切强度，一般锚杆拉力

取决于后者。增大杆材断面就是要保证宁可锚杆被拉出，也不能拉断。土层锚杆由于锚固段较长，锚固段会从前往后逐渐达到屈服，因此对变形适应能力较强，只要锚杆不被拉断，锚杆便不会失效。

（2）对基坑侧壁覆盖保温，减少温度变化，降低冻胀深度和冻胀力。覆盖保温同裸露相比，冻胀影响显著减低，排桩支护结构的桩间土胀出量会显著减少。

（3）提高降水质量是减少冻胀的重要保障：冻胀作用与水密切相关，如果降水工作做得好，包括上层滞水都能很好地疏干，就会大大降低冻胀影响。在沈阳以砂类土、碎石类土为主的地层（大部分为不冻胀土，也存在部分细砂和粉质黏土），降水效果好的场地，冻胀影响很轻微，几乎没有反应。降水效果不好的场地则会出现冻胀，基坑侧壁渗水会结出大体积的冰柱和冰块。

（4）当环境对变形要求严格时，宜采用内支撑和逆作业施工法。内支撑和逆作法可以提供较大的抗力，而且便于覆盖和保温。

（5）加强对桩间土的保护，如果排桩支护结构采用喷射混凝土保护桩间土，应在桩上植钢筋、挂网再喷射混凝土。

7.4　软土基坑工程

7.4.1　振动影响

饱和软土具有触变性和流变性，当饱和软土受振动影响后，土的连接结构破坏，强度降低，甚至变成稀释状态。

在高灵敏度软土中开挖基坑时，振动控制是基坑安全最主要的环节，但位于交通干道的基坑工程，对振动源控制比较困难，因此，应对土的抗剪强度指标进行折减，采用对土层扰动较小的施工工艺和工法，并且控制施工速度和顺序（如间隔跳跃施工），来减少对土体的扰动。

7.4.2　软土参数取值

对饱和软土《建筑地基基础设计规范》GB20010 第 9.16 条规定：

（1）对淤泥及淤泥质土，应采用三轴不固结排水抗剪强度指标；

（2）对正常固结的饱和黏性土应采用在土的有效自重应力下预固结构的三轴不固结不排水抗剪强度指标；当施工挖土速度较慢，排水条件好，土体有条件固结时，可采用三轴固结不排水抗剪强度指标。

很多勘察报告只给直剪固结快剪强度指标，土压力计算结果相差较大，以同一个场地的同一层粉质黏土为例，三轴不固结不排水剪等于 5°；直剪固结快剪等于 13°，计算出的土压力相差较大。

7.4.3　变形控制

软土降水容易引起土体固结沉降，引起周边建（构）筑物沉降，控制变形难度大，所以应优先考虑设置截水帷幕，最好是支护结构和截水帷幕合一的地下连续墙、型钢水泥土墙（TRD 工法、SMW 工法）或排桩加旋喷桩、排桩加搅拌桩、咬合桩。

7.4.4　施工影响

软土基坑围护结构施工，应采取合适的施工方法，减少对软土的扰动，控制地层位移和对周边环境的影响。

在饱和软土中采用打入式预制桩或静压桩作护坡桩，虽然施工速度快，但由于土体难以压缩，孔隙水压力来不及消散，产生挤土效应，对邻近管线形成挤压，同时挤土增加了土体应力，迅速开挖后，由于没有考虑挤土产生的附加压力而造成破坏。这样的工程实例很多。

7.4.5　地基加固

软土基坑工程，控制变形难度大，基坑临近建（构）筑物时，常采用地基加固，开挖前应在勘察和实地调查的基础上确定土体加固项目、方法和要求，以控制由围护结构施工所引起的地层位移对周边环境产生的影响。

加固的主要项目包括：①被保护建（构）筑物基础托换或地基加固；②被动土压力区加固；③为槽壁稳定而在槽壁两侧进行的土体加固；④桩间土加固。土体加固方法可采用水泥搅拌桩、旋喷注浆、振冲碎石桩以及静压注浆等。

本章参考文献

[1]　工程地质手册［M］. 第三版. 北京：中国建筑工业出版社，1992.

[2]　行业标准. 冻土地区建筑地基基础设计规范 JGJ118—2011［S］. 北京：中国建筑工业出版社，2011.

[3]　（苏）H·A·崔托维奇著. 冻土力学［M］. 张长庆，朱元林，译. 北京：科学出版社，1985.

[4]　国家标准. 冻土工程地质勘察规范 GB50324—2001［S］. 北京：中国计划出版社，2001.

8 检查与监测

8.1 一般规定

基坑工程存在较多的不确定性因素，随着基坑施工的进行，问题逐步出现，不确定因素也逐渐减少，如能及时发现问题，提出解决方法，完善原设计和施工方案，基坑工程往往可以成功地完成；反之，没有及时发现问题，或已经有问题了，但没有正确对待，很有可能产生工程事故。施工过程中做好检查和监测工作，能及早发现问题，意义重大。

8.1.1 基坑工程的不确定因素

基坑工程涉及的不确定因素包括客观因素和主观因素两方面。客观因素主要包括水文地质、环境、气象等，它本身是客观存在的，不因人的意志而改变，由于认知能力的有限，需要在实践中不断地摸索、研究；主观因素主要是人为因素，工程中常见的影响基坑安全的人为因素包括：

1）由于设计人员的错误、疏忽、沟通协调不够等原因，设计质量不能满足工程要求，如计算开挖深度有误、围护桩进入主体结构范围、周边浅基础建筑物的超载在计算中没有考虑等。

2）施工人员缺乏安全意识，不按设计工况进行施工，常见问题包括：

（1）土方开挖随心所欲，不注意时空效应的把握；

（2）围护结构强度未达到设计要求时就进行下一阶段的土方开挖；

（3）超挖，未撑先挖；

（4）降水未到位的情况下就进行土方开挖；

（5）未达到规定条件时就停止降水工作。

3）管理人员工作不到位，围护体施工不注意过程质量控制和监督，致使开挖后出现露筋、渗漏水、因围护体和地基加固质量问题而导致的过大变形等。

4）监测数据没有反映基坑的实际状况，对安全隐患没有及时发现和报警。

8.1.2 基坑施工的全过程检查

检查应贯穿基坑施工的全过程，包括原材料的质量检查、围护结构施工、降水、土方开挖、基础施工、拆撑和回填土。对某一特定的工程，根据其采取的围护形式确定检查的工作内容和实施方案。以某一两层地下室基坑为例，该项目采用钻孔灌注桩结合两道钢筋混凝土内支撑挡土、水泥搅拌桩止水、坑底被动区采用水泥搅拌桩加固、坑内采用自流深井降水的围护方案。检查的主要内容如下：

（1）围护桩施工前，检查成桩机械的性能、原材料质量、施工场地三通一平、四周围挡等。

（2）围护桩施工过程中检查施工工艺、施工参数；环境条件复杂时，检查周边环境的监测设施是否到位。

（3）土方开挖前，检查围护体、地基加固体等的强度及质量是否满足要求，坑内降水井的降水效果及水位、监测设施是否到位，场地布置情况是否与施工方案一致。

（4）挖土至第一道支撑时，检查该工况的开挖深度，整个开挖过程中检查围护桩的表观质量、坑内水位和基坑渗漏水的情况。

（5）混凝土支撑施工过程及结束后，检查支撑的钢筋绑扎质量、平整度、试块强度等。

（6）挖土至第二道支撑时，检查该工况的开挖深度及支撑施工质量。

（7）挖土至坑底时，检查边坡及坑底修整、基底暴露时间或垫层浇筑的及时性。

（8）拆除支撑前，检查结构混凝土强度和传力带是否按设计要求完成。

（9）回填土施工前检查回填料及回填条件。

（10）降水井封堵前检查地下室抗浮条件和施工条件。

8.1.3　基坑工程的监测

尽管基坑工程存在诸多不确定因素，监测工作仍然可以及时发现基坑的安全隐患。基坑施工过程中，及时分析汇总监测数据，与设计提供的分析数据作对比，评估基坑的安全状态，完善和调整下一阶段的施工计划。在遇到台风、暴雨等恶劣天气时，基坑安全面临重大考验，应保持监测工作的持续性，确保基坑的安全状况在掌控之中。施工现场应创造安全、便捷的监测条件，确保监测工作的正常进行。监测工作主要由第三方专业单位进行，但施工方应根据基坑及环境特点进行施工监测，其主要目的如下：

（1）施工监测结果可与专业监测结果相互验证，提高监测数据的可靠性；

（2）施工监测结合基坑施工方案进行，监测内容、数量、频率和方法等可灵活设置，更具针对性和指导性；

（3）对专业监测的补充和细化。

8.2　检查

8.2.1　基坑工程施工检查内容

基坑工程施工检查主要包括原材料质量、围护结构施工质量、现场施工场地布置、土方开挖及地下结构施工工况、降排水质量、回填土质量等，采用的基坑支护形式不同，检查的具体内容及侧重点也有所差别。但总体上检查可分为三个阶段：围护体施工阶段、土方开挖阶段和基坑使用阶段。

8.2.2 围护体系施工检查

围护体施工阶段主要检查围护墙（包括钻孔灌注桩、地下连续墙或型钢水泥土搅拌墙等）、截水帷幕、地基加固和降水井等的原材料质量、施工机械、施工工艺、施工参数等，旨在通过施工过程的检查，保证围护措施的可靠性。这个阶段的检查和质量控制非常重要，如果围护体施工存在质量问题，接下来的土方开挖及地下结构施工阶段可能出现险情，采取补救措施往往较为被动，费时、费财、费力。下面简述常用的各种围护体检查要点：

1）钻孔灌注桩。主要检查内容包括：

（1）成桩机械及工艺是否与地层适应；

（2）泥浆配比及各项技术指标；

（3）钢筋笼的加工质量；

（4）成孔深度及钢筋笼的就位情况；

（5）混凝土浇筑情况及力学性能。

2）地下连续墙。主要检查内容包括：

（1）成槽机械及工艺是否与地层适应；

（2）泥浆配比及各项技术指标；

（3）钢筋笼的加工质量、预埋筋及测试设备的埋设情况；

（4）成墙深度及钢筋笼的就位情况；

（5）成槽施工的环境影响；

（6）混凝土浇筑情况及力学性能。

3）型钢水泥土搅拌墙。主要检查内容包括：

（1）施工机械及工艺是否与地层适应；

（2）水泥浆配比及各项技术指标；

（3）型钢规格、接头位置及质量；

（4）搅拌深度及型钢就位情况；

（5）水泥土力学性能及截水效果。

4）咬合桩。主要检查内容包括：

（1）施工机械及工艺是否与地层适应；

（2）钢筋混凝土桩和素混凝土桩的混凝土配比及各项技术指标；

（3）成桩次序及相邻桩的成桩间隔时间；

（4）钢筋笼加工及就位情况；

（5）混凝土力学性能及截水效果。

5）水泥搅拌桩、高压旋喷桩（截水帷幕或地基加固）。主要检查内容包括：

（1）施工机械及工艺是否与地层适应；

（2）水泥及外加剂掺量；

（3）成桩标高控制；

（4）桩平面定位、搭接情况；

（5）水泥土的力学性能，以及截水效果（有要求时）。

6）降水井。主要检查内容包括：

（1）成孔、成井工艺是否与地层适应；

（2）深井构造（包括滤网、滤料设置等）；

（3）成井标高控制；

（4）成井数量；

（5）降水效果。

7）竖向立柱。主要检查内容包括：

（1）钢立柱的加工质量、接头及错开情况；

（2）立柱支承桩的成桩工艺、平面定位；

（3）成桩标高及立柱顶标高。

8.2.3　土方开挖检查

土方开挖阶段主要检查各个工况的基坑开挖深度、支撑或锚杆设置、土钉墙施工、土方开挖分层分块情况、降水深度、暴露的围护墙质量及渗漏水情况等，具体如下。

1. 混凝土支撑

主要检查内容包括：

（1）竖向立柱的平面定位偏差、倾斜情况；

（2）支撑底部的土体状况、垫层质量及效果；

（3）钢筋笼绑扎、钢筋锚固情况；

（4）混凝土浇筑、施工缝留设情况；

（5）支撑以下土方开挖前，支撑底部混凝土垫层或模板的脱开、拆除状况；

（6）支撑截面、混凝土质量及使用阶段的开裂、变形状况。

2. 钢支撑

主要检查内容包括：

（1）竖向立柱的平面定位偏差、倾斜情况；

（2）支撑下部的土体状况；

（3）钢支撑连接节点、预应力施加情况；

（4）钢支撑设置的及时性；

（5）使用阶段的变形、挠曲和节点损坏情况。

3. 锚杆

主要检查内容包括：

（1）成锚工艺与地层的适应情况；

（2）注浆工艺及注浆量；

（3）预应力施加及端部锚固节点、与腰梁的连接构造；

（4）锚固体强度；

（5）使用阶段的变形和节点损坏情况。

4. 土钉墙

主要检查内容包括：

（1）土钉施工工艺与地层的适应情况；

（2）注浆工艺及注浆量；

（3）喷射混凝土面层的厚度、钢筋网片、与土钉的连接构造等情况；

（4）锚固体、喷射混凝土面层强度；

（5）使用阶段土钉墙的状况。

5. 土方开挖

主要检查内容包括：

（1）每个工况土方开挖深度及底部标高控制情况，有无超挖；

（2）土方开挖过程分层、分块情况，临时边坡的坡率、高差及稳定状况；

（3）对工程桩、立柱、塔式起重机基础、支撑等的保护情况；

（4）坑内运土坡道的设置情况、安全状况；

（5）坑内机械作业点的地基扰动状况及措施；

（6）坑中坑支护的设计条件是否满足；

（7）坑底修整是否满足设计要求；

（8）坑内外降排水设施；

（9）土方开挖过程中，地面超载、场地布置、施工道路、邻近工程施工等情况。

8.2.4 基坑使用阶段检查

基坑使用阶段主要检查拆撑前的换撑措施、回填土及降水井封堵等内容，具体如下：

1）换撑措施。主要检查内容包括：

（1）基础底板与围护墙之间的传力带，当基础底板设置后浇带时，影响传力的后浇带是否采取了临时传力措施；

（2）各层结构楼板与围护墙之间的传力带，影响传力的后浇带是否采取了临时传力措施；

（3）其他设计要求的换撑措施；

（4）基坑平面尺寸较大，采取分段流水施工时，支撑的拆除顺序、换撑条件是否满足设计和施工方案要求。

2）拆除支撑。主要检查内容包括：

（1）拆撑条件是否满足设计要求；

（2）拆撑前是否采取了对已完成主体结构的保护措施；

（3）拆撑方法、顺序及保留支撑体系的状况；

（4）建筑垃圾临时堆放状况、是否及时外运。

3）回填土。主要检查内容包括：

（1）填料、回填工艺及密实度；

（2）回填施工的条件是否满足。

4）降水井。主要检查内容包括：

（1）降水井封堵前地下室的抗浮条件、施工条件，特别是后浇带没有采取有效防水措施时；

（2）分批封井时，封井的实施步序；

（3）地下结构施工过程，减压井的工作性能及降水效果；

（4）减压井封堵时机是否满足设计要求；

（5）降水井的封堵方法及效果。

8.3 施工监测

8.3.1 基坑工程安全第三方监测

基坑工程安全监测应由建设单位委托具有相应资质的专业监测单位进行第三方监测。第三方监测单位在监测工作开始之前应编制监测方案。

监测方案内容应包括：监测项目、布点位置及数量、监测设备、监测精度及保障体系、安全预警指标、监测信息反馈及预警管理等内容。监测方案应经过建设单位同意，并报送基坑支护设计、施工、监理单位。详见本书附录B：某基坑工程施工信息化监测方案。

8.3.2 施工监测的内容

基坑施工单位与使用单位的施工监测的内容，主要包括环境监测和基坑本身监测两方面，与专业监测不同，施工监测采取的监测手段受施工单位本身能力的限制，一些监测数据的精度也不及专业监测，但其监测的结果较为直观，目的性很强，是专业监测的重要补充。

8.3.3 环境监测的内容

环境监测主要是监测基坑施工全过程周边建筑物、道路、管线以及其他地下设施的变形和受损情况，具体如下：

1）对建筑物，主要监测内容如下：

（1）通过巡视检查建筑物是否产生新的裂缝；

（2）通过设置灰饼、测量等手段检查既有裂缝的发展情况；

（3）通过直尺测量建筑物变形缝或防震缝的宽度及数据变化情况；

（4）必要时通过挖掘，检查建筑物外接管线（如自来水、煤气等）的破损情况。

2）对基坑影响范围内的地下管线，主要监测周边管线的运营状况，如水管有无漏水、煤气管有无漏气等，当基坑有突发情况时，加大检查密度，必要时请相关权属单位配合。

3）检查基坑地表及周边道路沉陷及开裂情况，测量裂缝与基坑侧壁的距离，通过设置灰饼、测量等手段检查既有裂缝的发展情况；对设置锚杆、土钉等的基坑围护结构，重点检查土钉和锚杆的端部有无裂缝产生及发展情况。

4）巡视邻近建设项目的施工状况，重点巡查邻近工程进行挤土型桩施工、基坑开挖、拆除支撑、重车在本项目基坑侧壁附近行驶、降水、基坑渗漏等情况。

5）听取周边民众意见，获取基坑施工的环境影响信息。

8.3.4　基坑支护体系施工监测

基坑本身的施工监测内容与采取的围护形式有关，具体如下：

1）支挡式结构。主要监测内容包括：

（1）冠梁沉降和水平变位，当基坑某侧的冠梁设计为直线时，可在施工过程中定期或需要时以两端为不动基点设置灰线（直线），观察前后灰线的变化，判断冠梁各部位的相对水平变位；

（2）围护墙和支撑的裂缝及发展情况；

（3）基坑侧壁渗水、流土情况；

（4）立柱变形、坑底隆起或涌土情况；

（5）巡查围护墙露筋、围护墙和支撑在土方开挖过程中的受损情况；

（6）采用逆作法时，已完成主体结构的裂缝及发展状况。

2）土钉墙。主要监测内容包括：

（1）喷射混凝土面层的开裂状况、面层与其后土体的脱开状况；

（2）土钉与喷射混凝土面层连接节点的状况；

（3）墙边的坑底隆起或涌土情况；

（4）土钉墙顶的水平变位及沉降。

3）重力式水泥土墙。主要监测内容包括：

（1）墙顶沉降、水平位移及发展情况；

（2）基坑侧壁搅拌桩的质量及水泥土的剥落情况。

8.3.5　土方开挖巡查要求

对各种围护形式，均应巡查坑内土方开挖的标高、分层、分段情况，监测临时支护结构（如木桩、钢板桩、砖胎膜等）的变形。

本章参考文献

[1]　国家标准. 建筑基坑工程监测技术规范 GB5047-2009［S］. 北京：中国计划出版社，2009.

9 使用与维护

9.1 概述

9.1.1 应重视基坑工程的使用与维护

基坑工程与地面建筑相比，具有以下特征：其一是临时性工程，基坑作为建筑或其他工程的下部结构施工先决条件，其结构设计按照临时工程，因此，其安全储备相对较小；其二是基坑工程施工及使用周期相对较长，从开挖到完成地面以下的全部隐蔽工程，往往会经历多次降雨以及周边堆载、振动、施工失当、监测与维护失控等诸多不利条件，其安全度的随机性变化较为复杂，事故的发生具有突发性；其三是基坑周边环境往往较为复杂，包括地上及地下的各类建（构）筑物或设施，如轨道交通设施、地下管线、隧道、天然地基民宅、大型建筑物等（图 9.1.1-1），一旦基坑出现事故，往往会导致周边设施发生严重的事故，而且，基坑事故发生后周边环境保护处理十分困难，因此，造成的经济损失和社会影响十分严重。

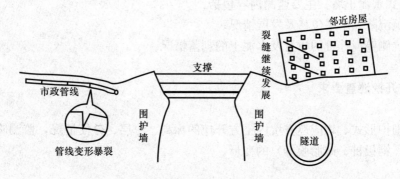

图 9.1.1-1　基坑周边邻近建（构）筑物及设施

长期以来，大家对基坑工程的施工质量、施工方法或工艺不当引发的环境变形问题等愈加重视，但对使用阶段的安全问题往往重视不够，大量的基坑工程事故都出现在使用阶段。由于深基坑的使用阶段较长，并且会受到外界环境施工和天气变化等因素的影响，因此，应特别重视使用期间基坑工程的安全和维护工作，一旦发现有事故隐患或征兆，应及时采取措施处理并控制，避免事故的发生、恶化或扩大。

9.1.2 基坑工程验收

在基坑工程投入使用前，应按规定程序和要求对各个施工阶段进行分步验收，基坑开挖完毕后，应组织验收，具体包括：基坑开挖深度、基坑围护结构状况、基坑周边地下水、基坑周边邻近环境等，判断上述因素是否符合设计条件要求，结合基坑开挖过程中的施工记录和现场变形观测，经验收确定基坑工程质量和安全合格后才能投入使用。

基坑工程分包单位对承建的项目进行检验时，总包单位应参加，检验合格后，分包单位应将工程的有关资料报总包单位，建设单位组织单位工程验收时，分包单位应参加验收，相关参建单位需明确各自的工程责任主体和安全管理职责，避免发生事故后出现互相推诿扯皮的现象。

9.1.3　基坑工程交接手续

施工中如基坑施工和基础施工分属不同施工单位，需要注意做好基坑使用移交手续，重视基坑工程的验收交接及基坑工程使用过程中的安全管理。

根据上海市及其他各地基坑施工管理流程，基坑工程施工单位在将工程移交下一道作业工序的接收单位时，应同时将相关的水文地质、工程地质、基坑支护、环境状况分析等安全技术资料和相关评估报告同时移交，并应办理移交手续；当基坑工程由不同施工单位参加施工时，应由建设单位或总承包单位组织移交会议，并编制相应的移交文件，移交文件的编制可参考表9.1.3-1。移交文件应有建设单位、设计单位、监测及监理单位、移交和接收单位等共同签章，以确保基坑施工责任的安全转移。同时，基坑工程使用单位应明确接手施工负责人和岗位职责，联系基坑设计、施工、使用和监测等相关单位，进行基坑安全使用与维护技术安全交底和培训，制订基坑工程安全使用的应急处置等处理程序，检查现场作业安全交底情况，并定期组织现场事故应急处置演练。

基坑使用前移交表　　　　　　　　　　　　　　　　表9.1.3-1

移交区域	基坑标高	移交条件	安全状况	移交时间	备注
区域Ⅰ		基坑标高与设计标高相差±50mm，基坑内积水清理干净	安全		
区域Ⅱ					
区域Ⅲ					
建设单位意见：				年　月　日	
设计单位意见：				年　月　日	
总包单位意见：				年　月　日	
监理单位意见：				年　月　日	
承包单位意见：				年　月　日	

基坑使用和维护中容易受到的主要影响因素包括：天气变化、外界环境、施工扰动和破坏等，其中，灾害性天气如暴雨及洪水等极易导致基坑工程发生事故，根据全国各地的基坑施工经验，建议对强降雨中及停雨后的基坑施工安全进行现场检查，检查的重点是基坑本身安全及周边建（构）筑物的安全状况，具体检查内容见表9.1.3-2。

基坑使用中降雨后的安全检查　　　　　　　　表 9.1.3-2

时　间	检查内容	检查方式
强降雨中	基坑内是否积水、基坑侧壁是否有大面积渗水	目视检查
停雨后 2～6h 内	内壁是否有严重的渗漏点，基坑围护结构是否有开裂等裂缝，周边在基坑开挖影响范围内（一般为 1.5～2.5 倍的开挖深度）是否有建（构）筑物发生开裂、倾斜或塌陷等损坏	安全巡查
停雨后 12～24h 内	建议对一级基坑尤其是周边环境有严格变形控制要求的基坑的围护结构变形和支撑内力进行量测，同时，注意地下水位的变化，对周边重要的建（构）筑物进行观测	工程测量

9.1.4　基坑使用现场调查与检查

基坑使用中现场调查与检查的内容包括：详细研究相关资料，当基坑工程地质勘察资料不完整或检测过程中发现其他工程地质问题时，应按深基坑工程勘察规定执行；对设计和施工、使用和维护、加固和处理等过程以及基坑的恒定荷载、活动荷载及偶然荷载作用和其他间接作用进行调查核实；对材料性能进行检测分析，当设计有要求且不怀疑材料性能有变化时，可采用设计值，当无资料或存在问题时，应按国家现行有关检测技术标准，进行现场取样或现场测试；对支护结构及构件进行检查，当有资料时，可进行现场抽样复核，当无资料或资料不完整时，应通过对支护结构的现场调查和分析，按国家现行有关检测技术标准，对重要和有代表性的支护结构和构件进行现场抽样检测，确有必要时，应全数检测；对附属工程进行检查和检测，重点检查基坑工程排水系统的设置和其使用功效，对其他影响安全的附属结构也应进行检查。通过实施上述检查，确保基坑使用满足安全要求。

9.1.5　支护结构的使用安全

基坑使用中还应确保基坑支护结构的安全，不得对基坑支护造成损坏。然而，现场施工中，往往在基础主体结构施工需进行吊装作业、周边注浆及振捣等大型机具施工时，由于机具的管理控制不当，可能会对基坑支护体系造成安全隐患，如吊装碰撞导致内支撑脱落，从而导致基坑发生严重的支撑体系破坏坍塌。国内曾有类似的基坑工程在基础施工中因吊装设备失控，吊装物体砸伤基坑支撑体系，引起内支撑整体性垮塌，最终导致发生严重的人员伤亡事故。另外，基坑现场基础施工中，如需要对支护结构的工作状态进行改变时，如拆除内支撑或调整围护结构受力状态，应及时报告建设单位，并请设计单位进行基坑施工安全复核，待确定符合安全要求后方可进行后续的施工。

9.2　基坑使用安全

9.2.1　基坑使用安全防护重点

1. 截断地表水渗入基坑

基坑使用安全防护的重点是截断使用中可能发生的地面雨水渗入，因此，为了保证基坑使用安全，如基坑使用时间较长、达 3 个月以上时，宜对基坑周围地面采取硬化处理，可采用 3～5cm 的素混凝土面层防护，如基坑面积小、使用周期短可采取铺设塑料布防护。另外，定期检查基坑周围原有的排水管、沟渠，确保不得有渗水漏水迹象。如地面发生了强降雨，则当地表水、雨水渗入土坡或挡土结构外侧土层时，应立即采取截、排等处置措施。基坑内发生积水时，应及时排出，基坑土方开挖或使用中，基坑边坡和坡顶如出现裂缝，应及时采用灌缝封闭处理，避免发生雨水渗入后导致发生开裂、大变形等破坏。

2. 设置安全警示牌和防护栏杆

（1）基坑使用中需要建立安全警示牌，常用的部分警示牌挂设见表 9.2.1-1。

基坑使用中的安全警示牌 表 9.2.1-1

序　号	安全警示牌	挂设位置
1	禁止外人入内	设在工地大门及基坑入口处
2	必须戴安全帽	设在进入工地的大、小门口
3	必须系安全带	挂在高空作业又没有可靠防护处
4	禁止通行	设在井架吊篮等吊装作业面下
5	安全通道	设在外架斜道上和主要通道口
6	禁止跨越	设在提升卷扬机地面钢丝绳旁
7	禁止攀登	设在井架上、脚手架上
8	注意安全	设在外脚手架上和高处作业处
9	当心机械伤人	设在机械作业场所
10	当心落物	设在地面外架周边区域内
11	当心坠落	设在高处作业的四口、五临边
12	当心滑跌	设在雨天易滑处
13	当心坍方	设在基坑临边

（2）配合基坑安全警示牌的设置，基坑使用中应在四周设置防水围挡和防护栏杆。防护栏杆埋设牢固，高度宜为 1.0～1.2m，并增加两道间距均分的水平栏杆，应挂密目网封闭，栏杆柱距不得大于 2.0m，距离坑边的水平距离不得小于 0.5m。

3. 基坑严禁超载使用

基坑使用中由于基础部分施工，可能导致基坑临边荷载发生变化，因此，应确保使用过程中严格按照设计要求执行，基坑周边使用荷载不得超过设计值。同时，基坑周边 1.5m 范围内不宜堆载，3m 以内限制堆载，坑边严禁重型车辆通行。当支护设计中已计入堆载和车辆运行时，基坑使用中严禁超载。

在城市等密集区内的基坑使用中，由于周边场地限制，有时需在基坑周边破裂面范围内建造临时设施，对此应进行严格限制或禁止。在满足设计条件规定的基坑设计荷载规定时，需对临时设施采用保护措施，应经施工负责人、工程项目总监批准后方可实施。

9.2.2　基坑使用的应急准备

我国东南部省份由于夏季降雨较多，因此，雨期施工时，基坑使用现场应备有防洪、防暴雨的排水措施及应急材料、设备，同时，设备的备用电源应处在良好的工作状态。针对大型基坑，一般现场需要配备的抢险应急物资包括：储备一定数量的钢筋、水泥、钢管、黄砂、草袋、编织袋、方木、钢支撑等材料及潜水泵、注浆泵等设备；配备担架、绷带等简单急救医疗设备；备有的起重机和类似设备均应装有超载报警装置；现场将办公区、生活区、仓库设置足够数量的灭火器材，并经消防部门的检查认可，同时经常抽查，保证性能完好。

参考国内外基坑使用安全控制要求，为了保证作业人员安全，应设置必要的紧急逃生通道，日本对基坑施工及使用中的要求是基坑每侧设置不少于 2 个逃生通道或爬梯，同时，现场施工人员进入基坑施工时需要进行专业测评和施工风险状况告知。结合我国基坑工程实践经验，要求一般基坑单侧侧壁宜设置不少于 1 个人员上下坡道或爬梯，设置间隔不宜超过 50m，且每个基坑总量不得少于 2 个，不应在基坑坑壁上进行掏坑攀登，同时，设置的坡道或爬梯不应影响或破坏基坑支护系统安全。

9.2.3 特殊性土基坑的使用安全

针对特殊性土如膨胀土基坑，在基坑工程使用中，如发现基坑周边地面产生裂缝，应对裂缝产生的原因进行分析，判断可能产生的影响，并应及时反馈给设计单位共同商议处理方案。膨胀土最大的特点是裂隙十分发育，使得土体呈现破碎结构状态，土体的整体性差，工程处理中尽量选择干法施工，避免土体与水接触发生，以防止地基土含水量变化导致发生破坏。

9.2.4 支撑系统的拆除安全

基坑使用中随着基础及下部结构的施工，会逐步拆除现有的支撑系统，一般的内支撑拆除方法如静爆、手动风镐、机动风镐、水钻等对既有基坑会产生一定的扰动，并可能对基坑的结构安全造成重大隐患，因此，应对基坑支撑系统拆除进行必要的保护，同时，拆除施工应符合本书第 4 章的规定。

9.3 维护安全

9.3.1 基坑使用单位应对基坑安全负责

基坑工程是大面积的挖土——卸荷的复杂力学过程，易引起周边环境的变化，特别是使用过程中各类雨水的渗入及周边的随意堆载、保护措施的设置及降水方案的合理性、监测工作质量的高低等，直接影响着施工使用中的基坑维护安全、周边建（构）筑物安全以及作业人员安全。所以，基坑工程的维护安全包括基坑本体的安全，同时，还包括周边建（构）筑物及环境保护安全，这不仅涉及勘察、设计、施工单位的责任，还涉及使用单位（下道工序的施工单位）、监测单位、监理单位、降排水施工与回填土施工等多家单位的施工质量及安全管理责任。基坑验收合格移交给使用单位后，基坑使用单位对基坑安全负责，基坑使用单位应维护基坑安全，避免造成各种损坏。使用单位应对后续施工中存在的影响基坑安全的行为及时采取措施，消除可能发生的安全隐患。

9.3.2 基坑安全巡查

实际工程施工中，为确保基坑使用安全，基坑使用单位宜每天早晚各 1 次进行巡查，重点检查基坑内壁、围护结构、邻近周边环境状况，确保基坑使用中的施工不会对其造成不良的影响。同时，如在雨期及灾害性天气如冰冻等，应及时增加巡查次数，并应做好安全记录。

安全巡查重点包括以下方面。

1. 交通等振动荷载

根据类似基坑工程施工经验，在基坑使用和维护期内，周边如发生较大的交通荷载（如单轴重超过 100kPa）或大于 35kPa 的连续振动荷载影响，上述外界环境影响会直接影响基坑边坡或内支撑体系的安全，甚至会导致发生严重的垮塌事故，因此，如现场施工中周边环境存在上述影响因素，应经设计单位评估其安全性。

2. 降排水作业

基坑使用中，如需要进行降水作业，降水期间应对抽水设备和运行状况进行维护检查，降水施工中每天检查不应少于 2 次，并应观测记录水泵的工作压力，真空泵、电动机、水泵温度，电流、电压、出水等情况，发现问题及时处理，使抽水设备和备用电源及设备始终处在正常运行状态。同时，对现场所有的井点要有明显的安全保护标识，避免发生井点破坏，影响降水效果。同时，注意保护井口，防止杂物掉入井内，检查排水管、沟，防止渗漏。同时，雨期应加强抽排水，防止地下车库底板隆起开裂。在我国的北方地区冬季降水，应做好防冻措施，避免发生冻胀破坏。

3. 支护结构的变形

基坑使用中一旦发现围护结构出现缺陷，如钢支撑发生偏心、松动、屈曲等变形（图 9.3.2-1），围护结构的沉降、位移，周边建（构）筑物的裂缝、倾斜等，可能直接影响基坑安全，应由基坑使用单位组织建设单位、设计单位、施工单位和监测单位等共同编制修复方案，并经评审后实施。

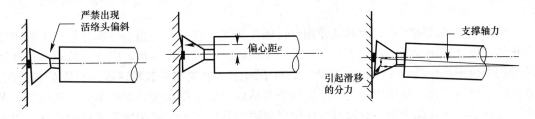

图 9.3.2-1　基坑使用中的钢支撑风险

9.3.3 基坑使用中的相互协调配合

基坑使用中除应符合自身的稳定性和承载力等安全要求之外，还应符合基坑周边环境对变形控制的要求，根据基坑周围环境的状况及保护要求，做好相互协调工作，采取相应的变形控制措施，避免发生相互影响。基坑侧壁与地面变形控制应按设计要求进行，当设计无具体要求时，宜根据基坑安全等级和对应条件参考表 9.3.3-1 和表 9.3.3-2 规定的限值控制。

基坑侧壁最大变形限值　　　　　　　　　　表 9.3.3-1

基坑安全等级	基坑侧壁水平位移	基坑支护结构沉降
一级	30mm 或 3‰H	10～20mm
二级	50mm 或 5‰H	20～50mm

基坑侧壁地面最大沉降限值　　　　　　　　　表 9.3.3-2

基坑安全等级	地面最大沉降量控制要求	对应条件
一级	1‰H	基坑周围 H 范围内设有地铁、共同沟、煤气管、大型压力总水管等重要建筑物及设施
二级	1.5‰H	距基坑周围 H 范围内设有重要干线水管，对沉降敏感的大型构筑物、建筑物

注：H 为基坑开挖深度。

9.3.4　基坑使用中的信息法施工

坑外地下管线沉降变形的产生原因比较复杂，影响范围可能较大，应综合采取处理措施。基坑使用中应采用信息法施工，施工中以数据分析、信息分析以及过程监测反馈设计为基础，实施必要的安全控制技术措施，同时，可结合现场情况和进展，适时调整和更新安全技术措施，如发现邻近建（构）筑物、管线出现受损时，可采取锚杆静压桩、树根桩、隔离桩及注浆加固保护等修复措施。在实施修复中，应注意加强对保护对象和基坑变形及轴力的安全监测。基坑邻近管线采用承插式接头的铸铁水管、钢筋混凝土水管两个接头之间的局部倾斜值不应大于 2.5‰；采用焊接接头的水管两个接头之间的局部倾斜值不应大于 6‰；采用焊接接头的煤气管两个接头之间的局部倾斜值不应大于 2‰，必要时可对邻近建（构）筑物及管线采取土体加固、结构托换、架空管线的防范措施。

9.3.5　对超使用期限的基坑应加固处理

考虑现场基坑施工中，因基坑使用单位施工周期比较长，且相当一部分基坑工程可能出现超过设计使用期限，基坑工程施工单位不可能全过程派员参加，因此，使用单位在后续使用中应严格按设计文件和施工验收资料中的注意事项和荷载规定等进行维护和使用。基坑使用超过了设计使用年限的，基坑安全评估应组织建设单位、设计单位、基坑施工单位、监测单位等共同参加。对超过设计使用年限的基坑工程，除按规定进行评估外，对需要进行加固的，应由原支护设计单位、施工单位对加固方案进行复核，并由建设单位或总包单位组织专家进行论证。

9.3.6　基坑回填

基坑使用结束阶段，支护结构的应力发生松弛，侧壁的稳定性较差，尤其在基坑使用后期，主体施工单位为了赶进度，在安全管理上容易产生麻痹，往往在主体封顶后才进行回填，大量事故案例表明人身伤亡多在此时发生，同时，由于现场作业面狭窄，事故抢救工作难以施展。主体结构工程施工至地面时，应对基槽按设计要求及时回填，回填材料和施工工序应按设计要求进行。另一方面，符合设计要求的回填材料质量也将影响主体结构质量，同时，对主体结构起到防护作用，尤其对防止地下水对地基的侵入及地基土的侧向位移变形至关重要（此原因诱发的高层建筑倾斜事故近几年屡见不鲜），这点也是与现行国家标准《建筑地基基础设计规范》GB50007—2011 和现行国家行业标准《建筑基桩技术规范》JGJ94—2008 等规定一致的。当回填质量可能影响坑外建筑物或管线沉降、裂缝等发展变化时，应采用砂、砂石料回填并注浆处理，必要时可采用低强度等级混凝土回填密实。

本章参考文献

[1]　地方标准. 上海市工程建设规范/基坑工程技术规范 [S]. 上海：上海市城乡建设与交通委员会，2010.

[2]　国家标准. 建筑地基基础设计规范 GB50007—2011 [S]. 北京：中国建筑工业出版社，2011.

[3]　行业标准. 建筑地基处理技术规范 JGJ79—2012 [S]. 北京：中国建筑工业出版社，2012.

[4]　行业标准. 既有建筑地基基础加固技术规范 JGJ123—2012 [S]. 北京：中国建筑工业出版社，2012.

[5]　行业标准. 建筑桩基技术规范 JGJ94—2008 [S]. 北京：中国建筑工业出版社，2012.

[6]　Finno R. J., Blackburn J. T., Roboski J. F. Three-Dimensional Effects for Supported Excavations in Clay [J]. Journal of Geotechnical and Geoenvironmental Engineering, 2007 (133)：30-36.

[7]　Lee F. -H., Yong K. -Y., Quan K. C., Chee K. -T. Effect of Corners in Strutted Excavations：Field Monitoring and Case Histories [J]. Journal of Geotechnical and Geoenvironmental Engineering, 1998 (124)：339-349.

[8]　Zdravkovic L., Potts D., St John H. Modelling of a 3D Excavation in Finite Element Analysis [J]. Geotechnique, 2005 (55)：497-513.

10 深基坑工程风险评估与控制

10.1 概述

近 10 年来，工程风险分析日益成为土木工程界关注的课题，在结构工程和岩土工程中，国内外一批学者开展了研究。土木工程师一直致力于基于性能的工程规范和标准的制定并加以普及，以提高设计和建造的土木工程安全水平。然后，由于工程本身、外界环境及市场等多种因素的影响和变化，土木工程不可避免地会面临诸多风险。1965 年美国学者 Casagrande 以"土工与地基工程中计算风险的作用"为题作"太沙基讲座"，揭开了工程风险分析的序幕。近 20 年来，围绕工程风险分析的学术活动十分活跃，已成为土木工程一个重要的研究方向。

10.1.1 深基坑工程风险分类

目前，深基坑工程风险研究可分为两类：

一是以工程风险分析理论为基础，研究深基坑工程风险分析与评估方法，侧重于深基坑工程风险管理基础理论研究，即从岩土力学角度和工程经济角度对基坑工程风险事故的失效概率和事故损失进行研究。

二是侧重于工程风险控制应用，结合深基坑工程现场施工管理、施工监控与安全控制，研究工程风险分析在现场中的应用，并建立相应的现场动态风险管理监控平台，通过实施全过程的动态风险控制，实现对深基坑工程安全风险的控制。

10.1.2 工程风险的定义与特征

1. 工程风险的定义

对于深基坑工程来说，其风险定义为：在深基坑与地下工程项目建设中，一些事件能否发生是不确定的，而一旦发生将给工程建设（业主、承包商、施工方等）和第三方的预期利益带来损害，人们所预期的这一类事件就是工程风险。风险是不利事件发生的可能性及其潜在的影响，它包括风险源和风险主体这两个基本要素。风险主体指的是风险的承受者，风险源是指在一定条件下可能引起对风险主体造成不利影响的不确定风险因素。

2. 工程风险的特征

深基坑工程风险具有以下基本特征：

（1）客观性。它的存在不以人的意志为转移，因为决定风险的许多因素是相对于风险主体而独立存在的，并在一定条件下促使风险从可能转变为现实；其次，风险的客观性还表现在存在于社会经济活动的每个角落，无法完全消除风险。

（2）不确定性。对于风险主体来说，风险发生的可能性及其不利影响表现为复杂的概率分布特征，使人们进行风险分析和预测有很大难度。

（3）不利性。风险发生后，会对风险主体产生不利影响。风险主体应采取各种方法分析风险，慎重决策，实施风险管理和控制，尽量规避风险。

（4）相对性。风险的大小是针对风险承受力不同的风险主体而言的。完全相同的风险因素产生的风险大小可以是完全不同的。

（5）对称性。风险和利益这两种可能性对其主体来说必然同时存在，风险是利益的代价，利益是风险的报偿，高风险伴随着高收益。

10.1.3　风险管理步骤

整个基坑工程风险管理流程如图 10.1.3-1 所示，需注意的是，在深基坑施工中这个流程是动态循环。

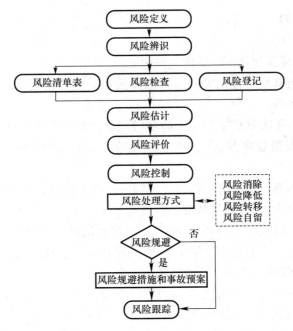

图 10.1.3-1　基坑工程风险评估流程

深基坑风险管理一般要经过以下五个步骤：
（1）风险辨识；
（2）风险估计；
（3）风险评价；
（4）风险控制；
（5）风险跟踪。

10.2 深基坑工程风险评估

10.2.1 风险评估范围

根据建筑深基坑工程施工特点，建议在出现下列情况时，应进行基坑安全风险评估，具体包括：

(1) 安全等级为一级的基坑。

(2) 存在影响基坑工程安全性的材料低劣、质量缺陷、构件损伤或其他不利状态。

(3) 对邻近建（构）筑物或设施造成安全影响和破坏的基坑。

(4) 达到设计使用年限拟继续使用的基坑。

(5) 改变现行设计方案，进行加深、扩大及使用条件改变的基坑；遭受自然灾害、事故或其他突发事件影响的基坑。

(6) 其他有特殊使用要求和规定的基坑。

10.2.2 风险评估资料

深基坑工程施工风险评估所需要的资料如下：

1) 法律法规。与基坑工程相关的国家法律法规，如《建设工程勘察设计管理条例》（国务院令第 293 号）等。

2) 部门规章。与重大基坑工程相关的部门规章，如《关于开展重大危险源监督管理工作的指导意见》（安监管协调字［2004］56 号）、《公民防范恐怖袭击手册》（公安部 2008）等。

3) 国家、行业标准。与基坑工程相关的国家、行业标准，如《地铁及地下工程建设风险管理指南》（2007 年）、《地基基础设计规范》（上海市工程建设规范，DGJ08—11—1999）、《岩土工程勘察规范》GB50021—2001、《起重机械安全规范》GB6067—85 等。

4) 工程设计文件。工程所有资料，包括工程背景、工程水文地质资料、设计资料、气象资料、周围环境资料、工程已有的研究报告等。

基坑施工安全风险评估的关键是对风险源的全面、系统辨识，其中，风险源辨识应包含所有和基坑工程施工相关的场所、环境、设备、车辆、施工工艺及人员及活动中存在的风险源，并应确定风险源可能产生的严重性及其后果。建筑基坑施工安全风险评估应包括三个基本部分：施工风险源辨识、施工安全风险评价和施工技术方案对基坑工程的安全分析。

基坑安全风险评估是在安全风险分析基础上进行的，因此，除需要提供基坑的勘察、设计文件及基坑环境调查文件外，还需要对基坑工程支护结构施工、降水施工对基坑环境的影响程度进行分析。此外，安全监测方案的合理、科学性，应急预案的可靠性等均应纳入评估分析的范围。基坑工程安全风险评估应在施工组织设计完成后、施工开展前阶段完成，其中，基坑工程安全技术分析应符合下列要求：

（1）作用效应分析，确定临时结构或构件的作用效应；

（2）结构抗力及其他性能分析，确定结构或构件的抗力及其他性能；

（3）材料及相关地基岩土材料的强度、弹性模量、变形模量等物理力学性能指标，应根据有关的试验方法标准经试验确定，对于多次周转使用的材料应考虑多次重复使用对其性能的影响；

（4）分析可采用计算、模型试验或原型试验等方法。

基坑施工往往会造成周边环境一定的影响，因此，应将各种环境影响控制在可容许范围内。同时，基坑周边变形控制应结合基坑安全等级和周边建（构）筑物及设施综合考虑制订相应的允许值。基坑周边环境安全分析与风险评估应遵循不影响周边建（构）筑物及设施等的正常使用、不破坏景观、不造成环境污染的基本原则。

5）基坑周边变形控制应符合下列要求：

（1）基坑周边地面沉降不得影响相邻建（构）筑物的正常使用，所产生的差异沉降不得大于建（构）筑物地基变形的允许值；

（2）基坑周边土体沉降和侧向变形不影响邻近各类管线的正常使用，不超过管线变形的允许值；

（3）基坑周边土体沉降不造成周边既有城市道路、地铁、隧道及储油、储气等重要设施发生结构破坏、渗漏或影响其正常运行。

10.2.3 风险评估内容和程序

深基坑工程安全风险评估内容和程序应参考下列要求：

1）初步调查与风险辨识：

（1）查阅基坑工程相关资料，包括基坑工程勘察、周边状况评估、设计图及变更、现场检测和监测、地基处理和加固、施工竣工等资料；

（2）调查基坑工程历史，包括施工、维护、用途和使用条件改变、加固处理及受灾等情况；

（3）现场踏勘，根据资料核对实物，调查基坑工程实际使用情况，查看已发现的问题，听取有关人员的意见等；

（4）进行风险界定与风险识别，确定风险清单。

2）根据初步调查结果及风险评估要求，制订风险评估方案，包括：

（1）工程概况，包括工程等级、深度、周边环境、支护设计及基坑形成时间等；

（2）风险评估的目的、范围、内容和要求；

（3）风险评估依据和标准，主要包括风险评估所依据的标准及有关的技术资料等；

（4）检测项目和选用的检测方法以及抽样检测的数量；

（5）风险评估人员、仪器设备情况和工作进度计划及所需要的配合工作；

（6）现场施工安全措施和环保措施。

3）现场调查与工程检测：

（1）详细研究相关资料，当基坑工程地质勘察资料不完整或检测过程中发现其他工程地质问题时，应按深基坑工程地质勘察的规定执行；

（2）对设计和施工、使用和维护、加固和处理等过程以及基坑的恒定荷载、活动荷载及偶然荷载作用和其他间接作用进行调查核实；

（3）对材料性能进行检测分析，当设计有要求且不怀疑材料性能有变化时，可采用设计值，当无资料或存在问题时，应按国家现行有关检测技术标准，进行现场取样或现场测试；

（4）对支护结构及构件进行检查，当有资料时，可进行现场抽样复核，当无资料或资料不完整时，应通过对支护结构的现场调查和分析，按国家现行有关检测技术标准，对重要和有代表性的支护结构和构件进行现场抽样检测，确有必要时，应全数检测；

（5）对附属工程进行检查和检测，重点检查基坑工程排水系统的设置和其使用功效，对其他影响安全的附属结构也应进行检查。

4）当发现调查和检测资料不充分或不准确时，应及时补充。

5）根据调查与检测数据，对各支护结构及构件的安全性进行分析验算，包括整体稳定性和局部稳定性分析，分析基坑风险发生原因，应对支护结构及构件的安全性、正常使用性进行分项风险评估。

10.2.4　安全风险等级

基坑工程安全风险评估标准应考虑安全风险发生的可能性及其损失，根据国际或国内风险等级标准，推荐采用安全风险矩阵法划分等级标准，按照风险发生可能性及其损失从高到低分为Ⅰ级、Ⅱ级、Ⅲ级和Ⅳ级。安全风险等级标准应按表10.2.4-1划分。

基坑工程安全风险标准　　　　　　　　　　表10.2.4-1

损失等级 可能性等级		A 灾难性的	B 非常严重的	C 严重的	D 需考虑的	E 可忽略的
1	频繁的	Ⅰ级	Ⅰ级	Ⅰ级	Ⅱ级	Ⅲ级
2	可能的	Ⅰ级	Ⅰ级	Ⅱ级	Ⅲ级	Ⅲ级
3	偶尔的	Ⅰ级	Ⅱ级	Ⅲ级	Ⅲ级	Ⅳ级
4	罕见的	Ⅱ级	Ⅲ级	Ⅲ级	Ⅳ级	Ⅳ级
5	不可能的	Ⅲ级	Ⅲ级	Ⅳ级	Ⅳ级	Ⅳ级

目前，工程风险评估方法中层次分析方法用于进行综合风险评估，事故法用于确定重要安全风险因素，事件树法用于不同方案可能导致的风险因素及其风险损失后果分析，具体基坑安全风险评估中需结合安全评估的目的、内容和要求选择，评估数据可采用定性评价、定量赋值或专家调研等方法获得。基坑安全风险评估宜采用层次分析法、事故法和事件树法等量化风险评估方法，风险评估中应综合基坑本身安全风险和对周边环境影响风险进行评估。

基坑安全风险评估的目的就是减少或降低施工安全风险，因此，应结合基本对策采取措施控制风险，无论采取何种对策，风险控制中投入的控制措施费用应不高于风险损失费，否则，应进行专家论证调整基坑设计和施工方案。采取风险自留对策时，应制订可靠的风险应急处置措施，必要性应采取安全防护措施。另外，工程保险是风险转移的措施之一，但不应将工程保险作为唯一减轻或降低风险的控制措施。

10.3 常见深基坑工程风险辨识与评估

10.3.1 施工方面的基坑风险源

从施工方面看,基坑的风险源主要来自地下连续墙、SMW 工法、支撑体系、基坑降水、基坑开挖等方面,以下将对其进行详细分析。

1. 地下连续墙施工风险

1) 由于导墙墙趾土质松散,不密实;泥浆性能指标不能满足护壁要求;地质条件复杂,存在软弱土层或暗浜,使槽壁稳定性差;槽壁两侧附加荷载过大;钢筋笼就位与混凝土灌注间隔时间太长,开挖后墙面存在"混凝土鼓包",若发生在支撑位置,易造成槽壁坍塌。

2) 若成槽机抓斗偏心、成槽段地质软硬差别大则易造成成槽偏斜,产生开挖后相邻墙体不平整、内衬墙厚度减少的后果。

3) 钢筋笼吊点布置不合理、整体刚度不足、焊接不牢固,会使钢筋笼变形。

4) 顶拔力过大超过接头管承受能力、起拔时间控制不当,造成顶拔阻力过大,都会使接头管被拔断遗留在地下连续墙接缝中。

5) 当地下连续墙发生沉降、接驳器标高计算错误时接驳器会发生偏位,地下连续墙凿毛时损坏了接驳器,则都会导致内部结构钢筋无法与地下连续墙连接。

6) 当混凝土供应不连续,中断时间过长,则形成了施工缝;刷壁工序未刷清接缝的泥皮;导管提升过快超过混凝土面,使泥浆混入混凝土中;钢筋笼强行入槽或钢筋笼入槽至灌注混凝土时的间隔太长,造成槽壁土体剥落,混入混凝土。这种情况下,易使墙面出现渗漏、相邻幅的接缝处渗漏,若墙后是砂性土甚至会产生流砂。

2. SMW 工法风险

①渗漏水;②桩体偏斜、弯曲;③桩体夹泥、夹砂、断桩;④导轨及定位卡位置偏差;⑤桩孔位置有偏差;⑥搅拌机失稳倾覆;⑦桩体咬合不好,出现漏桩开叉;⑧H 型钢掉落,H 型钢出现扭曲和弯曲,H 型钢插放达不到设计标高,H 型钢插入倾斜,H 型钢起拔破坏。

3. 支撑体系风险

(1) 支撑位置放样误差或预埋件偏差大、支撑配件不能满足安装技术要求,都可能产生支撑受力偏心或滑脱的后果。

(2) 支撑材料反复使用,初始弯曲度大;支撑轴力施加后,连接法兰螺栓松动,支撑有变形,使支撑直线度差,都会产生支撑受力偏心或支撑失稳的后果。

(3) 压力表读数不准或轴力施加后产生损失,使施加的轴力偏小,未达到设计要求,都会造成竖向支撑受力状况不合理;施加的轴力过大,数值超过设计要求,也会使支撑超过自身极限承载力,造成失稳。

4. 降水风险

(1) 井管内沉淀物过多,井孔被淤塞;成井施工与地基加固交叉作业,滤管被淤塞;

滤管未能设置在透水性好的含水层，则单井出水量小。这些都会使开挖面降水效果差。

（2）降水井位置、数量不能满足施工需要；深井泵选型不当，出水能力差，不能满足开挖降水需求；开挖期间井管损坏，无法抽水；截水帷幕未切断需抽水的含水层；抽水运行停泵时间过长，水位恢复快，都会造成水位降深不够，影响挖土作业。坑底若存在承压水，还会影响开挖面的稳定。

（3）当截水帷幕未切断含水层，坑内、坑外过量抽水的，都会对周边环境产生不良影响，即可能使地下管线、建（构）筑物、地表产生沉降。

5. 基坑开挖风险

（1）若对挖土施工交底不清，盲目追求施工进度，挖土没有计划性，造成过量挖土，都会产生坑内土受扰动、围护结构变形大的后果。

（2）不具备支撑架设条件；支撑加工存在问题，不能安装；挖土与支撑协调不够，使支撑不及时，都会产生无支撑暴露时间长、围护结构变形大的后果。

（3）因未按要求放坡或坡度过陡，坡顶荷载过大，边坡土体受水浸泡或基坑长时间暴露，都会使边坡受雨水冲刷，造成土体滑坡或失稳坍塌。

（4）降水效果差，未及时组织排水或排水管路漏水、回灌入基坑，地面水流入基坑，都会使土体受到水的浸泡，强度降低，造成围护结构变形大。

（5）承压水降深未满足开挖工况安全要求，坑底加固体存在薄弱环节，则可能造成承压水顶裂或冲破坑底土，发生坑底突涌。

10.3.2 施工对周边环境的风险源

深基坑工程施工对周边环境可能造成的破坏主要包括三个方面：一是由于地面变形而造成建筑物的开裂、倾斜，甚至倒塌；二是造成路面以及其他地面设施的破坏；三是造成地下管线（给水排水管道、煤气管道、电缆管道等）的破裂等。在这三个方面中，又以第一方面的破坏最为明显，对社会的影响也最大。

1. 周边建（构）筑物风险等级判别

根据建筑物距基坑距离、破坏后果、结构形式，将基坑周边建筑物的风险等级划分为五级，如表 10.3.2-1 所示。

周边建（构）筑物风险等级　　　　　　　　　表 10.3.2-1

风险等级	判别标准	后果
一级	距离基坑小于 H，多层砌体结构，浅基础	灾难性的，影响范围非常大，建筑物倒塌
二级	距离基坑小于 H，深基础砌体结构或重要的框架结构	很严重，影响范围很大，建筑物结构破坏
三级	距离基坑 $H \sim 2H$，砌体结构、框架结构	严重，影响范围大，建筑物部分功能破坏
四级	距离基坑大于 $2H \sim 3H$，砌体结构、框架结构，桩基础	较大的影响，影响范围较小，建筑物外观破坏
五级	距离基坑大于 $3H$	轻微的影响，影响范围很小，建筑物轻微外观破坏

注：H 为基坑开挖深度（m）。风险等级应先从等级高的开始，最先符合该等级标准者，即可定为该等级。

2. 周边管线风险等级判别

对某城市轨道交通地铁车站周边管线，建议进行分类、分距离、分级控制：

（1）给水管和煤气管道按照刚性有压管线进行控制；

（2）排水管按照刚性无压管线进行控制；

（3）电力、通信管线按照柔性管线进行控制；

（4）对于一些具有特殊要求的管线，根据管线管理单位的要求执行。

根据管线距基坑距离、破坏后果、类别，将基坑周边管线的风险等级划分为五级，如表 10.3.2-2 所示。

周边管线风险等级   表 10.3.2-2

风险等级	判别标准
一级	距离基坑小于 H，刚性有压管、大型刚性无压管或重要柔性管，造成灾难性后果，影响范围非常大
二级	距离基坑 $H\sim2H$，刚性有压管、刚性无压管或重要的柔性管，造成很严重后果，影响范围很大
三级	距离基坑 $H\sim2H$，柔性管，造成严重后果，影响范围大
四级	距离基坑大于 $2H$，柔性管，造成较大影响，影响范围较小
五级	距离基坑大于 $2H$，造成轻微影响，影响范围很小

注：H 为基坑开挖深度（m）。风险等级应先从等级高的开始，最先符合该等级标准者，即可定为该等级。

3. 轨道交通车站基坑风险等级

根据基坑周边环境及管线等级、基坑深度进行基坑风险的判别，得出轨道交通车站基坑风险等级，如表 10.3.2-3 所示。

轨道交通车站基坑风险等级   表 10.3.2-3

级别	定义	后果
一级	深度大于 20m，周边环境一级，周边管线一级，有不良地质存在	灾难性的后果，影响范围非常大，导致工程失败
二级	深度大于 15m，周边环境二级以上（含二级），周边管线二级以上（含二级）	很严重的后果，影响范围很大，工程出现危险事故
三级	深度大于 10m，周边环境三级以上（含三级），周边管线三级以上（含三级）	严重后果，影响范围大，工程出现严重质量问题
四级	深度大于 10m，周边环境四级以上，周边管线四级以上	较大的影响，影响范围较小，工程出现一般质量问题
五级	深度 10m 以内，周边环境五级，周边管线五级	轻微影响，影响范围很小，工程出现轻微质量问题

注：风险等级应先从等级高的开始，最先符合该等级标准者，即可定为该等级。

10.4 某车站基坑工程施工风险评估案例

下面以某车站基坑工程为例，说明工程风险评估在深基坑中的应用。雪浪坪站是某城市地铁 1 号线南延线的第一座车站，位于雪浪停车场东侧的平湖路上。规划平湖路道路红线宽度为 24m。车站西侧为在建的雪浪停车场。东南侧规划为商住混合用地，现状为雪浪停车场的施工场地、农田以及望溪社区。该区段的总体方位图和工程信息，如图 10.4-1 和表 10.4-1 所示，具体车站总平面图见图 10.4-2。

图 10.4-1　1 号线南延线雪浪坪站总体方位图

雪浪坪站工程信息表　　　　　　　　　　　　　　　　　　　表 10.4-1

车站名称	车站编号	车站站型信息	施工方法	车站结构
雪浪坪站	1	标准的地下二层岛式车站，车站站台宽度为 11m，埋深 2.5m	明挖顺筑法	两层两跨箱形框架

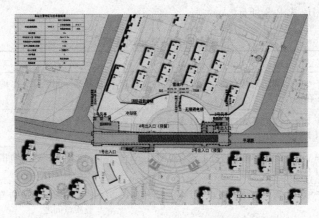

图 10.4-2　雪浪坪站总平面图

10.4.1　工程水文地质条件

隧道穿越土层自上而下①$_1$ 层杂填土、③$_{1-1}$ 层粉质黏土、③$_1$ 层黏土、③$_2$ 层粉质黏土夹粉土、④层粉土、⑤$_1$ 层粉质黏土、⑤$_2$ 层粉土、⑤$_3$ 层粉质黏土、⑥$_{1-1}$ 层粉质黏土和⑥$_1$ 层黏土。

雪浪坪站基坑底部土层局部为⑤$_3$ 层粉质黏土，流塑，局部软塑，具中等偏高压缩性，工程性能差。坑底易产生回弹隆起现象，坑底稳定性较差。

本场地在 60.5m 深度内分布 4 层地下水，依次为全新统潜水层（二）、全新统微承压水（三）$_1$、上更新统承压水（三）$_2$、上更新统承压水（三）$_3$。前三层水对地铁施工有一定影响，上更新统承压水（三）$_3$对地铁工程基本无影响。其中，浅部填土中地下水类型属全新统潜水层（二），稳定水位埋深 0.40～2.04m、平均 0.90m；标高 1.62～3.09m、平均 2.42m。该地区降雨主要集中在 6～9 月份，在此期间，地下水位一般最高，旱季在 12 月份至翌年 3 月份，在此期间地下水位一般最低。近三至五年的最高地下水位接近地表。④层粉土和⑤$_2$层粉土中地下水类型为全新统微承压水（三）$_1$，该含水层地下水位标高 1.57～2.09m、平均 1.84m。其年水位年化幅度在 2.0m 左右。⑦$_2$ 层粉土的地下水类型为上更新统承压水（三）$_2$，该层含水层水位标高-4.94m，该层地下水位年变幅一般在 2.0m 左右。⑪层粉砂的地下水类型为上更新统承压水（三）$_3$。

雪浪坪站剖面图如图 10.4.1-1 所示。

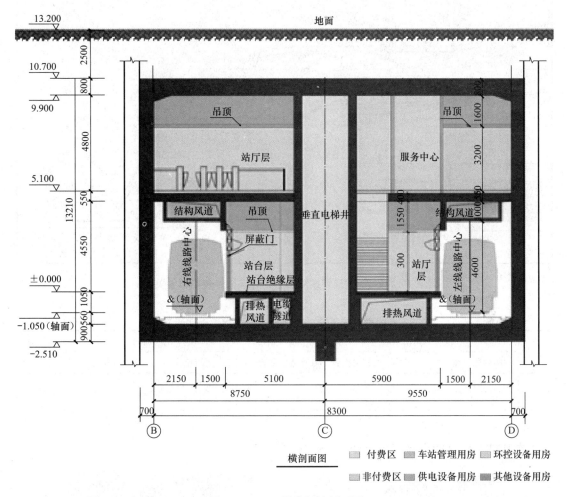

图 10.4.1-1　雪浪坪站剖面图

10.4.2　场地及周边环境

该车站位于市西南郊，周边构筑物不多：车站西侧为在建的雪浪停车场；东侧规划为商住混合用地，现状为雪浪停车场的施工场地、农田以及望溪社区。根据初步设计资料以及项目组现场实地踏勘，将本车站周边重要环境节点绘于图 10.4.2-1 中，表 10.4.2-1 详细描述了相关节点的建（构）筑物和环境信息。

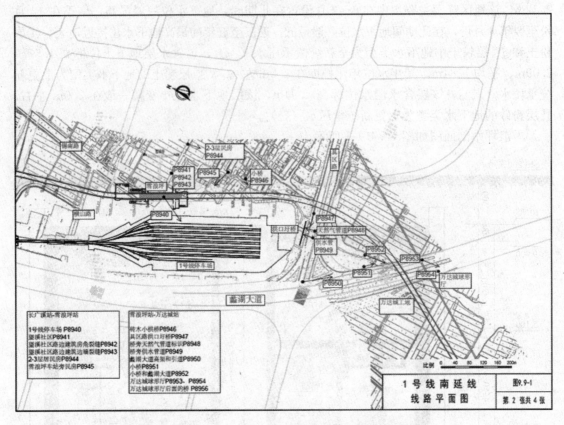

图 10.4.2-1　雪浪坪站周边重要建（构）筑物位置关系

1 号线南延线工程（雪浪坪站）现场踏勘调研表　　　　表 10.4.2-1

序号	车站中心里程 SK30＋638.263～SK30＋842.263，地下两层岛式站台					
	障碍物类型	与车站结构相对位置	建筑形式	建筑年代	照片编号	备注
1	望溪社区	车站南侧	—	—	P8941～P8943	
2	1 号线停车场	车站西侧 36m	桩基础	在建	P840	

（1）车站旁望溪社区

在基坑东侧是望溪社区，见图 10.4.2-2 和图 10.4.2-3。

图 10.4.2-2　望溪社区

图 10.4.2-3　望溪社区开裂房屋

从图 10.4.2-3 中我们可以看到，望溪社区少部分房屋存在开裂的情况。是否由于地铁施工造成尚无定论，但在地铁施工中一定要注意控制，防止造成过大位移或不均匀沉降等对小区造成影响。

（2）车站旁 1 号线停车场

车站西侧约 36m 处为 1 号线停车场，目前施工状况良好，无异常。如图 10.4.2-4 所示。

（3）车站旁民房

在车站东侧约 80m 范围内分布有一些 1～3 层的民房（可能是小产权房，是否违建不明）。目前，这些房屋状况良好，地铁施工未对其造成影响。见图 10.4.2-5。

图 10.4.2-4　1 号线停车场　　　　　　　图 10.4.2-5　雪浪坪站旁民房

10.4.3　风险辨识

雪浪坪站是某城市地铁 1 号线南延线的第一座车站，位于雪浪停车场东侧的平湖路上。规划平湖路道路红线宽度为 24m。车站西侧为在建的雪浪停车场；东南侧规划为商住混合用地，现状为雪浪停车场的施工场地、农田以及望溪社区。

雪浪坪站主要存在的工程难点正如前文所述，主要为防止地铁施工对临近 1 号线停车场和望溪社区等周边环境影响控制，以及车站范围内管线的影响控制，加之在采取控制措施时施工工具、材料、人员的疏忽。

本报告根据初步设计资料以及现场踏勘结果，针对本车站各控制点进行详细的风险辨识，雪浪坪站存在的风险源如下。

1. 主体结构施工

主要采用明挖顺筑法进行施工。在地下车站主体结构施工时，注意浇捣内衬墙前，对围护墙和接缝进行堵漏、凿毛、清洗处理，保证内衬施工质量，避免车站施工造成过大变形。由于车站结构较长，涉及施工缝的设置，在施工缝处理时可能由于处理不当造成结构防水效果不当等问题。同时，要对结构的抗浮性能进行定量的评估，防止结构上浮。

2. 围护结构施工

雪浪坪站基坑深度约 15.8m，建议车站主体结构采用地下连续墙的围护方案；车站出入口应根据基坑周边场地的大小，可选择钻孔灌注桩＋内支撑＋截水帷幕的围护方案或 SMW 工法＋内支撑的围护方案。

围护结构中地下连续墙采用刚性接头，在进行接头施工时应该重点关注施工质量，防止由于施工质量的问题导致连续墙接头漏水问题的出现。

围护结构中建议采用钢支撑，采用钢支撑时要对钢支撑内力进行监测，进行伺服控制，保证钢支撑内力的稳定，防止由于支撑内力不够导致钢支撑位置的滑移甚至掉落，导致基坑的连续性失稳破坏。

在回筑阶段，牵涉到换撑的过程，在换撑阶段要合理安排施工步骤，应该保证先撑后拆，保证基坑的安全。

围护结构中可能采用工法桩，SMW 工法桩的施工风险：①施工冷缝和支护墙转角处的渗漏水；②桩体偏斜、弯曲；③搅拌杆折断；④桩体夹泥、夹砂及断桩。

3. 基坑降水

本站存在（三）$_1$ 的微承压含水层，开挖过程中采用坑内降水，设置疏干井，坑内水位应低于开挖基底不小于 1m。

本站车站开挖范围内的基坑降水风险：

①地下水位降不下去；②井管管口无水；③疏不干；④挡土结构失稳及管涌、流砂；⑤周围建（构）筑物倾斜、开裂；⑥附近路面沉陷、开裂；⑦附近地下管线的开裂与错位。

在施工前针对站址内的工程水文地质情况，科学计算承压水降低水位、合理布设井点；在基坑开挖施工中，对承压水的水位进行仔细、认真的观测和控制；此外，为防止井点损坏，还应布设一定数量的预备井点。

10.4.4　风险评价

初步设计针对雪浪坪站进行了风险分析与评价，评价结果见表 10.4.4-1。

雪浪坪站风险评估结果　　　　表 10.4.4-1

类　别	工程自身风险	围（支）护结构	地下水控制	施工附加影响	车站基坑施工对周边建（构）筑物影响	车站基坑施工对地下管线影响
可能性等级	3	3	4	4	4	4
损失等级	B	C	B	C	B	B
风险等级	Ⅱ级	Ⅲ级	Ⅲ级	Ⅲ级	Ⅲ级	Ⅲ级
接受准则	不愿接受	可接受	可接受	可接受	可接受	可接受

10.4.5　主要风险源分析及预控措施

风险控制应遵循安全第一、预防为主的原则，根据风险等级、评估结论和工程实际等，在风险工程设计中采取安全可靠、经济适用的风险控制方案或措施。在初步设计阶段，应遵循降低风险的原则，确定合理的施工工法，提出初步的技术措施，并确保工程造价基本合理。

1. 施工过程的风险控制措施

明（盖）挖法基坑宜通过加强支撑、加强围护结构、优化工法工序等措施提高围

（支）护结构刚度，以加强对工程自身风险的控制。采取的风险控制措施宜符合下列规定：

（1）可采用加密钢支撑、围护桩，加大钢支撑、围护桩直径，设置倒撑等措施，以适当加大预加轴力值或加强支撑体系刚度。

（2）基坑阳角处设置双向支撑。地质条件较差或周边环境复杂时，补充地层加固措施。

（3）对钢支撑的轴力值下限及防坠落提出明确要求，保证支撑处于顶紧状态。

（4）地处承压水地层且受承压水影响较大的基坑采用地下连续墙、钻孔咬合桩、截水帷幕等围护结构。

（5）对控制变形要求严格或易产生较大变形的基坑，采用混凝土支撑或盖挖逆作法施工。

2. 降水过程的风险控制措施

采用工程降水辅助措施时，开挖前应进行引起的地面沉降预测分析，施工中进行地下水动态观测，并保证施工无水作业。无降水施工条件或周边环境条件不允许时，宜采取注浆、止水等工程辅助措施。对于基坑降水分部工程，在施工前针对站址内的工程水文地质情况，科学计算承压水降低水位、合理布设井点；在基坑开挖施工中，对承压水的水位进行仔细、认真的观测和控制；此外，为防止井点坏损，还应布设一定数量的预备井点。

3. 基坑开挖过程中对环境的影响

环境风险控制应首先通过采取超前地层加固或后加固等辅助措施，严格控制工程自身风险，在此基础上宜采用设置隔离桩、基础托换、顶升等环境保护措施，减少基坑隧道开挖对周边环境的影响，确保周边环境的正常使用及安全。

明挖顺筑法施工时，由于施工导致的地表不均匀沉降，基坑渗漏水或塌方，可能使周边建筑物（西南侧为春光安置小区，东南侧为美林湖小区，北侧为1～5层厂房）产生诸如塌陷、沉陷、开裂与倾斜等风险事故。因此，需做好日常监测，发现异常及时处理，并做好应急准备措施。此外，对于车站范围内的地下管线，除做好迁改工作外，必要时需进行悬挂或加固保护。

工程监测设计宜根据不同等级和类型的风险工程，结合监测对象的类型和特点等进行编制。施工过程中应对监测数据和相关信息及时处理、分析和反馈，满足动态设计和信息化施工的要求。加强现场巡查和综合分析，必要时调整设计施工参数、施工工艺等，确保工程自身和周边环境安全、围岩稳定和施工风险可控。

根据本车站施工时可能出现的上述工程风险，做好应急预案。在施工监测方面，应该勤测、勤报、勤分析。

本章参考文献

[1] 边亦海，黄宏伟. SMW工法支护结构失效概率的模糊事故树分析 [J]. 岩土工程学报，2006，28（5）：644-648.

[2] 边亦海. 基于风险分析的软土地区深基坑支护方案选择 [D]. 上海：同济大学，2006.

[3] 何锡兴，周红波，姚浩. 上海某深基坑工程风险识别与模糊评估 [J]. 岩土工程学报，2006（S1）：1912-1915.

［4］ 刘国彬，王卫东. 基坑工程手册［M］. 第二版. 北京：中国建筑工业出版社，2010.

［5］ 刘建航. 基坑工程手册［M］. 北京：中国建筑工业出版社，1997.

［6］ 刘俊岩，李仁安，任锋. 基于监测的深基坑工程风险管理研究［J］. 武汉理工大学学报，2009，（15）：61-65.

［7］ 刘一杰. 深基坑施工多参数风险评估与信息化预警［D］. 上海：上海交通大学，2012.

［8］ 罗凤. 深基坑工程风险管理研究［D］. 成都：成都理工大学，2008.

［9］ 欧阳小良，罗丙圣，官俊杰. 深基坑工程的风险评估研究［J］. 施工技术，2009（S2）：11-15.

［10］ 王伟，刘征. 上海市区深基坑工程风险管理——上海恒升名邸深基坑工程［J］. 上海建设科技，2007（6）：65-67.

［11］ 叶俊能，刘干斌. 宁波地区深基坑工程施工预警指标及风险评估研究［J］. 地下空间与工程学报，2012（S1）：1396-1402.

［12］ 周红波，姚浩，卢剑华. 上海某轨道交通深基坑工程施工风险评估［J］. 岩土工程学报，2006（S1）：1902-1906.

［13］ 朱雁飞. 深基坑工程风险防控技术探讨［J］. 隧道建设，2013（7）：545-551.

11 深基坑工程事故案例分析

改革开放以来，我国城市建设取得了举世瞩目的成就，建筑工程施工技术也取得了很大的进步与提高。随着高层建（构）筑物越来越多，高度越来越高，面积越来越大，其地下部分所占空间也越来越大，埋置深度越来越深，基坑的开挖面积已达数万平方米，甚至十几万平方米，深度 20m 左右的已属常见，最深已超过 30m。我国的建筑施工技术有了快速发展和提高，也随着地下空间的面积和埋深的增加而日趋提高。由于对深基坑工程的施工安全技术，没有统一的认识和意见，没有统一的标准予以规范，建设各方对深基坑工程施工安全技术也不够重视，深基坑工程的施工安全事故时有发生，有的甚至造成重大伤亡事故，给国家或有关单位造成重大财产损失和人员伤亡。

基坑工程事故类型包括支护结构破坏事故、地表水和地下水控制事故、基坑周边环境破坏事故等。以下依据上述事故类型，分别提供几个深基坑工程事故案例，并作一定的分析讨论，为读者面对实际工程问题时提供参考。

11.1 案例分析

案例 1：支护结构破坏事故

2012 年某市某处的工地发生塌陷事故，4000m² 的基坑约一半面积突然坍塌（图 11.1-1），并造成周边道路及工地对面一幢三层办公楼受损，所幸没有人员伤亡。

图 11.1-1 南临近厂房倾斜和支撑断裂

1. 项目概况

本工程基坑规模，东西向长约 62m，南北向长约 113m，基坑总面积约 5060m²，基坑延长米约 310m。基坑主楼区开挖深度 10.1m，裙楼区开挖深度 9.6m，北侧裙楼区底板落低，开挖深度 11.65m。

原设计方案采用 SMW 工法结合两道水平钢筋混凝土支撑体系。但实际施工，仅有中间的一道对撑，且边桁架跨度过大（图 11.1-2）。

2. 质量检测

事后质检总站对其进行了全面的质量检测：

材料检测：第一道支撑混凝土强度、钢筋力学性能、围护桩 H700×300×13×24 力学性能。

三轴搅拌桩取芯检测：搅拌桩的强度、搅拌桩的长度。

尺寸检测：第一道支撑构件尺寸、节点钢筋间距、围护桩 H700×300×13×24 长度。

3. 检测结果

混凝土强度检测：钻心法：除冠梁 7 号、冠梁 9 号、次撑梁 11 号不满足 35.0MPa 外，其余都满足（图 11.1-3）；回弹法：全部满足（图 11.1-4）。

松江涞寅路基坑检测结果：材料、尺寸检测：

冠梁、支撑尺寸：40 个测点，其中不合格 6 点（图 11.1-5）；

钢筋：材料检测合格，间距部分不合格，搭接部分不合格；

构件截面及主筋、箍筋检测点 H 型钢：长度不合格，材料性能合格（图 11.1-6）。

三轴水泥土搅拌桩检测：

16m 范围内水泥土芯样强度平均值在 0.18～0.22MPa；

16m 以下未能取得成型的水泥土芯样；

19～24m 局部有水泥土特征，取芯率低（图 11.1-7）。

4. 总结分析

本工程 SMW 工法桩围护桩中内插的 H 型钢有效长度未达到设计要求，而围护桩的有效长度是基坑稳定性指标的主控因素，因此对基坑的稳定性极为不利。这是造成基坑坍塌事故的原因之一。

5. 基坑修复

（1）对于原设计围护桩的处理，原有 SMW 工法桩由于坍塌事故，可能发生较大倾斜，影响新增围护桩的施工。因此，在坍塌较为严重的区域需加大新老围护桩间间距至 1m，其他区域可保持 0.3m 的间距，局部遇到障碍物，可采取外侧补桩的措施进行避让。

（2）对原设计支撑的处理，基坑修复工程设计时，对支撑的设计需充分考虑避让原支撑位置，水平位置的避让是为了确保立柱及立柱桩的顺利施工，竖向位置的避让是为了确保原支撑拆除时，特别是第一道支撑，能在有支撑的条件下进行，缩短基坑无支撑状态下的暴露时间，减小基坑的风险。如图 11.1-6 所示。

（3）对原设计被动加固体的处理，由于发生坍塌事故后，搅拌桩加固的质量无法确定，因此需在原有墩式加固孔隙处增设被动区加固。

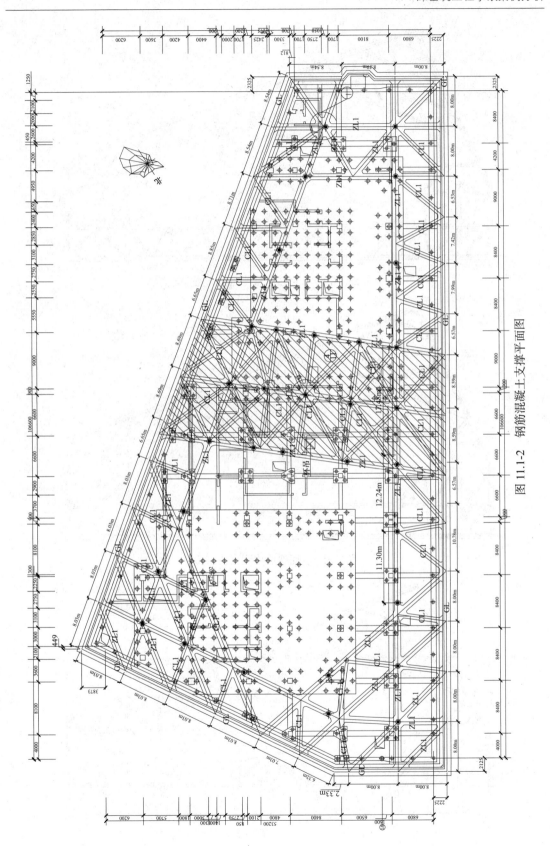

图 11.1-2 钢筋混凝土支撑平面图

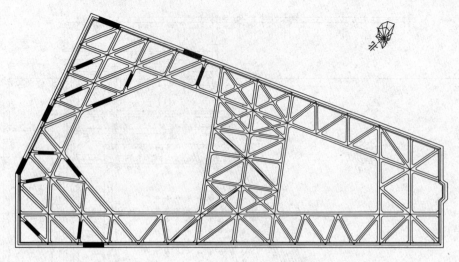

图 11.1-3　钻芯法检测点位布置

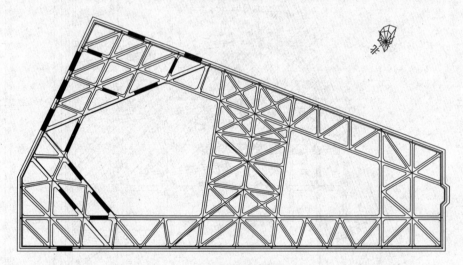

图 11.1-4　回弹法检测点位布置

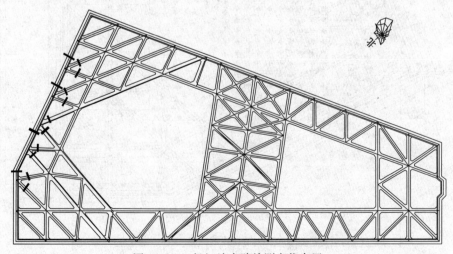

图 11.1-5　松江涞寅路检测点位布置

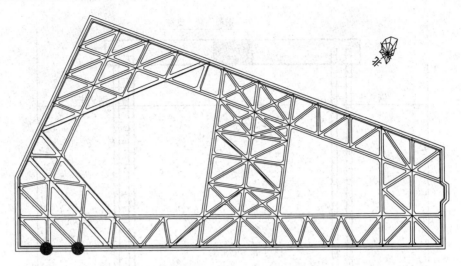

图 11.1-6　H 型钢检测点位布置

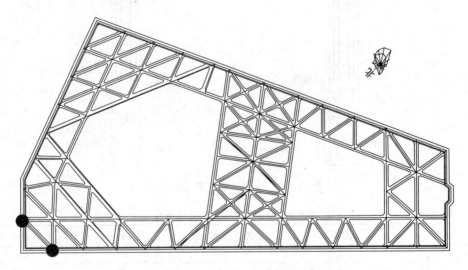

图 11.1-7　搅拌桩检测点位布置

（4）对原设计立柱及立柱桩的处理，尽管支撑的水平布置已尽量避让，但由于原设计支撑栈桥板的存在及坍塌事故时不可避免地发生偏移，因此需结合先进的物探技术不断调整立柱桩位置，必要时采取"二挑一"的方式（图 11.1-8）。

案例 2：地表水和地下水控制事故

1. 工程概况

某市某旧城改造项目位于市区南新路。场地南侧为 4 层既有建筑，采用桩锚支护形式；西侧道路下布有市政管线，采用搅拌桩—预应力锚索—土钉复合支护结构；东、北两侧外为停车场，红线距离基坑 14～22m，采用土钉支护结构。基坑普遍开挖深度 7.2m，开挖影响范围内的土体参数如表 11.1-1 所示。基坑东、北两侧土钉支护剖面如图 11.1-9 所示。

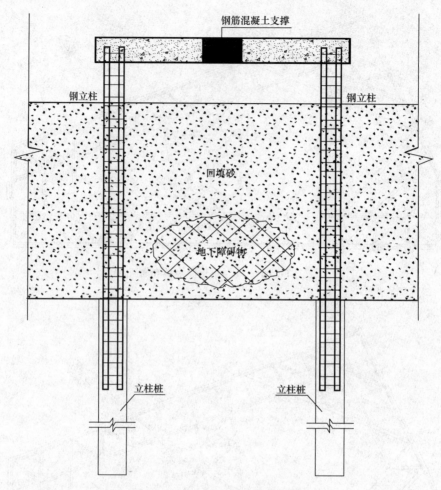

图 11.1-8　立柱二挑一避让障碍物

各土层物理参数及土钉粘结强度　　　　　　　　　　　　表 11.1-1

土　层	厚度（m）	重度 γ（kN/m³）	摩擦角 φ（°）	黏聚力 c（kPa）
①	3.30	17.5	10	10
②	0.70	17.8	15	18
③	3.20	18.5	18	20

2. 基坑事故简介

如图 11.1-9 所示，铸铁供水管在基坑塌方之前未为人知。基坑开挖完成后总承包单位进场，开始施工基桩承台，南半段 3 个正方形截面，尺寸为 3.2m×3.2m×1.65m（长×宽×高，下同），北半段 2 个正方形截面，尺寸为 2.5m×2.5m×1.4m，1 个 L 形截面，尺寸为 3.4m×1.9m×1.1m、4.2m×1.0m×1.1m，如图 11.1-10 所示。

发生坍塌事故前，南半段 3 个方形承台已开挖完毕并砌好砖胎膜，北半段 2 个方形承台已开挖完成但砖砌胎膜尚未施工，L 形承台正在施工。当天晚上 8 时许，值班监理听到地面以下有水流声，随即开始排查，发现基坑坡顶地面出现微小裂缝，立即要求施工人员撤离。晚 10 时，水从基坑的东北部喷涌而出，钢筋混凝土面层破裂，坡顶裂缝越来越大。晚 12 时，北半段发生坍方，约 1h 后南半段坍塌。滑坡长度约为 40m，宽度 6.7～8.2m。

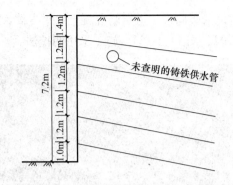

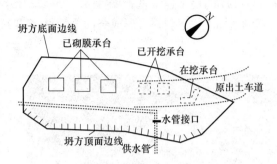

图 11.1-9 基坑东、北两侧土钉支护剖面图　　图 11.1-10 基坑坍塌平面图

后经调查，事故主要是由断裂的铸铁供水管漏水引起。

3. 事故原因

本基坑工程案例中基桩承台施工相当于超挖，但这不是坍塌的主要原因，有东侧南半段为对比例证，相同的设计，使用情况良好。失事的真正原因还是供水管破裂，基坑侧壁土体的 c、φ 值发生变化，抗剪强度降低。水分渗入土体结构，产生的影响包括一系列的物理化学反应，不但包括水土作用还有水钉作用。两者相互促进降低了土体的抗剪强度，使得土钉黏聚力变小，在主动土压力、地面附加荷载及水压力的作用下，边坡内部的土体出现细微裂缝，且有增大贯之势，侧壁发生微小位移。土体抗剪强度的降低使得土钉分担的荷载增大，当拉力大于抗力，土钉将发生朝向坑内的位移，使得锚固作用减弱，土体的裂缝进一步增大并开始贯通，侧壁位移逐渐增大，受影响的土钉逐渐增多，土体微裂缝的逐渐贯通与锚固作用的减弱相互促进，如此恶性循环，最终导致供水管线大幅度变形，直到破裂，引发基坑坍塌。

总之，本基坑坍塌的主要原因归纳如下：

(1) 基桩承台作为坑中坑，相当于增加了支护深度，基坑侧壁安全系数将小于原设计。

(2) 基坑侧壁变形增大，导致埋设其中的供水管道接头处裂缝逐渐加大，漏水逐渐严重；基坑侧壁土体抗剪强度则相应降低，裂缝进一步变大；如此恶性循环，最终导致坍方发生。供水管最终破裂是基坑坍塌的主要原因。

4. 分析

地面水分渗入对土钉支护体系的安全性影响很大，特别是土钉末端，连接着土钉墙与后部土体，是水分渗入时结构的薄弱环节。因此，在设计土钉支护结构时，建议如下：

(1) 土钉末端地表加强防护措施。通常为防止地表水渗入面层背后，挂设面层时沿水平方向在坡顶延伸一定长度形成护坡，宽度一般为 0.5～2.0m。在土钉末端的薄弱地带，应做好防排水措施，设置排水沟或者进行硬化处理防止地表水向下渗透等。

(2) 施工工艺方面，在土钉末端附近打入竖向微型桩（螺纹钢或角钢），长度约为开挖深度的 1.5～1.8 倍，主要目的是通过砂浆在土体中的渗透，增强土体的力学指标 c、φ，使得土钉墙与后部稳定土体间的受力薄弱环节得到加强。

(3) 基坑事故并不是瞬间造成的，很多征兆会在失稳之前出现，如上述案例中，在承台开挖时基坑侧壁已有渗漏痕迹，且随着开挖的进行，渗漏及地面变形有加强之势。经验丰富的施工或监理人员应能够重视并认真调查，避免事故发生。

案例 3：周边环境破坏事故 (1)

本工程基坑平面尺寸约 130m×130m，面积约 15757m²，开挖深度约 20m。基坑围护采用1m厚的地下连续墙，墙深38.1~41.1m，坑内沿竖向设4道钢筋混凝土水平支撑，东西两侧增加上、下斜撑，形成竖向琵琶撑（图11.1-11、图11.1-12）。施工采用明挖法。

图11.1-11　基坑效果图

图11.1-12　支撑应力过大受损破坏

科技委评审意见：

围护设计方案——设计在确定支护结构方案时，过多地考虑如何为业主节约投资造价，方案安全度偏低。建议：在地墙深度、支撑布置、地基加固等方面加强。强烈建议：取消竖向琵琶撑，增加一道竖向支撑。

施工方案——施工方案不够细致，编制较为粗糙（图11.1-13）。

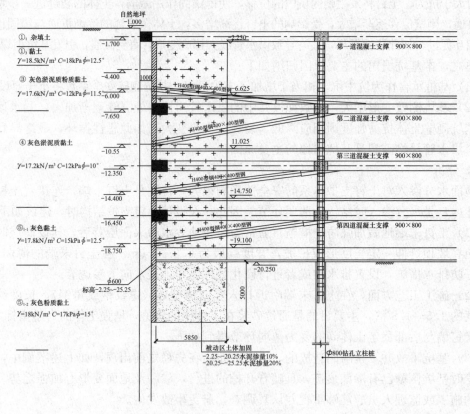

图11.1-13　剖面图

评审意见的落实情况：会后设计并未积极响应评审意见，并未采取加强支撑平面整体刚度、加固坑内地基、竖向增设一道支撑等加强措施。

施工单位在执行既定方案的执行力度上也打了折扣。

现场施工情况：第二层土方的开挖及支撑形成方式与评审方案不一致，并未采取盆式开挖的方案施工（图 11.1-14）。支撑形成时间过长。

基坑东侧 5850mm 范围内设置 φ650 三轴搅拌桩进行加固，效果不理想（图 11.1-15）。

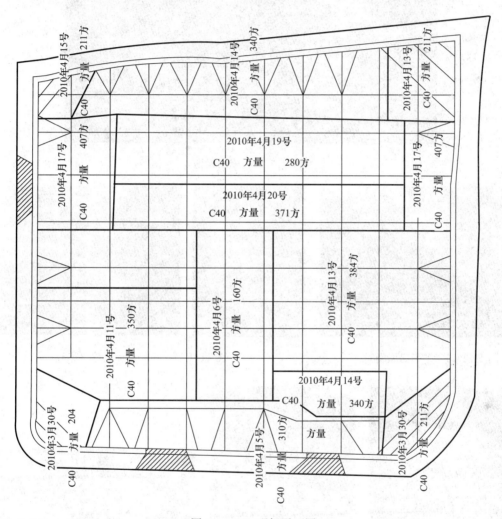

图 11.1-14　现场平面图

开挖时间：　　　　　　　　　　2010 年 1 月 31 日
第三道支撑浇筑完成时间：　　　2010 年 5 月 23 日
地下墙最大变形：　　　　　　　45mm

基坑施工对周边环境影响非常大，且影响范围超过预期，第三道支撑施工完成时，挖土深度 11.85m，但周边影响范围已超过 60m，基坑周边 3 倍开挖深度外出现地坪裂缝。东侧居民住宅最大沉降 34.6mm，房屋裂缝、裂纹有明显发展，裂缝宽度最宽超过 6mm。周边水管、煤气管都发生过爆管现象。

东侧房屋裂缝如图 11.1-16 和图 11.1-17 所示。

四周道路变形受损情况如图 11.1-18 和图 11.1-19 所示。

图 11.1-15　施工现场

图 11.1-16　东侧房屋裂缝（一）　　　　　图 11.1-17　东侧房屋裂缝（二）

图 11.1-18　四周道路变形受损情况（一）　　　图 11.1-19　四周道路变形受损情况（二）

分析

围护设计方案在满足基坑自身各项计算指标、满足规范要求的前提下，较少考虑可能对环境造成的重大影响。在专家已经明确指出问题并预见到后果的情况下，坚持己见。而专家评审仅有建议权,没有强制其修改的权利。

施工方案通过评审并不等于施工质量没有问题,而施工质量的提高无法通过专家评审的方式实现,因此在地下空间迅速开发、基坑施工与周边环境受影响这一矛盾日益突出的形势下,急需提高和加强的是质量管理环节。

案例4:周边环境破坏事故(2)

1. 基本情况

2011年4月12日20时40分,某工地发生一起道路塌陷事故(图11.1-20)。据现场勘查,塌陷区域长20m,宽5m,深约7m,事故未造成人员伤亡。

(a)　　　　　　　　　　　　　　(b)

图11.1-20　道路塌陷事故现场

坍塌区域的外侧有一个巨大的基坑,为某商业广场一个在建地下停车库的进出通道,造成事故的原因为基坑外侧的土方滑移。

坍塌的工地围墙紧靠工地正在施工的建筑桩基,疑似工地桩基部分塌陷殃及地面围墙。

本工程基坑平面尺寸约8.7m×135m,面积约1100m²,开挖深度从1.5m到11.5m逐渐加深。基坑围护采用钻孔灌注桩加搅拌桩止水帷幕,内设一道钢筋混凝土支撑与一道钢支撑。

2. 主要问题

第二道钢支撑存在多处施工不当:①钢围檩之间无有效连接;②钢支撑横向间距过大;③支撑不具备平面稳定性条件(图11.1-21)。

现场险情:①钢支撑完全失效;②围护结构倾覆;③钢筋混凝土支撑折断;④坑边地面严重塌陷(图11.1-22~图11.1-24)。

图11.1-21　基坑内支撑

3. 事故成因

可能有以下一种或多种综合作用:

(1)管线渗漏:导致土体软化,造成土层空隙,最终形成坍塌。

(2)地下水因素:开挖抽水过程中没有进行回流设置,开挖部分地下水位下降,土体失水,原先力学平衡打破造成坍塌。

(3)地质因素+气象因素:没有设置合适的排降水及防水措施。

（a）　　　　　　　　　　　　　　（b）

（c）

图 11.1-22　失效的支撑

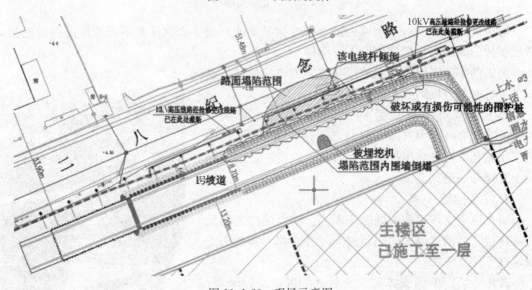

图 11.1-23　现场示意图

（4）开挖支护结构因素：支护数量不足，支护承载力不足，支护失稳，下雨导致土重力增加，引起支护承受外力的突然增大都是可能成因。

（5）超挖：超挖造成隧道断面凹凸不平，在棱角突变处易产生应力集中；同时，由于断面凹凸不平、棱角突出，容易刺破防水板，使防水层失效，造成渗漏。

（6）外在扰动：由下面的卫星地图我们可以看到，工地紧邻地铁一号线及南北高架路，频繁来往的车辆及地铁造成的土层扰动也是事故的可能因素之一。

4. 事故认定

经有关部门调查认定，这是一起责任事故，事故的直接原因是钢支撑未按设计图纸施

图 11.1-24　事故现场

工。有关部门依据《建设工程质量管理条例》等相关法规，对事故责任单位和个人进行行政处罚。

5. 解决措施

（1）浇捣路面混凝土，修复路下管线。

（2）基坑北侧外部 16～24 轴目前采用砂石回填。

（3）塌陷范围最严重的在北侧中段（18～22 轴），北侧 16～25 轴范围的围护桩将在本次修复开挖时全部废除（图 11.1-25）。

图 11.1-25　北侧 16～25 轴

（4）第二道支撑受损严重，全部重新施工。第一道支撑 16～25 轴全部凿除重新施工，其他部分根据质量检测情况确定是否利用（图 11.1-26）。

（5）北侧原围护桩破坏段采用钢筋混凝土桩与素混凝土桩相互间隔的钻孔咬合桩。

(6) 钻孔咬合桩两端与原止水帷幕间采用高压旋喷桩封堵。

图 11.1-26　路面回填浇捣和基坑内部回填

(7) 南侧在利用原围护桩的基础上，通过增加后排普通钻孔灌注桩，予以加强（图 11.1-27）。

案例 5：周边环境破坏事故 (3)

1. 工程概况

基坑南北长约 250m，东西宽约 120m，基坑面积约 2.1 万 m²，开挖深度 9.65～11.1m。周边环境条件较复杂（图 11.1-28）。

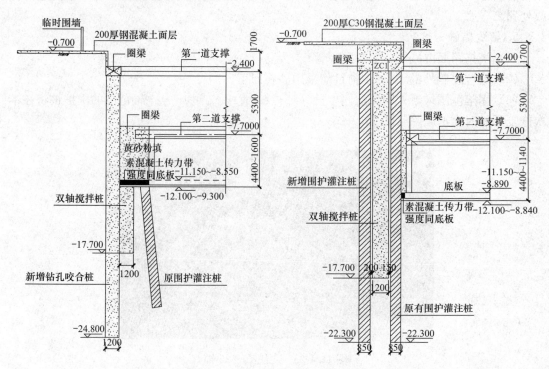

图 11.1-27　通过增加后排普通钻孔灌注桩予以加强

原基坑工程设计方案为整体开挖，围护采用直径 1200mm 的钻孔灌注桩挡土，直径 850mm 的三轴水泥土搅拌桩截水，坑内沿竖向设置一道钢筋混凝土支撑。经专家评审后认为存在安全隐患，坑内需设置两道钢筋混凝土支撑。

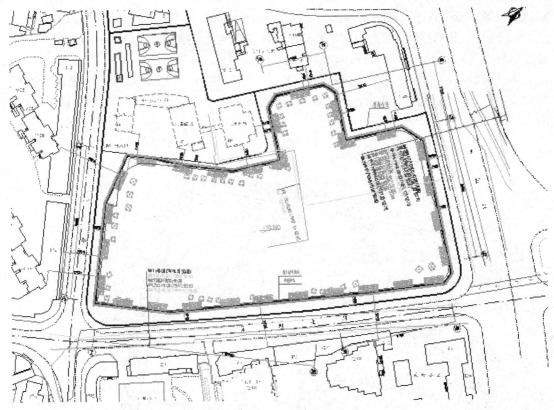

图 11.1-28 总平面布置图

围护方案调整后，基坑划成 5 个区域先后施工，用临时分隔墙分隔，塔楼基坑顺作、裙房基坑逆作。提高了围护设计安全度的同时，达到了整体工期最优和节约成本的要求（图 11.1-29～图 11.1.31）。

2. 主要问题

①挖土顺序不尽合理；②坑边施工荷载较大；③土坡放坡太陡；④钢围檩连接节点焊接质量差；⑤钢支撑弯曲；⑥局部坑边地坪沉陷大。

案例 6：周边环境破坏事故（4）

1. 工程环境概况

某工程基坑东西长约 424m，南北长约 214m，基坑面积 69990m²，基坑周长 1214m，基坑开挖深度 11.15m。基坑采用顺作法，围护体系采用 φ900@1100 钻孔桩＋φ850 三轴搅拌桩止水，竖向设置 1 道门式刚架体系（局部 2 道）（图 11.1-32）。

环境概况：基坑北侧为北翟路，距离基坑边线 40m，北翟路上有较多市政管线，最近管线距离基坑约 42m。基坑西北侧有一加油站，处于红线内部，距离基坑 20m。基坑东侧为协和路，距离基坑边线 20m，协和路上有较多市政管线，最近管线距离基坑约 21m。基坑西侧为 S20 外环高速高架，距离基坑 90m。基坑南侧为金珠路，距离基坑边线 3.9m，与金珠路上最近的管线距离 5.5m（图 11.1-33、图 11.1-34）。

2. 施工顺序

基坑总体施工分为三个阶段。

第一阶段：基坑三级放坡中心岛开挖至基底，完成中心岛底板并顺作结构，同时进行裙边区域第一道门式刚架的施工（2012 年 4 月 1 日～2012 年 7 月 4 日）（图 11.1-35）。

第二阶段：中心岛区域顶板结构完成后，第一道刚架支撑与顶板结构进行连接，形成稳定结构后（2012 年 7 月 5 日～2012 年 10 月 4 日）（图 11.1-36）。

第三阶段：裙边开挖至基底进行底板施工，之后进行 B1 层结构施工，达到强度后拆除支撑进行裙边顶板结构施工（2012 年 10 月 5 日～2013 年 3 月 8 日）（图 11.1-37～图 11.1-41）。

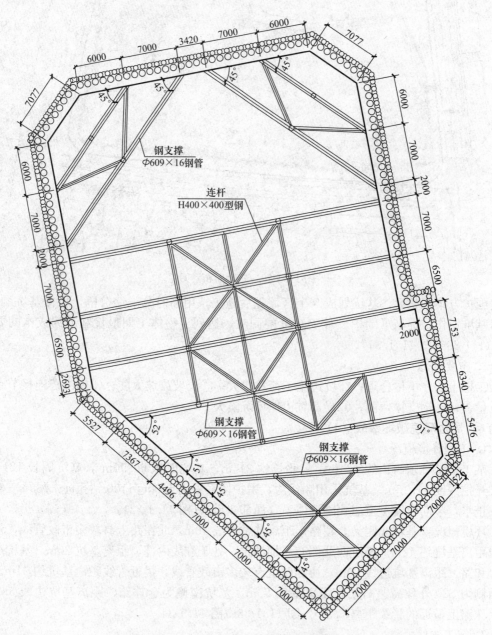

图 11.1-29　顺作区域支撑平面布置

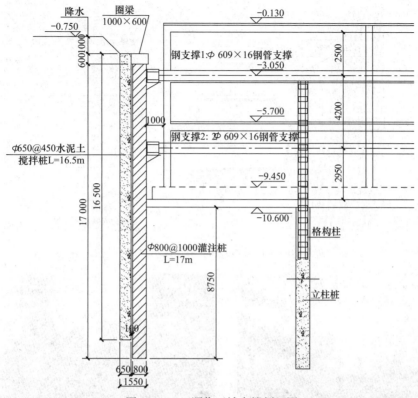

图 11.1-30 顺作区域支撑剖面图

（a）   （b）

图 11.1-31 局部坑边地坪沉陷大钢支撑弯曲

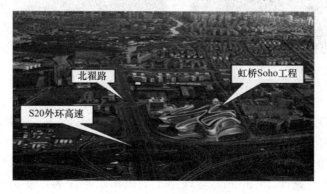

图 11.1-32 工程鸟瞰

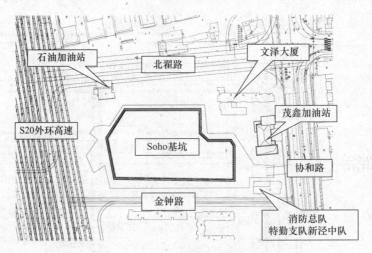

图 11.1-33　工程环境概况示意图

图 11.1-34　工程环境概况实景

3. 主要问题

裂缝：周边道路裂缝，基坑内部道路、围墙、支撑出现裂缝，监测数据超警戒值：本基坑从 2012 年 4 月 1 日进行中心岛开挖，至 2012 年 7 月 4 日完成中心岛底板浇筑，期间从 2012 年 5 月开始，金珠路侧围护体测斜开始报警，5 月 17 日当天土体测斜墙顶位移单日变化达到 4.4mm，累计 13.5mm，金珠路上的雨污水管线累计变形超过报警值，达到 18mm。2012 年 6 月 1 日开始金珠路上的信息管及配水管超过报警值，达到 12.77mm 及

10.6mm。此后，该变形没有得到收敛，四周土体测斜变形均在扩大。

图 11.1-35　工况一：进行中心岛开挖

图 11.1-36　工况二：进行裙边首道门式刚架支撑制作

图 11.1-37　工况三：进行中心岛 B1 板结构施工

图 11.1-38　工况四：顶板完成后，进行第一道支撑与顶板结构的连接

图 11.1-39　工况五：进行裙边基坑开挖，制作底板及 B1 板

图 11.1-40　道路开裂

图 11.1-41　现场实景

4. 原因分析

（1）三级放坡中心岛式开挖，坑边反压土不能有效起到挡土作用；

（2）采用中心岛结合裙边框架支撑方式，基坑无支撑周期较长，引起周边变形；

（3）基坑面积大，未采取分块开挖的方式，导致坑底隆起引起周边地面沉降；

（4）基坑未按照设计要求进行施工，如开挖时坡体未按照设计坡度进行施工，地表水未及时排出，支撑养护施工时因降水等原因造成开裂，基坑开挖至坑底后降水不到位，引起坑底涌水；

（5）坑内降水，使地面产生沉降，造成支撑在养护过程中产生多处裂缝（图 11.1-42）；

图 11.1-42　现场实景

（6）基坑开挖至基底后，降水井未按照要求进行割除并封闭，导致部分井点抽水效率下降甚至停抽；

（7）开挖后的坡体未及时设置护坡混凝土（图 11.1-43）。

5. 后续处理方法

（1）由于坡体反力不足，在出现问题后，在坡体底部插设了一排木桩，以增加坡体的反向压力。

图 11.1-43　开挖后的坡体

（2）在坡间平台处，设置一层混凝土平台，并进行大量的堆载，增加自重压力及被动区压力，减小围护体侧向位移。

（3）过程中加密监测频率，及时与设计进行沟通处理。在出现问题后，加密监测频率，根据监测数据，及时与设计、监理等有效进行沟通，采取针对性的措施，使问题能够得到有效解决。

（4）加快施工节奏，减小后续变形。基坑工程最讲究"时空效应"，在大面积敞开作业的情况下，必须加快施工节奏，以期尽快形成有效的支撑体系，减小基坑的变形。在此基础上尽快进行后续结构的施工，减小基坑的侧向变形及底部隆起，保证工程的顺利施工（图 11.1-44）。

图 11.1-44　现场实景

案例 7：周边环境破坏事故（5）

1. 基坑概况

基坑面积约 4.27 万 m²，东西长约 340m，南北宽约 110～190m。基坑开挖深度为 20.1～20.3m，基坑安全等级一级，环境保护等级一级（图 11.1-45）。

图 11.1-45　工程位置

围护形式：本工程采用逆作法施工，地下结构主楼顺作、裙楼逆作（图 11.1-46）。

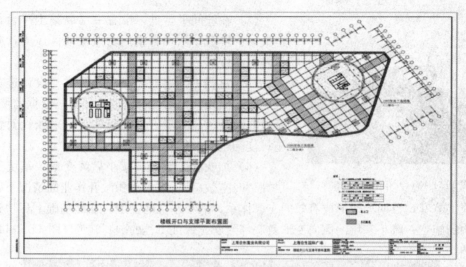

图 11.1-46　基坑总体施工顺序

解决了施工场地狭小、操作困难的问题，塔楼顺作基坑面积小可加快施工速度，并尽最大可能减小工程量，缩短了总工期。

抗侧刚度大，能够控制基坑变形，减小对周边环境的影响。

（1）完成地下连续墙基坑围护，施工一柱一桩及连续墙墙底注浆；

（2）首层土盆式开挖至标高－3.50m；

（3）施工首层楼板，做好逆作法施工准备；

（4）留土护壁，盆式开挖至标高－6.50m 处（图 11.1-47）；

（5）留土护壁，盆式开挖至标高－8.90m 处，施工地下二层楼板；

（6）留土护壁，盆式开挖至标高－12.70m 处，施工地下三层楼板（图 11.1-48）；

（7）留土护壁，盆式开挖至标高－16.50 处，施工地下四层楼板；

（8）盆式开挖至坑底，浇筑主楼区域垫层及底板（图 11.1-49）。

2. 出现的问题

五角场商圈翔殷路、黄兴路、国定东路附近，地面开裂，部分路段地面隆起，从五角场沿翔殷路由西向东行驶到国和路路口，在这段两三百米的路上，高低起伏约有 10 处（图 11.1-50～图 11.1-52）。

3. 处理情况

近日，针对新闻媒体反映的翔殷路近环岛处道路高低起伏不平问题，区市政和水务管理署第一时间派人赴现场查看，并与合生国际广场建设方、施工方取得联系，积极商讨和解决道路整治及排水管道保护及修复事宜。

根据协调结果，区市政和水务管理署准备按照专业标准，先对道路进行平整度修复，待合生广场两侧大楼建成后，再对道路及下水道进行全面维修。在此期间，杨浦区市政和水务管理署将严密跟踪、监测道路沉降情况，并对下水道开裂、脱落等病害进行排查处置，确保道路车辆、行人安全。

案例 8：临时土方违规堆载事故

1. 事故概况

莲花河畔景苑 2009 年 6 月 27 日 5 时 30 分，一在建 13 层住宅楼发生楼体倾覆事故，

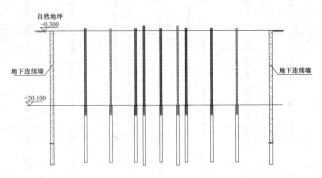

工况一：完成地下连续墙基坑维护，施工一柱一桩是及连续墙墙底注浆。

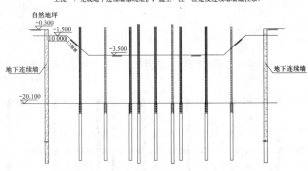

工况二：首层土盆式开挖至标高-3.50。

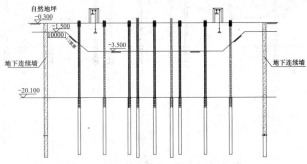

工况三：施工首层楼板，做好逆作法施工准备。

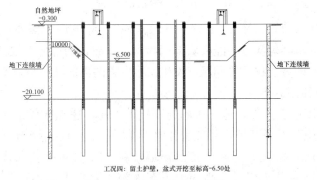

工况四：留土护壁，盆式开挖至标高-6.50处

图 11.1-47　工况一～工况四

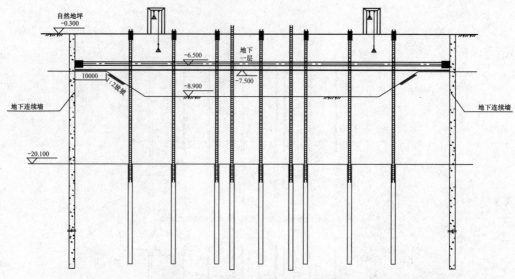

工况五：留土护壁、盆式开挖至标高-8.900处，施工地下二层楼板。

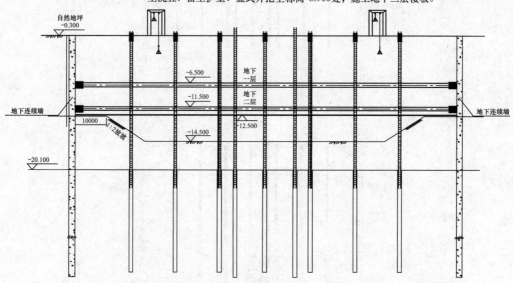

工况六：留土护壁、盆式开挖至标高-12.700处，施工地下三层楼板。

图 11.1-48　工况五、工况六

事故造成一名工人身亡（图 11.1-53、图 11.1-54）。除倒塌大楼外，附近其他在建的 10 栋楼均未发生倾斜、沉降等问题。经权威部门检测，事故楼周边地下煤气管道、电缆、水管等，没有任何渗漏、断裂、移位等问题，发生次生灾害的可能性极小，实际也未发生。

2. 事故过程及原因分析

商品房地下车库堆土，邻近地下车库施工扰动土体，违规堆载超载。

邻近地下车库施工不当开挖，将废弃土体堆积在 13 层住宅楼与河道边的空地上，违规过高堆积土体（达 10m 高）导致河道防汛墙偏移，26 日水务公司曾组织抢修。但均未重视防汛墙保护，13 层住宅楼另一侧的地下车库施工对邻近场地产生扰动，超重堆载引起土层滑移（图 11.1-55）。

26 日北侧河道防汛墙发生滑动，邻近破坏段长达 83m，滑向河道 4m 多，周边土体松动。

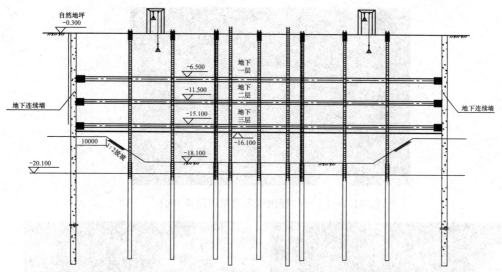

工况七：留土护壁、盆式开挖至标高-16.500处，施工地下四层楼板。

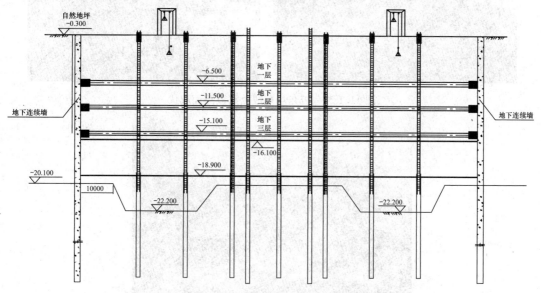

工况八：盆式开挖至坑底，浇注主楼区域垫层及底板。

图 11.1-49　工况七、工况八

图 11.1-50　五角场翔殷路路段路面开裂

图 11.1-51　五角场国定东路路段路面开裂

图 11.1-52　五角场翔殷路路段路面起伏

图 11.1-53　住宅楼垮塌，防汛墙垮塌

图 11.1-54　住宅楼垮塌近景

图 11.1-55　住宅楼地基示意图

26 日晚上上海降雨，雨水渗入地下浸泡土体，土体强度降低，雨水渗流，地面以下五六米深度以内的土层产生滑移，滑移土层对管桩产生水平推力，预应力管桩抗水平力很差，易折断。

26 日晚上，桩基发生水平滑动剪切，房屋向西南方向倾斜。水平滑动雨水渗流，邻近车库侧发生房屋倾斜，管桩被滑移的土层剪断，房屋底部桩基水平剪断，一侧桩基发生拔断破坏。房屋向地下车库坍塌方向倾覆，河道侧的桩变成抗拔受力状态。

27 日凌晨五点半，房屋底部桩基拔断破坏，连根拔起，这幢 13 层住宅楼立刻整体倒塌。

3. 抢险方案

卸堆土、填基坑。

案例 9：施工措施失效事故

事故概况

2003 年 7 月 1 日凌晨 4 时许，上海轨道交通 4 号线浦东南路至南浦大桥区间越江隧道，上、下行隧道的联络通道施工时，由于冻结法围护结构的冻结法施工失误，造成渗漏，大量流砂涌入隧道，隧道部分塌陷，地面也随之出现以风井为中心的"漏斗形"沉降（图 11.1-56）。因发现及时，人员迅速撤离，未造成人员伤亡，但是盾构等机械设备无法撤离而被埋报废，这段隧道也报废了。

图 11.1-56　建筑物沉降

后来 4 号线改道跨越黄浦江，事故造成 1 亿多元的经济损失。

案例 10：支护结构超期服役事故

1. 基坑概况

该基坑设计深度 6.5～8.0m，采用土钉墙支护，2004 年年底基坑主体已开挖至地面以下 5.0m，下部 2.0m 左右土体暴露却未作处理。由于种种原因，本基坑开挖至−5.0m后一直停工，至基坑侧壁局部出现坍塌，该基坑暴露时间已达 7 年之久，原支护结构已超过设计使用年限，也未进行任何加固处理。基坑总平面图如图 11.1-57 所示。

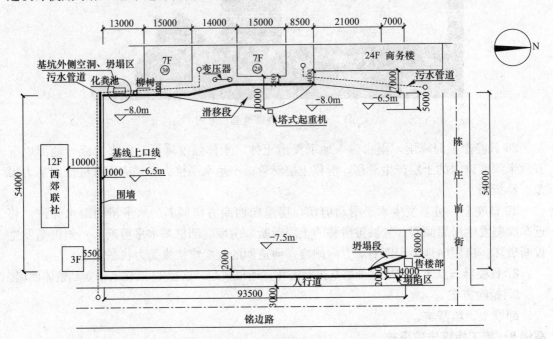

图 11.1-57　基坑总平面示意

2. 基坑周边环境

该基坑东侧紧邻铭功路人行道，地下埋设多种管道；基坑南侧东段距 3 层楼约 5.0m，基坑边外埋设排水管道，埋深约 2.0m；基坑西侧距 3 号楼（7F）约 4.0m，距 2 号楼（7F）约 3.0m，地下埋有污水管道和天然气管道等，距商务办公楼（24F）南段约 4.0m，北段约 7.0m。

3. 基坑事故及抢险措施

自 2004 年以来，该基坑虽然未开挖到底，但实际深度已达 5m，长期暴露且未采取任何加固处理措施，期间已发生多次不同程度的险情。

2011 年 9 月 10 日至 14 日郑州地区连续降雨，14 日凌晨该基坑西边坡大面积滑塌，西坡南段原支护体外侧土体已形成空洞，东坡北段局部也坍塌至铭功路人行道，东北角围墙外人行道地面局部塌陷，塌陷长度 4.0m，宽 2.0m。

由于坍塌发生在凌晨，没有造成人员伤亡。但基坑旁边一根电线杆倾倒，砸断了电线，引起变压器短路爆炸、着火，导致旁边数幢居民楼停电。

抢险专家组认为，连日降雨在基坑里形成积水，导致基坑坡脚土体软化是导致基坑坍塌的主要原因。抢险的主要措施包括：

（1）调集大功率水泵，抽排基坑内集水；

（2）在基坑坡脚位置处堆填砂袋，对基坑被动区土体进行反压，保护坡脚，防止更大范围坍塌；

（3）破除基坑北侧局部围墙，同时在基坑北部填土开路，确保大型抢险机械能够进入工地现场；

（4）为确保抢险人员生命安全，抢险过程中将周边的供水、供电、供气暂时切断。

事故发生后郑州市武警支队、防空兵指挥学院、市消防支队以及民兵和地方预备役共700多人组成抢险队伍，调集抢险用石子、砂料500多 m³，连续奋战一昼夜，才控制了基坑险情。

为保证该基坑后期开挖及基坑四周建（构）筑物、管线的安全，需要彻底排除安全隐患，并对该基坑进行加固处理。加固设计时基坑安全等级确定为"一级"。

4. 地质条件

依据钻探、静力触探及土工试验成果，可把工程场地内的地质单元自上而下分为如下几层。典型地质剖面图如图 11.1-58 所示。

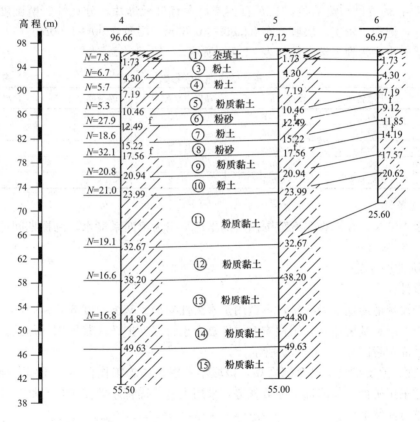

图 11.1-58 典型地质剖面图

① 填土：杂色，以粉土为主，含有煤渣、碎石块、碎砖块、碎混凝土块等建筑垃圾，局部含少量植物根系，稍湿，松散。为基坑开挖后人工填埋而形成。层底标高 92.07～98.33m，层厚 0.90～2.60m。

② 粉土：黄褐色，土质较均匀，含少量蜗牛壳碎片，见黑色铁锰质氧化物斑点，局部砂粒含量较高，摇震反应迅速，无光泽反应，干强度低，韧性低，稍湿，稍密。层底标高 95.93m，层厚 2.40m。

③ 粉土：黄褐色～灰黄色，土质较均匀，偶见黑色铁锰质斑点，含少量蜗牛壳碎片，

摇震反应中等，无光泽反应，干强度低，韧性低，稍湿～湿，稍密。层底标高 90.07～94.30m，层厚 1.20～4.50m。

④ 粉土：灰黄色～灰褐色，土质较均匀，含少量蜗牛壳碎片，局部黏粒含量较高，局部相变为粉质黏土，摇震反应中等，无光泽反应，干强度低，韧性低，稍湿～湿，中密。层底标高 89.36～90.26m，层厚 1.90～4.30m。

④$_1$ 粉土：黄褐色～灰黄色，见黑色铁锰质斑点，含少量蜗牛壳碎片，局部砂粒含量较高，摇震反应中等，无光泽反应，干强度低，韧性低，稍湿～湿，密实。层底标高 87.57～90.80m，层厚 1.90～2.80m。

⑤ 粉质黏土：褐黄色～黄褐色，见少量蜗牛壳碎片，见大量白色条纹，含较多浅黄色团块，偶见粒径 5～20mm 的姜石，局部夹薄层粉土，无摇震反应，稍有光滑，干强度中等，韧性中等，可塑。层底标高 85.61～88.43m，层厚 1.00～4.50m。

⑥ 粉砂：褐黄色～黄褐色，长石石英质，含有自云母片，分选性、磨圆度较好，见蜗牛壳碎片，饱和，密实。层底标高 83.83～86.63m，层厚 0.90～4.90m。

各土层的主要物理力学参数如表 11.1-2 所示。

各土层物理力学参数				表 11.1-2
土层编号	土层名称	重度（kN/m³）	黏聚力 C（kPa）	内摩擦角 ϕ（°）	含水量 w（%）
②	粉土	17.8	10.0	26.0	15.6
③	粉土	18.6	15.0	25.8	16.6
④	粉土	19.3	12.3	26.2	21.2
④$_1$	粉土	19.7	11.0	25.8	19.3
⑤	粉质黏土	20.1	30.2	16.3	21.3

5. 水文条件

根据勘查结果，在勘查深度范围内所揭露地下水为第四系潜水，勘探期间地下水稳定水位埋深 2.6～8.3m。

6. 基坑支护方案

总体设计

该支护设计适用期限为一年，不适用于永久性支护。基坑深度 6.5～8.0m，基坑侧壁安全等级为一级。基坑加固采用预应力锚杆复合土钉墙支护、注浆加固的形式。基坑加固处理支护平面示意图如图 11.1-59 所示。

1-1 剖面：原支护结构已全部坍塌，该段不考虑主体施工作业面，局部影响主体施工的多余土方采用机械稍作清理，随坡就势，采用土钉（锚管）墙支护，对坡顶地面及侧壁松散土体进行注浆加固。

2-2 剖面：位于 24 层商务楼部位，商务楼南半部距基坑边约 4.0m，商务楼北半部距基坑边约 7.0m。该段已采用土钉墙支护，虽未坍塌，但原支护结构已超过使用时效，此边坡采用锚管注浆加固，面板铺设钢筋网，喷射混凝土，混凝土厚 10cm。

3-3 剖面：基坑南侧距 3 层楼约 5.0m，基坑边沿地下埋设一条污水管道，基坑东侧距围墙（铭功路人行道）约 2.0m，铭功路地下管网比较复杂，车流量较大，虽然基坑东、南、北边坡已采用土钉墙支护（垂直坡），但因原支护结构已超过使用时效，加之连续下雨影响，经综合分析，在该 3 侧边坡保持现有坡面的基础上，采用预应力锚杆复合土钉墙加固。

4-4 剖面：位于基坑西南角化粪池部位，该段边坡内土体因长期被污水侵蚀，土体

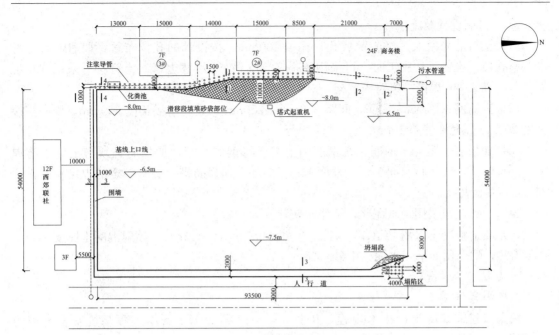

图 11.1-59 基坑支护平面示意图

松散，下半部已坍塌，该段采用预应力锚杆复合土钉墙支护，侧壁及坡顶注浆加固，并将基坑边沿的柳树上冠削掉。

基坑西侧滑移段及基坑东北角塌陷处采用地面注浆加固。注浆加固须在支护结构完成至地面以下 4.5m，面板混凝土强度达到 60％时方可进行地面注浆。地面注浆之前，应查明地下排水管道、燃气管道、化粪池位置及埋深，并根据其位置布设孔位，成孔与锚杆（土钉）同时进行，地面注浆导管设计深度 9.0m，采用直径 48mm 的钢管，溢浆孔段长度 4.0m，采用 PC32.5 水泥，水灰比 0.6。

基坑加固处理典型剖面如图 11.1-60 所示。

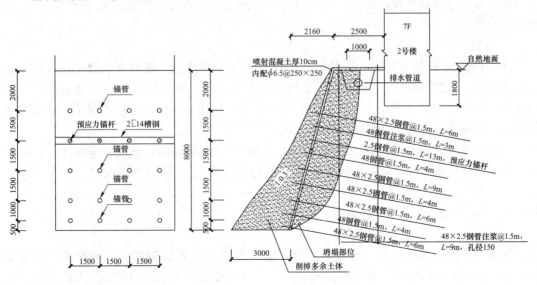

图 11.1-60 基坑支护典型剖面图

7. 土钉墙设计及施工

（1）土钉墙采用人工洛阳铲成孔，孔径 100mm。按设计的孔位布置，如遇障碍物可以调整孔位。土钉无法施工时，可采用 $\phi 8 \times 2.5mm$ 钢管代替土钉。土钉材料采用 $\phi 20$ 钢筋，每间隔 2.0m 焊接一组对中支架。对中支架用 $\phi 6.5$ 钢筋制作。

（2）钢筋网采用 $\phi 6.5$ 钢筋，间距 250mm×250mm，竖向搭接长度 300mm，横向搭接长度 200mm，允许偏差 10mm。

（3）加强筋采用 $\phi 14$ 钢筋，在钢筋网上与土钉钢筋焊接，加强筋必须与土钉主筋焊牢，外焊锚头，锚头材料同土钉，长度不小于 3cm，加强筋搭接要有一定的焊接长度，达到 $10d$，单面焊接。

（4）土钉注浆采用纯水泥浆，注浆水灰比 0.5 左右。

（5）喷射混凝土采用 PC32.5 水泥，中砂，0.5～1.0cm 碎石。喷射混凝土厚度 10cm，强度 C20，配合比如下：水泥：中砂：碎石＝1：2：2。

8. 基坑监测情况

监控内容

根据《建筑基坑支护技术规程》JGJ120—2012 第 3.1.3 条本工程基坑安全等级为"一级"。根据基坑周边环境条件，监控内容包括：

（1）基坑支护结构坡顶的水平位移、竖向位移监测；

（2）基坑东侧铭功路、基坑西侧 2 号、3 号楼、24 层商务楼、基坑南侧 3 层楼、12 层西郊联社楼的沉降监测。

变形警戒值：

（1）支护结构顶部水平位移小于 20mm，并小于 2mm/d；

（2）支护结构顶部竖向位移小于 10mm，并小于 2mm/d；

（3）支护结构最大水平位移小于 40mm，并小于 2mm/d；

（4）基坑周边地表竖向位移小于 20mm，并小于 2mm/d。

该基坑侧壁加固处理已完成，施工过程中支护结构及周边地面变形均小于 15mm，没有产生新的险情。

9. 分析

《建筑基坑支护技术规程》JGJ120—2012 第 3.1.1 条规定：基坑支护设计应规定其设计使用期限。《建筑深基坑工程施工安全技术规范》JGJ311—2013 第 3.0.1 条也将设计使用年限超过 2 年的基坑规定为"施工安全等级一级"基坑。这些规定使得基坑安全管理责任明确，有利于业主管理基坑的使用和维护。

该案例基坑废置多年，险情多发，并最终导致较严重的事故，造成一定的社会影响。

该基坑抢险措施和后期的加固处理方案对类似基坑工程具有参考意义。

11.2 深基坑工程事故原因综述

深基坑工程正逐渐呈现"深、大、紧、近"的特点，基坑深度大，面积大，场地紧凑，建（构）筑物和地下管线等设施密集，环境复杂敏感，基坑工程的环境风险增加，在开发调研阶段、设计阶段、施工阶段都存在影响安全和质量的问题。

11.2.1　存在问题

在工程开发调研、设计、施工阶段存在下列问题：
（1）邻近旧建筑、重要建筑或保护性建筑；
（2）基坑靠近马路、道路下布设有管线；
（3）周边为重要地下设施和管线；
（4）建筑物密集区，多个基坑先后施工；
（5）相邻基坑相互影响的原因，造成邻近房屋倾斜、结构开裂；
（6）降水不当产生马路沉陷，管线开裂；
（7）保护要求高、费用高；
（8）基坑先后施工对周边环境的累积效应；
（9）先后建设顺序和相互保护问题的协调。

11.2.2　事故原因分析

综合上述因素分析，深基坑事故原因归纳如下。

1）建设方开发行为不规范

工程周边环境资料调查不清，保护要求不明确。周边环境情况和环境保护要求是基坑工程的重要设计依据。同样开挖深度的基坑，由于环境情况不同，支护形式可能大不相同，工程投入也可能天差地别。

图11.2.2-1　建筑物外景

原因：建设单位主观忽视。

（1）周边建（构）筑物基础资料调查存在操作上的难度：档案缺失；产权人阻挠调查等（图11.2.2-1）。

（2）为追求地下空间开发利益最大化，地下室结构外边线与用地红线距离往往非常接近甚至小于规划允许的最小值，导致基坑距离周边需要保护的建（构）筑物较近，环境保护难度增大（图11.2.2-2）。

（3）为了配合建设开发进度，施行"先浅后深"的施工顺序，加大了基坑变形控制难度，甚至引发了工程事故，如：莲花河畔倒楼事故，施工顺序"先浅后深"：待住宅结构已经封顶后，再开挖住宅之间的地下车库（图11.2.2-3）。

（4）为了降低容积率，采用高填土的方式将地面标高抬高形成半地下室，堆土引发的工程事故层出不穷。某工程高填土造成别墅地基南北侧存在较大的竖向压力差，引起房屋向中间小区道路倾斜（图11.2.2-4、图11.2.2-5）。

2）设计方为迎合业主需求选择风险大的支护方案

开挖深度在8～10m基坑的支护方案选择：

钻孔灌注排桩、型钢水泥土搅拌桩；钢管、双拼型钢、钢筋混凝土水平支撑、中心岛法施工，设斜抛撑；一道支撑、两道支撑。

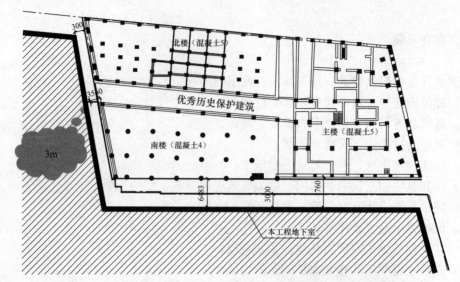

图 11.2.2-2　建筑物周边环境示意图

图 11.2.2-3　某地下车库图

图 11.2.2-4　某工程半地下室

图 11.2.2-5　某工程周边环境示意图

设计考虑不周带来的问题：

地下室位于小区道路侧下方，设计未考虑路面绿化堆土荷载，引发工程事故（图 11.2.2-6）。

3）围护方案施工可操作性差

（1）钢围檩连接（图 11.2.2-7）

（2）栈桥设置问题

为建设方节省造价，不设栈桥；栈桥线路设置不合理，导致土方车辆长距离倒车；栈桥设置过窄，汇车不便（图 11.2.2-8）。

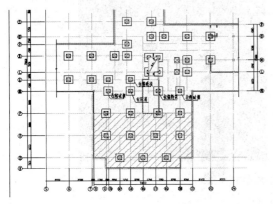

图 11.2.2-6　青浦某工程地下室顶板塌陷

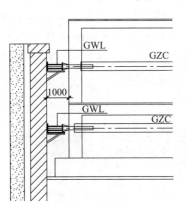

图 11.2.2-7　某工程围檩

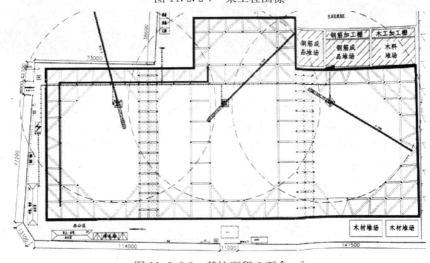

图 11.2.2-8　基坑面积 2 万余 m²

4）施工控制薄弱

（1）渗漏水（图 11.2.2-9）：

图 11.2.2-9 鼓包和渗水

（2）残留地下障碍物，中心城区由于老建筑拆除和新建筑建造的量比较大，工程建设时经常碰到场地中有地下障碍物的情况，例如废弃的工程桩、地下室等。清障引起的土体扰动，引发周边被保护对象的沉降、倾斜等，往往比基坑开挖造成的影响更甚。

某基坑工程施工前，发现场地东侧有 7 根长约 31m 的废弃灌注桩与地墙位置重叠，进行拔桩清理时，对环境影响估计不足，导致邻近居民房屋在短期内多处产生墙体贯穿开裂的结构性损坏现象（图 11.2.2-10）。

图 11.2.2-10 某基坑工程

（3）基坑无支撑状态长时间或大面积暴露，基坑工程时空效应概念由来已久，由于计算环节薄弱，除长条形基坑外，时空效应理论一直未能很好地被工程技术人员掌握并应用于工程实践。由于种种因素，施工现场经常出现基坑无支撑状态长时间或大面积暴露，从而引起基坑和周边环境变形大。

另外，一些坑内设多道支撑的深基坑工程，土方开挖后，下道支撑往往由于天气、劳动力、材料等原因不能及时施工，从而造成基坑变形过大。

（4）土体加固质量缺陷，搅拌桩水泥掺量无法保证，围护结构的挡土作用无效；不加水泥空搅拌，未等开挖基坑已有大尺度变形；土体加固未达到效果。

（5）降承压水引发环境沉降，随着许多超深基坑的出现，基坑开挖过程中需降承压水，当围护墙深度无法隔断承压水时，坑外环境的受影响程度和建（构）筑物的安全就可能被忽略。

（6）群坑施工的叠加效应，面积比较大的基坑施工分区域进行，相邻地块的基坑先后施工甚至同步施工，造成基坑变形的叠加效应，对周边环境产生重大影响。

（7）重车影响，施工区域与保留建筑之间道路简陋，地基浅薄，而基坑施工中都有重型车辆行车，在重车的影响下，道路下沉变形，造成路下大量管线变形、房屋沉降等。

（8）设计或施工方案编制者对现场情况不了解，在操作上碰到的困难，有些设计或施工方案不具备可操作性，造成施工中真正的执行者和操作者无所适从。有些操作人员擅自改动方案，按自己可以操作的方法施工，引起整个受力体系发生很大的变化，也造成了一些基坑安全事故现象的发生。

（9）坑边超载，建筑材料、土方堆放不当，造成超载（图 11.2.2-11）。

图 11.2.2-11　堆载不当引起旁边建筑物整体倒塌

（10）自立式塔式起重机基础，未作专项塔式起重机基础加固设计（图 11.2.2-12）。

图 11.2.2-12　某自立式塔式起重机基础（一）

图 11.2.2-12 某自立式塔式起重机基础（二）

11.3 深基坑工程施工安全改进建议

11.3.1 牢固树立"安全第一"思想

深基坑工程是临时工程，但是工程建设有关各方不能有临时观念，舍不得投入；深基坑工程风险大，发生事故后补救困难，造成的社会影响大，经济损失大。因此，工程建设有关各方必须牢固树立"安全第一"思想，正确处理安全与成本、安全与工期的关系，围护方案设计与施工组织都必须保证必要的安全储备。

11.3.2 认真做好工程条件调查

（1）工程水文地质条件分析：影响范围内的土层分布，地下水情况，潜水、承压水，不良地质现象，如暗浜、暗塘。评估对基坑工程可能的不利影响。

（2）环境调查分析：明确调查范围，走访、查阅档案和实地踏勘调查。

（3）周边建（构）筑物的位置、层数、结构类型、竣工时间、基础类型（浅基础、桩基础等）、持力层及其与本基坑边的相互关系。

（4）地下管线的类型、位置、埋深、走向及其规格、接头形式、埋设时间、埋设时的支护结构等。

（5）相邻地铁（或规划地铁）、人防工程或隧道等地下构筑物的平面位置、尺寸、埋深、施工时间及其基坑边坡支护结构或放坡范围。

（6）同期建设工程或市政设施的性质、规模、特点、施工情况以及相邻工程的沟通协调情况。

（7）调查保护对象的现状：查清在修建和施工阶段已经发生的不利于基坑施工的情况，现有损坏情况，房屋的倾斜、沉降现状，管道的变形、渗漏情况以及特殊的保护要求等，进而通过计算、分析和检测等手段，明确保护对象能够承受的影响程度。

（8）确定安全标准，变形控制标准。根据确定的周边环境安全标准，并充分考虑工程地质条件、地面附加荷载、地表水、地下水和邻近建（构）筑物的影响等不利因素，确定基坑支护开挖引起的围护结构变形和周围地表沉陷的允许范围和允许值。

11.3.3　提高围护方案的"三性"

应对不同类别的地基与基坑区别对待，选择合理的支护结构方案：

（1）应注重支护设计方案的可操作性；

（2）应确定计算结果与参数取用的可靠性；

（3）在保证安全的前提下，做到支护设计方案的科学性、合理性、可操作性，达到经济性的目的。

11.3.4　加强基坑工程施工全过程的控制

（1）在确保工程安全的条件下平衡施工速度与工程造价；

（2）基坑工程施工组织设计和安全施工专项方案的编制应有针对性与可操作性；

（3）施工全过程中的监测与检查；

（4）应急预案和安全技术措施应得到落实；

（5）应用新工艺、新技术提高工程质量和施工安全度；

（6）从实际出发，从标准的选定、工艺的选用、工期的安排、专项方案制订、监测与检查等五个方面，达到施工全过程安全控制的目的。

附录 A 某基坑工程施工安全专项方案

目 录

一、工程概况

（一）工程概况

1. 一般概况

（1）项目名称　　　　　×××地块办公用房项目

（2）建设参建单位　　　（略）

2. 基坑概况

（1）本工程拟建建（构）筑物包括5～6层办公楼、1～3层商业楼及1～2层地下车库。

（2）基坑面积：基坑开挖面积共约54620m²，基坑围护周长约1674m。其中，地下二层区域开挖面积为25450m²，基坑围护周长约633m。

（3）开挖深度：根据设计文件及施工图纸，结构±0.00相当于绝对标高+5.25m，自然地坪标高为-1.30m，相当于绝对标高+3.95m。地下室二层底板面标高-9.65m，底板厚度900mm，贴边承台厚度1400mm。基坑开挖深度9.70m。

（二）基坑安全等级

本工程基坑安全等级为一级。

（三）现场勘查及环境调查结果

本工程位于××市通协路以北、福泉路以东地块，周围环境情况如下：

基坑东侧：根据目前的建筑、结构图纸，地下一层区域东侧局部地下室已超越规划用地红线，红线外为50m宽的规划绿化用地，其下设一层地下室，有连通道与本工程相接，东侧规划项目为政府立项，由本工程建设单位某集团投资建设管理，目前红线外为10-3地块（建设单位同为某集团）借用，作为活动房场地，经建设单位与相关单位沟通协商，可利用绿化用地进行适当卸载并允许局部围护结构超越用地红线。

基坑南侧：围护边线与红线最小距离为6.7m，红线外为通协河（红线即为河口边线），河道宽约18～22m，护岸采用400mm厚的钢筋混凝土挡墙，挡墙基础宽3.0m，埋深4.45m（埋深自目前场地自然地坪标高算起，下同），下设250mm×250mm×8000mm方桩，桩间距1000～1500mm；另外，通协河上有一规划钢筋混凝土桥梁，计划于基坑开挖前施工完成，作为场地的主要出入通道，桥面宽14m，桥台基础采用4根φ800钻孔灌注桩，桩长40m，桩基础距离地下一层围护边线4.4m，距离地下二层围护边线18m。

基坑西侧：围护边线与红线最小距离为10.9m，红线外往西依次为连通河及福泉路（红线即为河口东侧边线），连通河河口宽5m，河道东侧护岸采用400mm厚的钢筋混凝土挡墙，基础宽度2.8m，埋深3.95m，河道西侧护岸采用浆砌块石挡墙，基础为3.2m宽的钢筋混凝土结构，埋深3.95m，下设250mm×300mm×9000mm方桩，桩间距1000～1500mm，两侧挡墙基础间设400×600@5000钢筋混凝土格埂；连通河上有两座钢筋混凝土小桥，桥台基础埋深4.60m，下设400mm×400mm的预制方桩，桩长28m；另外，西侧福泉路上管线较多，列入表A-1。

基坑北侧：围护边线与红线最小距离为6.1m，红线外为朱家浜（红线即为河口边线），河道宽约20～27m，场地西北侧护岸采用300～800mm厚的钢筋混凝土挡墙，基础宽度3.0m，下设300mm×400mm×17000mm方桩，桩间距1200mm，场地东北侧护岸现为浆砌块石挡墙，因年代较久，结构整体性较差，计划于围护桩施工前将老挡墙拆除重建，重建挡墙为 400mm 厚的钢筋混凝土结构，基础宽 3.50m，埋深 1.40m，下设 300mm×500mm×13000mm 方桩，桩间距 1200mm。

管线与基坑边线距离表　　　　　　　　　　　　　　　　**表 A-1**

管　线	与基坑边线距离（m）	管　线	与基坑边线距离（m）
供电　空管　21 孔　1.15	23.4	雨水　PVC 管　φ1800　4.91	33.4
煤气　钢管　φ219　1.34	26.6	信息　空管　12 孔　0.92	35.9
污水　PVC 管　φ300　2.67	29.4	上水　铸铁管　φ300　1.10	39.3

（四）支护结构形式及相应附图

本工程基坑围护采用钻孔灌注桩围护＋三轴搅拌桩止水＋一道混凝土支撑的围护结构形式，钻孔灌注桩与三轴搅拌桩之间采用压密注浆加固。坑内积水井、电梯井等采用双轴搅拌桩围护＋高压旋喷桩封堵。

附图见图 A-1～图 A-8。

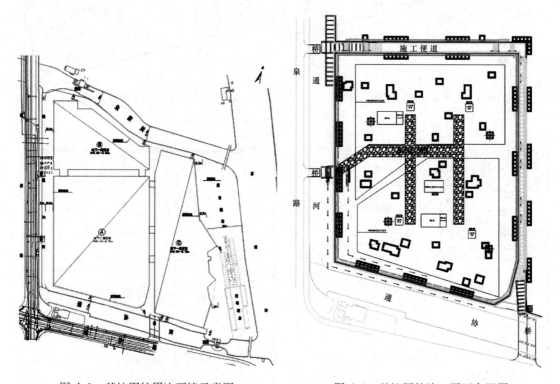

图 A-1　基坑围护周边环境示意图　　　　图 A-2　基坑围护施工平面布置图

（五）专项方案编制依据

（1）《建筑深基坑工程施工安全技术规范》JGJ311

（2）《建筑基坑支护技术规程》JGJ120

（3）《建筑地基基础设计规范》GB50007

（4）《建筑基坑工程监测技术规范》GB50497

（5）《建筑施工高处作业安全技术规范》JGJ80

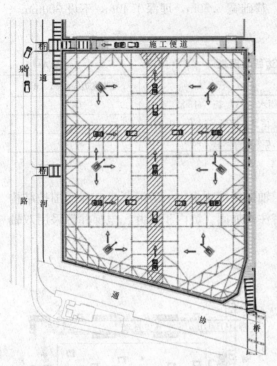

图 A-3　支撑下土方开挖施工路线

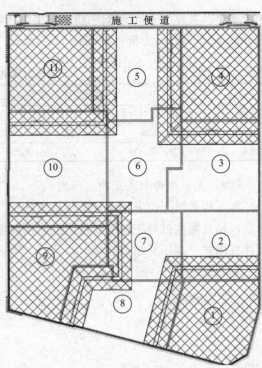

图 A-4　分块、分区开挖示意图（一）

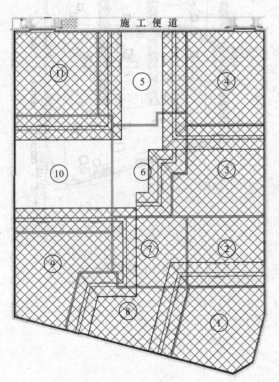

图 A-5　分区、分块开挖示意图（二）

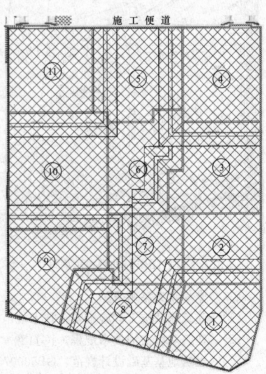

图 A-6　分区、分块开挖示意图（三）

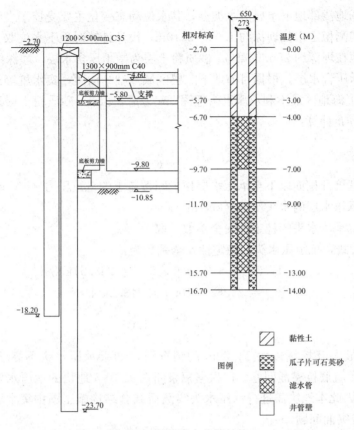

图 A-7　深井降水井管结构

（6）《建筑地基处理技术规范》JGJ79

（7）《建筑土石方工程安全技术规范》JGJ180

（8）《建筑施工安全检查标准》JGJ51—99

（9）《爆破安全规程》GB6722—2011

（10）《危险性较大建筑工程施工管理办法》（住房和城乡建设部建质［2009］87号文）

（11）《施工图设计说明》及施工图纸

（12）施工组织设计文件

（13）其他

二、工程地质及水文地质条件

根据《临空 11-3 地块办公用房项目岩土工程勘察报告》，本工程基坑开挖影响范围内岩土工程地质有以下特点：

（1）拟建场地地貌形态单一，属滨海平原地貌类型。场地较平坦，勘察期间地面标高在 3.38～4.08m 之间。

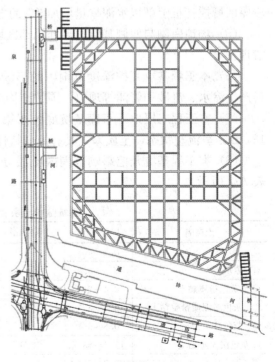

图 A-8　支撑施工平面布置

（2）拟建场地浅部地下水属潜水类型，其水位动态变化主要受控于大气降水和地面蒸发，勘查期间实测稳定水位埋深约 1.05～2.10m，设计计算时地下水位取 0.5m。

（3）本场地在埋深约 25m 的第⑤$_2$ 砂质粉土层为微承压含水层，埋深约 43.5m 的第⑦砂质粉土层为承压含水层。根据目前地下二层区域基础结构图，集水坑等最大开挖深度为 11.20m，根据上海地区最不利承压水头埋深 3m 考虑，以⑤$_2$ 砂质粉土层顶标高较高的勘探孔 C49 土层分布计算：

$$K_{ry} = \frac{p_{cz}}{p_{wy}}$$

式中　p_{cz}——基坑开挖面以下至承压水层顶板间覆盖土的自重压力（kN/m^2）；

　　　p_{wy}——承压水层的水头压力（kN/m^2）；

　　　K_{ry}——抗承压水头的稳定性安全系数，取 1.05。

根据以上公式，抗承压水头的稳定性安全系数为：

$$p_{cz} = 17.3 \times 4.5 + 16.6 \times 9.1 = 228.91 \text{kN/m}^2$$

$$p_{wy} = 21.82 \times 10.0 = 218.2 \text{kN/m}^2$$

$$K_{ry} = \frac{p_{cz}}{p_{wy}} = 1.05$$

即在目前最大开挖深度为 11.20m 的情况下，如果承压水头不高于自然地面以下 3.0m，则已满足坑底抗突涌问题。但根据福泉路西侧 10-3 地块的承压水实测资料，埋深略小于 3.0m，因此本地块需进行承压水头实测后结合结构施工图中集水坑最大深度，进一步复核坑底抗突涌问题。

（4）本场区局部浅层填土较厚，最深处达 4.80m，其分布范围较小，本方案拟在填土较厚区域搅拌桩上部以水泥掺量增加 3% 的方式进行加强。

（5）场地南侧与西侧基坑边界处局部区域浅层有障碍物存在，施工前应对障碍物进行清理。

（6）本工程基坑开挖深度范围内的第③$_2$ 砂质粉土层渗透系数较大，在动水压力下，易产生渗水、流砂和管涌等现象，围护结构应确保良好的止水性能。

（7）本工程二层地下车库基坑底位于第④层灰色淤泥质黏土，该层土厚度达 11.0～13.7m，呈流塑状态，土质差，具有流变特性，设计时应采用可靠的围护形式。

（8）本工程基坑开挖影响范围内土层分布情况及基坑围护土层物理力学性质指标如表 A-2 所示。

基坑围护土层物理力学性质指标　　　　　　　　　　表 A-2

土层名	层厚（m）	γ (kN/m³)	ϕ (°)	C (kPa)	E_s (MPa)	K (cm/s)
①$_1$ 杂填土	0.5～4.8	—	—	—	—	—
①$_2$ 素填土	0.3～3.0	—	—	—	—	—
②灰黄色粉质黏土	0.4～2.8	18.1	19.5	17	4.15	2.0E-6
③$_1$ 灰色淤泥质粉质黏土	0.5～5.1	17.5	18	12	3.00	5.0E-6
③$_2$ 灰色砂质粉土	0.5～3.1	18.4	27.5	4	9.07	3.0E-4
④灰色淤泥质黏土	11.0～13.7	16.6	12	10	2.04	2.0E-7
⑤$_1$ 灰色黏土	3.8～7.4	17.3	12.5	12	2.74	4.0E-7

续表

土层名	层厚（m）	γ（kN/m³）	ϕ（°）	C（kPa）	E_s（MPa）	K（cm/s）
⑤₂ 灰色砂质粉土	0.8～11.0	18.2	31.5	5	9.56	—
⑤₂ 夹灰色砂质粉土	0.6～7.5	18.0	19	15	4.12	—
⑤₃ 灰色粉质黏土	3.9～11.4	18.3	20	18	4.37	—
⑤₄ 灰绿色粉质黏土	1.3～5.4	19.4	20	36	6.87	—
⑦ 灰色砂质粉土	1.5～5.7	19.0	34	4	11.19	—

注：C、ϕ 均为勘查报告所提供的土层物理力学性质参数。

三、危险源分析

一般危险源（略）

重大危险源（略）

四、危险源控制的安全技术措施

常规的安全技术措施：

（1）贯彻"安全第一、预防为主"的方针。

（2）设专职安全员负责工地安全管理工作。由施工负责人监督日常安全工作，各工种、各施工班组设立兼职安全员，由项目经理、施工负责人、专兼职安全员，组成项目安全小组，检查督促项目安全。

（3）工人进场前由安全员进行安全教育，进场后施工人员必须认真执行"安全管理制度"和"安全生产责任制"，遵守安全生产纪律，定期召开安全工作会议，进行安全检查活动，杜绝安全隐患，由安全员做好安全日记。开工前由项目部组织进行工地安全检查，合格后方能开工。

（4）施工现场设置安全警示牌，施工人员必须佩戴安全帽施工。

（5）机电设备必须由专人操作，认真执行规程，杜绝人身、机械、生产安全事故，特殊工种（起重工、焊工、电工、架子工等）必须持证上岗。

（6）现场电缆必须安全布设，各种电控制箱必须安装二级漏电保护装置，电器必须断电修理，并挂上警示牌，电工应定期检查电器、电路的安全性。

（7）机械设备应由机修人员修理，杜绝机械安全事故隐患。

（8）机（班）长要定期检查各活动、升降以及机具的安全性，若有问题要及时维修、调换，不允许超负荷运行。

（9）施工进程中一切操作由专人（机长）统一指挥。

（10）外露传动装置必须有防护罩。

（11）现场必须配备消防器材，电路控制系统必须有防雨淋设施。

（一）搅拌桩施工安全技术措施

桩机井架高度近 20m，且动力头自重达 1t 以上，桩机自身的安全是重点，应注意以下事项：

（1）桩机底盘摆放平整，不能出现一高一低的倾斜情况。

（2）走管下枕木应垫牢，对于高低不平的地面需清理平整，避免在虚土上摆放枕木，使桩机行走进程中出现枕木下陷的情况而使桩机倾斜。

（3）桩机井架应调整垂直，使动力头重心不偏移。

（4）桩机行走钢丝绳穿绳要正确，防止钢丝绳卡死。

（5）卷扬机钢丝绳要勤检查，断丝超过规范应及时更换。

（6）行走时因采用卷扬抽管移动，操作过程不能急躁，应掌握慢、稳，为减少桩机底盘架和走管的摩擦，应及时在走管上抹润滑油。

（7）电机传动部位应安装可靠的防护装置。

（二）高压泥浆泵施工安全技术措施

1. 泵车

（1）泵体内不得留有残渣和铁屑，各类密封圈套必须完整良好，无泄漏现象。

（2）安全阀中的安全销要进行试压检验，必须确保在达到规定的最高压力时，能断销卸压，决不可安装未经试压检验的或自制的安全销。

（3）指定专人司泵，压力表应定期检修，保证正常使用。

（4）高压泵、钻机、浆液搅拌机等要密切联系、配合协作，一旦某部发生故障，应及时停泵停机，及时排除故障。

2. 钻机

（1）司钻人员应具有熟练的操作技能并了解旋喷注浆的全过程和钻机在旋喷注浆中的作用。

（2）钻孔的位置需经现场技术负责人确认，确认无误后方可开钻。

（3）人与喷嘴距离应不小于600mm，防止喷出浆液伤人。

3. 管路

（1）高压胶管：在使用时不得超过容许压力范围。

（2）胶管：弯曲使用时不应小于规定的最小弯曲半径。

4. 清洗及检修

（1）喷射注浆施工结束后，应立即将钻杆、泵及胶管等用清水清洗干净，防止浆液凝结后堵塞管道，造成再次喷射时管道内压力骤增而发生意外。

（2）施工中途发生故障，必须卸压后方可拆除连接接口，不得高压下拆除连接接口。

（三）施工用电安全技术措施

（1）严格执行《施工现场安全生产保证体系》、《施工现场临时用电安全技术规程》的相关规定。

（2）电缆接头不许埋设和架空，必须接入线盒，并固定在开关箱上，接线盒内应能防水、防尘、防机械损伤，并远离易燃、易爆、易腐蚀场所。

（3）所使用的配电箱必须符合JGJ46-2005要求的电箱，配电箱电气装置必须做到一机一闸一漏电保护。

（4）开关箱的电源线长度不得大于30m，并与其控制固定式用电设备的水平距离不超过3m。

（5）所有的配电箱、开关箱必须编号，箱内电气完好匹配。

（6）所有电机、电气、照明器具，手持电动工具的电源线应装置二级漏电保护器。

（7）施工现场的电气设备设施必须有有效的安全管理制度，现场电线、电气设备、设施必须有专业电工经常检查整理，发现问题及时解决。

（四）高压旋喷桩施工安全技术措施

（1）桩施工前，对邻近施工范围内原有构筑物、地下管线等进行检查，对有影响的工程，应采取有效的加固防护措施或隔震措施，施工时加强观测，以确保施工安全。

（2）桩施工前先全面检查机械各个部分及润滑情况，钢丝绳是否安好，发现问题及时解决，检查后要进行试运转，严禁带病作业。桩机设备应由专人操作，并经常检查机架部分有无脱焊、螺栓松动，注意机械的运转情况，加强机械的保养，以保证机械正常使用。机械操作人员必须持证上岗。

（3）桩机机架安设铺垫平稳、牢固，防止钻具突然下落，造成人员伤亡和设备损坏。

（4）现场操作人员要戴安全帽，高空作业佩安全带，高空检修桩机，不得向下乱丢物件。有心脏病、高血压病者，不能从事高空作业。

（5）夜间施工，架设足够的照明设施，雷雨天、大风、大雾天应停止桩施工作业。

（6）桩施工时，5m范围内不得有人员走动或进行其他作业，非工作人员不准进入施工区域。

（7）加强施工现场人员安全教育：对所有从事管理和生产的人员进行全面的安全教育，通过安全教育，增强职工安全意识，树立"安全第一、预防为主"的思想，并提高职工遵守施工安全纪律的自觉性，认真执行安全操作规程。

（8）施工期间保持道路平整、畅通，施工现场的洞、坑、沟、井口等危险处，设安全防御设施及安全警示牌，夜间设红灯示警。

（9）施工现场设置足够的消防水源和消防设施网点，消防器材有专人管理，不得乱拿乱动，建立安全防火责任制，并划分防火责任区。

（10）施工现场配备齐全有效的安全设施如安全网、洞口盖板、护栏、防护罩、各种限制保险装置等，并且不得擅自拆除或移动，因施工确定需要移动时，需采取相应的临时安全措施。

（11）现场各类材料的堆放不得超过规定的高度。施工现场明确划分用火作业区、易燃、可燃材料堆放场、仓库、易燃废品集中点等，并张贴醒目的防火标志。

（12）高压线下每边6m（共12m）做好施工围栏，以确保安全距离。

（13）搅拌桩施工过程中每台桩机必须保证有一人以上监测桩机施工安全问题。

（14）各机台做好设备的防盗工作，杜绝黄、赌、毒等违法行为。

（15）特别要注意雨天在高压线下工作的安全保护措施，防止大暴雨下触电事故发生。

（五）反铲挖掘机安全技术措施

1）挖掘机反铲作业时，除松散土壤外，其作业面应不超过本机性能规定的最大开挖高度和深度。在拉铲或反铲作业时，挖掘机履带距工作面边缘至少应保持1～1.5m的安全距离。

2）启动前检查工作装置、行走机构、各部安全防护装置、液压传动部件及电气装置等，确认齐全完好，检查液压传动的臂杆、油管、液压缸、操作阀等无漏油现象方可启动。

3）作业中的安全注意事项：

（1）作业区内应无行人和障碍物，挖掘前先鸣声示意，并试挖数次，确认正常后，方可开始作业。

（2）作业时，挖掘机应保持水平位置，将行走机构制动住，并将轮胎或履带楔紧。

（3）遇较大的坚硬石块或障碍物时，须待清除后，方可挖掘。不得用铲斗破碎石块或用单边斗齿硬啃。

（4）作业时，必须待机身停稳后再挖土，当铲斗未离开工作面时，不得作回转行走等动作，回转制动时，应使用回转制动器，不得用转向离合器反转制动。

（5）装车时，铲斗要尽量放低，不得撞碰汽车任何部分。在汽车未停稳或铲斗必须越过驾驶室而司机未离开前不得装车。

（6）作业时，铲斗升、降不得过猛。下降时不得撞碰车架或履带。

（7）在作业或行走时，严禁靠近架空输电线路，机械与架空输电线的安全距离应符合有关规定。

（8）操作人员离开驾驶室时，不论时间长短，必须将铲斗落地。

（9）行走时，主动轮应在后面，臂杆与履带平行，制动住因转机构，铲斗离地面 1m 左右。上下坡道不得超过规范允许最大坡度，下坡用慢速行驶，严禁在坡道上变速和空挡滑行。

4）作业后的安全注意事项：

作业后，应停放在坚实、平坦、安全的地带，将铲斗落地。使提升绳松紧适当，臂杆降到 400～500mm 位置。

5）自卸车操作规程：

（1）自卸汽车保持顶升液压系统完好，工作平稳，操纵灵活，不得有卡阻现象。

（2）按规定品种、标号添加液压油，各节液压缸表面保持清洁。

（3）非顶升作业时，将顶升操纵杆放在空挡位置，顶升前必须拔出车厢固定销。

（4）配合挖掘机作业时自卸汽车就位后拉紧手制动器，在铲斗必须越过汽车驾驶室作业时，驾驶室内不得有人停留。

（5）卸料时，车厢上空和附近应无障碍物，向基坑等地卸料时，必须和坑边保持安全距离，防止塌方翻车，严禁在斜坡侧向倾卸。

（6）卸料后，车厢必须复位，不得在倾卸情况下行驶，严禁在车厢内载人。

（7）车厢顶升后进行检修、润滑作业时，必须用支撑将车厢支撑牢固，方可进入车厢下面。

（六）对地下管线和其他设施的加固安全技术措施

根据现场的实际情况，以及我公司多年来在类似工程中积累的施工经验，将在采取切实有效的加固措施的基础上，严格实施施工方案，确保施工安全。

施工过程中能够完整地保护好邻近建筑物及地上、地下管线设施，是一个企业重视安全、文明施工的良好体现，也是整个工程顺利进展所必须做好的环节。具体安全技术措施如下：

（1）开工前组织人员认真研究施工图纸及现场情况，制订详细的保护方案。

（2）召开各类地下公用管线单位协调会，基坑开挖前需向有关管线单位提出监护的书面申请，办妥《地下管线交底卡》手续。特别是十字路口各类地下管线交叉重叠，必须采取严密的保护措施。

（3）工程实施前，把施工现场地下管线的详细情况及管线保护措施向现场施工技术负责人、项目主管、班组长直到每一位工人作层层技术交底。

（4）在基坑开挖前先组织有关人员，按照管线单位交底的情况，将沿线有影响的管线样洞全部挖出，并同时对管线的管径、走向及深度做好标志牌，提醒施工时注意管线的保护。

（5）在基坑工程施工过程中，对平行基坑边的管线采取保护措施，并同时对基坑两侧的管线以及周边可能会受到影响的建筑物或设施进行卸载处理，以减小这些管线和设施的相对沉降。

（6）对于横穿于基坑两侧的公用管线，在基坑工程施工前，先将管线暴露，卸载后再用钢板桩、钢丝绳及花篮螺栓进行保护。并在管线节头位置设置高程观察点，对沉降差异值超过规定点的随时进行花篮螺栓的调整，确保管线的安全。

（7）开槽埋管工程施工时做到施工一节及时修复一节，减少沟槽暴露时间。在现场认真保护好所有暴露的管材和接头并协同管线单位进行监护，若有管线损坏及时通知管线单位进行维修，并禁止附近各种明火。

（8）挖土临近管线时一律采用人工开挖，管线暴露后用钢板桩、钢丝绳及花篮螺栓吊好，开槽埋管工程结束后对公用电缆管道进行砌墩、灌砂，保证管道安全。

（9）工程实施时，严格按照经审定的施工组织设计中的保护技术措施的要求进行施工，各级负责人深入施工现场监护，督促操作（指挥）人员遵守操作规程，制止违章操作、违章指挥和违章施工。

（七）施工机械及施工机具安全措施

机械设备的使用、维修和保养：

现场的机械设备必须有书面的操作规程，必须由持有操作证的人员操作，并实行定机定人。机械设备管理人员必须经常检查机械设备的安全防护装置并予以维修和保养，及时更换失灵和损坏的零部件。各种机械设备操作人员必须严格按照操作规程操作，不得带病或酒后作业。

特种设备必须证件齐全，并到相关部门备案。大型机械在安装前必须进行交底，安装完后，必须经检验合格后，方可投入使用。所有这些机械的操作工，必须经培训及考核，并发有操作合格证，严禁无证人员上岗操作。

1. 一般要求

（1）施工现场所有机械设备和机具必须做到定机定人和持证上岗，并挂设操作规程牌，非机电操作人员，不允许操作机电设备。

（2）施工现场所有机械设备和机具必须做好保护接零和装设二级漏电保护装置。

（3）施工现场所有机械设备和机具，必须定期检修维护，保证设备和机具完好的技术状态。

（4）所有机械设备的机械传动部位，必须装设防护罩。

（5）搅拌机安装位置必须平稳、坚实，保险挂钩和离合器、制动器等必须有效灵活。

（6）电焊机接线端子板必须保护完好，并设有防护罩；焊把线保护绝缘良好、不随地拖拉；施焊时，对火花及焊渣加以控制和及时清扫，预防火灾事故发生。

（7）各种气瓶（氧气和乙炔等），必须按规范要求分类并分开放置，并设置明显标志加以区别。

2. 特殊要求

对于垂直起重设备必须做到下列安全要求：

（1）电动垂直起重设备必须装设必要的安全装置（冲高限位器等），并保持灵敏有效。

（2）垂直起重设备必须加强检修维护，保持良好的技术状态，保证机件能够运转正常，操作灵活，如按钮开关、限位开关、减速器、钢丝绳、绳卡、吊钩、吊桶、吊箱等。

（3）垂直起重设备支架应坚固，设备在井孔处架设必须牢固，应能承受一定的冲击力不致翻倒。

（4）捯链或卷扬机的制动装置必须灵活可靠。

（5）垂直起重设备进场前必须经检验合格后，方可投入使用。

（八）防高处坠落及物体打击技术措施

"四口五临边"防护：

水平洞口边长大于 1.5m 的设防护栏杆，下面挂水平安全网；边长小于 1.5m 的用打膨胀螺栓固定钢筋网的方法，钢筋直径不小于 16mm，间距不大于 150mm。边长在 300mm 以下的小洞，用盖九夹板堆砂浆的办法封闭。各种信道的入口处，必须搭设护头棚，并挂有关的警示牌。

（九）土方开挖安全技术措施

1. 基坑支护安全措施

1）首先要对施工现场进行勘查，摸清工程实际情况，水文、地质情况，对能大放坡的基坑进行放坡施工，对不能放坡的基坑要进行基坑支护。

2）浅基坑的支护安全措施：

（1）间断式水平支护（此方法适用于干土或天然湿度的黏土类土，深度在 2m 以内），两侧挡土板水平放置，用撑木加木楔水平顶紧，挖一层土支顶一层，以此方法保证挖土人员的安全。

（2）断续式水平支护（此方法适用于湿度小的黏性土及挖土深度小于 3m 的基坑），把挡土板水平放置，中间留出间隔，然后两侧同时对称立上竖方木，再用工具式横撑上下顶紧，以此方法保证安全。

3）深基坑支护安全措施：

地下连续墙：在开挖的基槽周围，先建地下连续墙，待混凝土达到强度后，在连续墙中间用机械或人工挖土，直至要求深度，保证施工安全。

2. 降排水工程安全措施

开挖底面低于地下水位的基坑（槽）时，地下水会不断渗入坑内，坑内积水不及时排走，不仅会使施工条件恶化，还会使土被水泡软后，造成边坡坍方，危及人员安全。因此，为保安全生产，在基坑开挖前和开挖时，必须做好降水工作。

（1）雨期施工时，应在基坑四周或水的上游，开挖截水沟或修筑土坡，以防地表水流入基坑内。

（2）基坑开挖过程中，在坑底设置集水井，并沿坑底的周围或中央开挖排水沟，使水流入集水井中，然后用水泵抽走，抽出水应予以引开，严防倒流。

（3）四周排水沟及集水井应设置在基础范围以外，地下水走向的上游，根据地下水量大小，基坑平面形状及水泵能力，集水井每隔 20～40m 设置一个，集水井的直径一般为 0.6～0.8m，其深度随着挖土的加深而加深，随时保持低于土面 0.7～1.0m，井壁用竹、木进行加固。当基坑挖至设计标高后，井底应低于坑底 1～2m，并铺设碎石滤水层，以避免在抽水时间较长时，将泥砂抽出及防止井底的土被扰动。

3. 土方开挖工程安全措施

1）准备工作：

(1) 土方开挖前，进行现场勘查，摸清工程情况、地质、水文情况，以及地下埋设物、电缆线路、给水排水管道、煤气管道、邻近建筑等情况，以便有针对性地采取安全措施。

(2) 按批准的施工组织设计和安全防护措施进行技术和安全交底。

2）土方开挖安全措施：

(1) 根据土方工程开挖深度和工程量大小，选择人工挖土或机械挖土方案。

(2) 如开挖的基坑比邻近建筑物基础深时，开挖应保持一定的距离和放坡，必要时还要采取边坡支撑加固措施，以免出现滑坡、坍方事故。

(3) 弃土应及时运出，如需要临时堆土或留作回填土，堆土坡脚至坑边距离应按挖坑深度、边坡坡度和土的类别而定。

(4) 必要时应采取坑壁支护。

(5) 及时采取排水措施，以免基坑被水浸泡，造成坑壁土质松软、土方下滑、坍塌造成人员伤亡。

(6) 采用机械挖土时，需要人员来配合清底，但在清底、清边时，要待机械停止工作时进行，以免机械伤人。

（十）爆破安全技术措施

爆破作业应由有爆破资质的单位施工并编制施工方案，应报公安机关批准。

1. 凿岩作业安全规定

(1) 凿岩机具与高压风管连接必须紧固；下井时凿岩机具应先于作业人员，上井时凿岩机具应后于作业人员。

(2) 炮眼应避免布置在岩层裂缝处或岩层变化位置，禁止在残眼上钻孔。

(3) 凿岩完毕后，应对炮孔逐个验收并对不符合设计要求的炮孔及时整改，炮孔验收内容包括其数量、位置、深度、倾角等。

2. 装药作业安全规定

(1) 必须严格按设计要求选用爆破器材，禁止使用火雷管。

(2) 加工起爆药包应根据孔桩炮孔数量、设计段位及网络设计要求而作，雷管段位标记应固定在起爆包头部，不应用无段位标记的雷管制作起爆药包或把失落段位标记的起爆药包装入炮孔。

(3) 爆破员在井内装药时，井口必须设有专人看护和吊送爆破器材。

(4) 严禁向井下投掷爆破器材；禁止同时进行抽水、凿岩和装药作业。

(5) 装完药后必须堵塞，堵塞应密实并保护好导爆管或脚线。

(6) 装药完成后应根据设计要求及时进行覆盖；孔口覆盖层应留透气口，孔桩深度在小于 3m 时，每个炮眼口应加覆盖砂袋。

3. 爆破网路安全规定

（1）爆破网路应根据场地内的感应电、射频电、杂散电流测试结果选择确定。

（2）使用电爆网路时，连线应在所有炮孔装药、堵塞、覆盖完毕和关闭爆区内所有电源后进行；连接导线应使用绝缘胶质导线并保证接头部位绝缘良好；禁止使用裸露导线；网路应尽量不触地或少触地；连线后应进行导通测试；若有问题及时查明原因、排除故障。

（3）使用非电起爆网路时，导爆网路应远离火源，防止撞击。

4. 警戒及起爆安全规定

（1）第一次信号为预告信号：所有与爆破无关人员必须立即撤离危险区或撤至指定的安全地点；禁止在邻近孔桩内躲避；所有危险区边界都必须设岗派人警戒。

（2）第二次信号为起爆信号：确认人员、设备全部撤离危险区，具备安全起爆条件时方准发出起爆信号。

（3）第三次信号为解除警戒信号：未发出解除警戒信号前，警戒人员必须坚守岗位；除爆破工作领导人批准的检查人员外，不准任何人员进入危险区；经检查确认安全后，方准解除警戒。

5. 其他安全规定

（1）下井作业前及爆破后应进行井下有毒有害气体检测并进行通风直到空气达到安全标准后方可下井作业。

（2）雷雨、大风天气禁止井下作业；爆破施工过程中，闪电打雷时应迅速把所有主线拆开，分别绝缘后迅速撤离，按爆破警戒要求实施警戒。

（3）爆破后必须对爆区进行检查，发现盲炮或其他安全隐患，应立即报告并及时按有关规定处理。

（4）爆破点附近有须保护的重要建（构）筑物时，必须进行爆破振动监测。

（5）除本规定外，还必须严格按《爆破安全规程》GB6722—2011 等有关现行国家标准、公安机关的有关规定执行。

（十一）夜间施工安全技术措施

1. 夜间施工手续办理

工程开工前，提前到所在管辖区环保部门及城建执法部门办理夜间施工手续，严格按相关规定进行夜间施工。

2. 总体安排

根据工程实际情况，对整个工程进行计划部署，将主要工序尽量安排在白天施工。

3. 夜间施工照明

夜间作业要有足够的照明设备，在主要位置设置照明灯，探照灯尽量选择节能的既满足照明要求又不刺眼的新型灯具或采取措施，使夜间照明只照射施工区域而不影响周围环境。直接用于操作的照明灯采用 36V 的低压防爆工作灯。

4. 夜间噪声控制

施工现场提倡文明施工，建立健全控制人为噪声的管理制度，尽量减少人为的噪声喧哗，增强全体施工人员防噪声扰民的自觉意识。对噪声污染进行严格的监控。采用低噪声设备，对噪声大的机械设备采取封闭、限时使用等措施，最大限度地降低噪声污染。在基础和结构施工阶段，由于混凝土连续施工的需要进行超噪声限值施工时，提前向工程所在地建设行政主管部门提出申请，经审批到工程所在地区环保部门备案。

5. 夜间施工质量控制

加强夜间施工巡检力度，管理人员轮流值班，不因夜间施工而放松质量控制，对不符要求的坚决返工重做，确保工程质量。

6. 夜间施工安全管理

在夜间施工质量控制的同时，加强安全管理，坚持进行班前安全教育，对工人不搞疲倦战术，合理安排，劳逸结合。

（十二）防台风安全措施

（1）成立以公司总经理和项目部项目经理为首的两级应急救援领导小组，项目部服从公司领导，在遇到台风等紧急情况时启动该领导小组。

（2）每天及时查询当地天气预报和防汛通知，一旦有台风警报，应停止施工，严禁不听招呼野蛮强行作业。

（3）做好现场临时设施加固措施，从各活动房的四角成 45°角加拉几条钢丝，与打入地里的直径 50mm 长 1800mm 的锚管相连，使活动房更加牢固，对于有危险的建（构）筑物，应及时加固或拆出。

（4）做好现场的排水措施，保证台风来后带来暴雨对建筑物浸泡的情况下，对施工现场的水、电全部切断，防止可能的伤害。

（5）做好各种机具保护措施，各种电机具应做好防雷接地，台风到来前应提前切断电源。

（6）做好通信联系，现场电话等通信必须保持 24h 开通，一旦有事情发生，必须保证找到相关人员。

（7）配备相应的急救小分队，小分队必须由素质好、身体好且经验丰富的人员组成，一旦发生事故，小分队应第一时间赶到现场进行处理，力争将事故降到最小的损失。做好易潮等物品的防水或转移工作。减少财产损失。

（8）配备应急灯、雨衣、雨鞋，各级领导亲自值班，安排人员 24h 轮流值班，发现险情马上汇报。

（9）如有伤亡事故，应尽快向上级汇报，并紧急送往医院治疗。

（10）做好灾后的重建工作，尽快组织人员投入到生产中去。做好灾后统计工作，并向上级汇报受灾情况。做好灾后汇总工作，为以后的抗灾工作积累经验。

五、施工信息化控制

（一）信息化监测目标

1. 监测目的

（1）对基坑施工期间基坑各部分及基坑周边环境的变化进行巡视、测量，并及时全面地将成果反映给相关部门，以确保基坑施工的安全性及周边环境的稳定性。

（2）分析测量成果，预估发展趋势，及时与委托单位、设计单位和施工单位交流，保证基坑的安全、稳定性。

（3）通过理论和实际的对比，通过"信息化施工"加深对类似工程的认识，为以后的工作积累经验。

2. 监测方案编制原则

基坑开挖是坑内土体卸荷的过程，由于卸荷会引起坑底土体产生向上位移，同时也会引起围护体在两侧压力差的作用下产生水平方向位移、墙外侧土体位移。基坑变形包括围护体的变形及基坑周围地层移动等。加强监测工作可以有效、合理地控制围护体位移，达到保护环境的目的。

根据本工程监测技术要求和现场具体环境情况，从时空效应的理论出发，本监测方案按以下原则进行编制：

（1）基坑开挖施工影响范围内的建（构）筑物和基坑本身作为本工程监测和保护的对象。

（2）设置的监测内容及监测点必须满足本工程设计方案及相关规范的要求，并能全面反映工程施工过程中周围环境及基坑围护体系的变化情况，确保监测内容设置合理，确保测点覆盖广泛、便于比对、直接有效。

（3）监测过程中，采用的方法、监测仪器及监测频率应符合设计和规范要求，能及时、准确地提供数据，满足信息化施工的要求。

（二）监测项目和具体内容

1. 监测范围与对象

基坑开挖对周边环境的影响范围一般为2～4倍的基坑开挖深度，本基坑东侧、西侧的已有房屋及南侧的地下管线均在基坑开挖影响范围内，因此本工程基坑监测包括两部分：

（1）基坑周边环境监测；

（2）围护结构稳定性监测。

2. 监测具体内容

1）周边环境监测内容

（1）周边建筑物监测内容为沉降与倾斜。如建筑物存在明显裂缝，尚需进行裂缝观测。

（2）周围地下管线监测内容为沉降与水平位移。

（3）对基坑周边地面沉降进行监测：裂缝与沉降。

（4）坑外地下水监测：水位沉降。

2）围护结构稳定性监测

（1）围护墙顶沉降与水平位移；

（2）围护墙与坑外土体侧向位移及渗漏水情况；

（3）支撑体系的位移与裂缝情况；钢支撑的应力变化情况。

（三）监测点布置和埋设

各监测项目的测点布设位置及密度应与基坑开挖顺序、被保护对象的位置及特性相配套。同时，为综合把握基坑变形状况，提高监测数据的质量，应保证每一开挖区段内有监测点。遵循规范结合实际，参照围护体布置及开挖分区等参数，进行监测点布置。

基坑监测点总体布设原则：

（1）监测点应充分结合基坑工程监测等级、基坑设计参数特性和基坑施工参数特性进行合理布置。

（2）监测点布置应最大限度地反映基坑围护结构体系受力和变形的变化趋势。

（3）基坑围护体侧边中部、阳角处、受力（或变形）较大处应布置测点，重点区域应加密监测点。

（4）不同监测项目的监测点宜布置在同一断面上，便于数据比对。

（5）监测点布置间距应满足规范要求，应满足设计及相关单位的合理要求。

（6）各监测项目的测点布置，需兼顾基坑分块施工特点，确保每分块开挖施工过程中，均有对应监测点在有效工作，从而为分块施工过程提供数据信息。

1. 围护体系观察

基坑工程的现场监测应采用仪器监测与巡视检查相结合的方法。整个基坑工程施工期内，与仪器监测频率相对应，应进行巡视检查，并形成书面巡视报表。

巡视检查内容主要针对四部分：支护结构、施工工况、周边环境和监测设施（表 A-3）。

主要巡视内容　　　　　　　　　　　　　　　　　表 A-3

序　号	分　类	主要巡视内容
1	支护结构	1）支护结构成型质量； 2）冠梁、围檩有无裂缝出现； 3）加劲桩有无较大变形； 4）截水帷幕有无开裂、渗漏； 5）墙后土体有无裂缝、沉陷及滑移； 6）基坑有无涌土、流砂、管涌
2	施工工况	1）开挖后暴露的土质情况与岩土勘察报告有无差异； 2）基坑开挖分段长度、分层厚度及支锚设置是否与设计要求一致； 3）场地地表水、地下水排放状况是否正常，基坑降水、回灌设施是否运转正常； 4）基坑周边地面有无超载
3	周边环境	1）周边管道有无破损、泄漏情况； 2）周边建（构）筑物有无新增裂缝、沉降、倾斜出现； 3）周边道路（地面）有无裂缝、沉陷； 4）邻近基坑及建筑的施工变化情况
4	监测设施	1）基准点、监测点完好状况； 2）监测元件的完好及保护情况； 3）有无影响观测工作的障碍物

现场巡视检查以目测为主，可辅以锤、钎、量尺、放大镜等工器具以及摄像、摄影等设备进行。

每日由专人对自然条件、支护结构、施工工况、周边环境、监测设施等的巡视检查情况进行书面记录，及时整理，并与仪器监测数据进行综合分析。

巡视检查如发现异常和危险情况，应及时通知委托方及其他相关单位。

2. 围护结构顶部水平、竖向位移监测

基坑开挖期间大面积土方卸载，围护体将产生一定的水平位移，为掌握围护体顶部位移信息，布设墙顶水平位移监测点，围护顶水平位移值亦可作为测斜自管口向下计算时的管口位移修正值。监测点布置与围护体测斜孔位置一一对应。

考虑基坑围护的外形特点，在基坑围护顶部分别增布水平位移监测点，以强化监测。共计布设围护结构顶部水平、竖向位移监测点 14 个（DW1～DW14）。（测点布置参见"基坑围护及周边环境监测测点平面布置图"，以下同）

基坑开挖期间大面积土方卸载，围护体亦将产生垂直位移，为掌握围护体垂直变形信息，应布设墙顶垂直位移监测点。

墙顶垂直位移测点布置与墙顶水平位移测点一一对应。

围护体顶部垂直、水平位移监测点埋设在围护顶部圈梁施工时进行。

3. 坑外土体侧向水平位移（测斜）监测

土体开挖会使围护体两侧受力不均，产生压力差，从而引起围护体的变形，本项监测就是利用测斜仪探头深入围护体内部，通过测量预先埋在围护体内部测斜管的变化情况反映出围护体各深度上的水平位移情况。

测斜监测点布设间距取为30m左右，测点优先考虑布设在围护体中部、阳角处及对应局部深坑处。

共布设围护体深层侧向水平位移（测斜）监测点13个（CX1～CX13）。

4. 基坑周边道路沉降监测

本工程基坑周边道路沉降监测点共布设14个（RD1～RD14）。

5. 立柱沉降监测

本工程预应力装配式支撑立柱沉降监测点共布设4个（LZ1～LZ4）。

6. 支撑轴力变化观测

本工程预应力装配式支撑轴力监测点共布设6个（ZZ1～ZZ6）。

7. 周边建筑物沉降观测

本工程共布设周边建筑物沉降观测点56个（JZ1～JZ56）。

8. 地下管线位移监测

基坑土体开挖卸荷引起坑内外侧土压力失衡，此时围护体系起到抵抗外侧土压力以维持内外平衡的作用，为确保基坑内外地下管线的安全，对该项目必须进行监测。共计布设地下管线位移监测点16个（GX1～GX16）。

（四）监测期限、频率、报警值及应急措施

1. 监测期限

本项目基坑监测周期为围护桩施工开始至地下结构出±0.00m结束。

2. 监测频率

基坑工程监测频率的确定应以能系统反映监测对象所测项目的重要变化过程而又不遗漏其变化时刻为原则。

监测项目的监测频率应综合考虑基坑类别、基坑及地下工程的不同施工阶段以及周边环境、自然条件的变化和当地经验而确定。当监测值相对稳定时，可适当降低监测频率。

根据设计说明要求及相关规范规定，现场监测频率原则上按表A-4执行。

现场监测频率　　　　　　　　　　　　　　　　　　表A-4

序号	施工阶段	监测频率	监测内容
1	施工前	至少测3次初值	相关监测项目
2	围护桩施工	1次/7d	施工影响范围内周边环境监测点
3	基坑开挖—浇筑底板	1次/1d	开挖区对应监测内容
4	底板浇筑完成—±0.00m	1次/7d	施工影响范围内监测内容
5	H型钢及钢绞线回收时	1次/1d	型钢及钢绞线回收区域对应监测内容
6	地下结构出±0.00m	基坑监测任务结束	

根据国家标准《建筑基坑工程监测技术规范》GB50497—2009 第 7.0.4 条（强制性条文）规定，当出现下列情况之一时，应提高监测频率：

(1) 监测数据达到报警值；

(2) 监测数据变化较大或者速率加快；

(3) 存在勘察未发现的不良地质；

(4) 超深、超长开挖或未及时加撑等违反设计工况施工；

(5) 基坑及周边大量积水、长时间连续降雨、市政管道出现泄漏；

(6) 基坑附近地面荷载突然增大或超过设计限值；

(7) 支护结构出现开裂；

(8) 周边地面突发较大沉降或出现严重开裂；

(9) 邻近建筑物突发较大沉降、不均匀沉降或出现严重开裂；

(10) 基坑底部、侧壁出现管涌、渗漏或流砂等现象；

(11) 基坑工程发生事故后重新组织施工；

(12) 出现其他影响基坑及周边环境安全的异常情况。

现场执行具体监测频率应以满足实际施工生产为准，必要时根据具体工况和监测数据变化需加强监测频率。

3. 报警值

在工程监测中，每一项监测的项目都应该根据工程的实际情况和周边环境等因素，事先确定相应的监控报警值，用以判断支护结构的受力情况、位移是否超过允许的范围，进而判断基坑和周边环境的安全性，决定是否对设计方案和施工方法进行调整，并采取有效及时的处理措施。

1) 本工程各监测项目报警值的确定需满足以下要求：

(1) 各项目监测报警值应满足设计单位要求。

(2) 设计单位未明确规定报警值的监测项目应满足国家及地方相关规范的要求。

2) 监测报警值如下：

(1) 周边地下综合管线监测：位移增量 2mm/d（连续 3d），累计值 20mm；

(2) 周边建筑物垂直位移监测：位移增量 2mm/d（连续 3d），累计值 15mm；

(3) 周边道路沉降监测：位移增量 3mm/d（连续 3d），累计值 30mm；

(4) 围护顶部垂直位移及水平位移监测：位移增量 3mm/d（连续 3d），累计值 35mm；

(5) 基坑土体深层水平位移监测（测斜）：位移增量 3mm/d（连续 3d），累计值 40mm；

(6) 支撑立柱沉降监测：位移增量 2mm/d（连续 3d），累计值 20mm；

(7) 支撑轴力监测：设计值的 70%。

3) 当出现下列情况之一时，必须立即进行危险报警，并应对基坑支护结构和周边环境中的保护对象采取应急措施：

(1) 监测数据达到监测报警值的累计值；

(2) 基坑支护结构或周边土体的位移值突然明显增大或基坑出现流砂、管涌、隆起、陷落或较严重的渗漏等；

（3）基坑支护结构的锚杆体系出现过大变形、压屈、断裂、松弛或拔出的迹象；

（4）周边建筑的结构部分、周边地面出现较严重的突发裂缝或危害结构的变形裂缝；

（5）周边管线变形突然明显增长或出现裂缝、泄漏等；

（6）根据当地工程经验判断，出现其他必须进行危险报警的情况。

4．监测应急措施

工程施工过程中，可能出现一些异常情况，应采取相应的应急措施。

（1）雨期：加强围护安全监测和巡视，必要时增设监测点。小雨时监测工作正常进行，中雨以上雨量时光学监测工作停测，但测斜监测、轴力监测、水位等科目尤应正常进行，数据异常时需进行加测。

（2）围护渗漏：加强坑外地下水位监测、渗漏处围护安全监测和巡视。

（3）地面裂缝：加强对裂缝处沉降监测、裂缝附近围护安全监测和巡视。

（4）监测数据持续报警：加密监测频率，出现异常时及时通知相关单位。

六、安全控制技术措施及应急预案

（一）管线出现险情时的应急预案

（1）项目部成立管线保护应急预案领导小组，由项目经理任组长。

（2）应与管线（水、电、煤气、电信）管理部门进行协调，申请管线监护，签订管线配合联系单或协议书，进行管线交底，取得施工可能涉及的地下管线资料，以制订管线保护方案。同时，由管理部门派专业人员到施工现场进行监护和巡视，指导施工过程中的管线保护。

（3）管线发生事故被发现后，立即报告应急领导小组。

（二）周边房屋出现险情时的应急预案

（1）项目部成立房屋保护领导小组，由总工程师任组长。

（2）工程进场前，对可能影响的周边建筑物进行调查，记录原始状态。鉴定房屋安全稳定性，根据施工影响程度实施布点监测。

（3）对存在危险隐患的房屋，建议业主予以搬迁或采取其他可能避免发生坍塌的行为。

（4）对有可能引起司法纠纷的房屋事先进行房产估价。

（5）采取积极处理措施，针对不同施工阶段对房屋进行基础加固。

（6）现场准备房屋保护所需的一切应急材料和机具设备。

（7）房屋出现沉降、倾斜、开裂等报警值后，及时通知业主单位或个人。对存在严重危险隐患的房屋，必须及时撤出居民，并妥善安置。

（8）发生险情后，首先撤离人员，排除危险源。

（9）采取积极稳妥的施工方案，主持方案讨论会，批准通过后方可实施。

（三）基坑出现险情时的应急预案

（1）建立以项目经理为第一责任人的基坑应急预案领导小组和成立抢险队，落实抢险队员。

（2）基坑开挖前，施工方案专家评审，通过审批后方可实施。

（3）基坑开挖应严格按照有关基坑工程技术规范和安全技术规范组织施工。

（4）采用信息化管理与远程动态控制相结合的基坑安全监控体系。

（5）坚持"预防为主、措施得力"的工作原则，施工现场布设抢险应急设施。

（6）层层签订施工责任书，把基坑开挖和支撑架设落实到班组、重点工作岗位，落实到责任人头上。

（7）一旦基坑发生安全事故，应急预案领导小组立即启动应急预案，组织自救并报告上级和建设、设计、监理单位。

（四）围护体顶部位移值报警

（1）检查现场状况之前的施工记录，查找是否同时有其他险情或危险行为，比如围护桩是否渗水，或没有达到设计强度要求就进行土方开挖，土方是否按要求分块限时开挖、出现未支护先开挖情况等，将有关情况及时反馈设计单位，同时现场各单位就原因进行分析。

（2）增加人力、机械加快当前施工分块的施工速度，若土方尚未挖完，视情况加快速度挖完或马上停止，已挖区域的垫层需及时跟上，并尽快浇筑基础底板。

（3）当发现围护体出现较大位移时，将监测数据及时反馈到设计单位，并根据设计单位指令对围护体进行加固，监测单位需加强观测次数，应该对围护周边的沉降及位移每隔2h测得一次新的数据。

（五）围护桩深部侧向变形超过报警值

（1）立即检查混凝土压顶面板及围护周边，查看是否有裂缝及其他异常情况，检查坑内外地下水位，如发现压顶产生裂缝有地表水下渗至坑外土体，增加其侧压力产生的变形，立即对裂缝进行修补，对地表水进行排除，具体方法是在压顶上部开挖一条小沟，用PVC管切成两片放置于沟内然后用纯水泥封死，将地表水引流至不影响基坑处。并将当前相关监测结果和现场状况报告设计单位，与设计单位协商确定控制措施。

（2）如果报警处围护桩周边地面有堆载物，应立即进行卸载直至全部搬除；在问题得到妥善处理前，禁止该侧施工车辆通过，减少施工动荷载。

（3）如发现围护墙背土体沉陷，应设法控制墙嵌入土体部分的位移，现场可进行以下紧急措施：增设坑内降水设备，降低地下水，如条件许可，也可坑外降水。

（4）如围护体位移数据呈加速趋势，影响周边建筑物安全时，可根据施工方案评审专家的意见或设计单位的要求进行加固。

（六）围护体渗水

（1）如渗水量极小，为轻微湿迹或缓慢滴水，而监测结果也未反映周边环境有险情，则只在坑底设排水沟，暂不作进一步修补。

（2）如渗水量逐步增大，但没有泥砂带出，而周边环境无险情产生，可采用引流的方法，在渗漏部位打入一根钢管，使其穿透进入墙背土体内，将水通过引管引出，当修补混凝土或水泥达到一定强度后，再在钢管内压浆，将出水口封堵。并派人进行24h监视，防止地下水产生新的漏水点，进行压力释放。并对新的漏水点及时发现、及时堵漏。

（3）当渗水量较大、呈流状，或者接缝渗水时，应立即进行堵漏，采取坑内坑外同时封堵的措施，坑内封堵按上述情况进行，坑外封堵采用在墙后压密注浆的方法。注浆压力不宜过大，减少对基坑的影响，必要时应在坑内回填土后进行，待注浆达到止水效果后再重新开挖。

（4）在第一时间通过监测单位，加强监测。同时加密监测频率，一天至少一次。

（七）坑底隆起

（1）检查坑底是否有积水，排干积水。

（2）加快垫层施工。

（3）坑外四周地面尽量卸载。

（4）将现场状况汇报设计单位，按设计要求进行坑底地基土加固或回填。

（八）出现土体坍塌现象

挖土作业时，必须有专门的指挥人员，并有现场检查小组随时观察边坡的稳定情况，当发现边坡出现裂缝、有滑动时，首先应立即暂停该区域的挖土工作，将人员撤至安全地区，随后采取以下安全和消除措施：

（1）将坡上边的物体搬走，卸除坡边堆载物。

（2）检查坑内是否积水较多，加大抽、排水力度，避免土体浸泡在水中，原本采用小型挖机或人工挖的土块，改用其他方式挖，避免造成塌方使人员受伤、设备损坏等情况。

（3）对按比例开挖放坡的部位，采用钢丝网混凝土护坡。

（九）防汛防台应急预案

1. 设防范围和要求

（1）每年5月1日至10月底为主汛期

（2）在主汛期（农历三十、初一、初二、初四、十四、十五、十六、十七、十八）潮位4.5m以上和有热带气旋、台风暴雨警报时，项目经理及相关领导必须到现场值班，加强巡视，并安排好值班车辆和防汛器材，随时准备进入防汛状态。

（3）及时收听气象预报，凡预报热带风暴警报和台风紧急警报在12～24h影响本市时，项目经理及相关领导和防汛领导小组成员、抢险救援队伍必须到位随时准备进入抢险状态，值班抢险车辆和抢险物资、设备必须到位，遇有险情，及时投入抢险工作。

2. 要害部位及措施

（1）基坑作业

在深基坑施工中，配备足够数量的排水泵，将水抽出排入地面下水道井内。对于较深的基坑应采用接力排水。为防止地表降水倒灌，在坑口四周必须设置30cm以上高度的挡水墙。

（2）高空作业

强化临边的防护。各类支撑、脚手架要稳固，遇有6级以上强风等恶劣气候，要停止高空作业，并及时清除零星轻便杂物、标语、宣传牌，预防强风将物体刮落地面，伤及行人及车辆。台风来临前，工地起重机把杆必须全部放下，行车必须使用制动夹具加以固定。

（3）下水道

每逢汛期、梅雨期来临之前，对下水道及场内各排水系统进行疏通，根据施工现场排放废水的水质情况，采用二级沉淀三级排放系统。

3. 防汛器材

根据工地的实际情况，配齐配足抽水泵、水带、蛇皮袋、工具、电筒等防汛防台器材；值班期间，配好交通工具。配备一定数量的汽车式起重机、挖掘机、自卸运输车，随时接受建设单位工程部的调遣。

4. 应急响应

1）灾害处置

（1）防汛防台期间（4～10月）实行领导值班制度，安全部门落实施工区域的防汛防台工作。工程部、办公室落实防汛防台所需物资及车辆，一旦工地发生险情，应急处置小组立即投入救援工作。

（2）各部室下班前关紧门窗和关闭电源。

（3）工程、安全部门对工区的防汛防台物资落实情况进行检查。

2）抢险步骤

（1）应急处置领导小组迅速启动应急预案进入抢险状态；

（2）提取或调集防汛器材；

（3）根据险情对房屋、工棚、车间进行加固，对基坑或负高空临边处的挡水墙进行加固；

（4）迅速将水泵放到基坑和低洼积水处，根据由低到高和由远到近的原则，将水泵按口径大小由大到小布置进行抽水；

（5）险情危急防汛抢险队无法处置时应及时向当地政府或驻军求援。

3）防汛器材保管要求

（1）工地设专用库房存放防汛器材，防汛器材不得挪作他用；

（2）防汛物资库房门前有标识，标明器材名称、数量及检查有效日期；

（3）防汛物资库房钥匙分别由值班员和料库保管，并放于明显处做好标示；

（4）定期检查防汛物资仓库，清点防汛器材，做好保养措施；

（5）险情调查；

（6）险情发生后，应立即组织相关部门进行财产损失、现场情况调查，总结报告相关部门；

（7）汛期过后，应对防汛防台应急响应的有效性和可行性进行评审和修订。

（十）火灾事故应急预案

1. 应急物资

（1）消防：施工现场、库房、车间、宿舍、办公室各点的灭火器材，工地的水管、水泵。库房、车间、宿舍、办公室等搭建必须符合防火要求，办公、宿舍的过道、房间的开窗面积要符合消防要求，现场消防布置示图位置准确。

（2）医疗器械：工地必须配备日常及急救所需药品，如消毒液、解毒药、医用纱布等。

2. 应急响应控制程序

（1）施工区域任何一位员工一旦发现火灾险情，必须在最短的时间内以最快的方法，通知周围作业人员注意自我保护并展开灭火救援，同时向火灾处置领导小组人员报警，通知义务消防队进行扑救，火势严重时应立即拨打报警电话。

（2）最先赶到事故现场的人员在扑救火灾的同时，应优先关闭电源，若发现是电焊或气焊所引起的火势，立即切断气源，并将火灾附近的乙炔瓶、氧气瓶、油漆、油料等易燃易爆品迅速抢运到安全区域。

（3）火灾处置领导小组人员接报火警后，应立即赶赴现场，了解火灾情况，组织对初起火灾的扑救，并作出判断，对火灾发生蔓延不能控制或附近有大量的化学物资等特殊情况，应立即分别向有关部门报警；同时，还要根据相关规定向上级主管领导汇报火灾情况，并命令各工作组进入处置岗位，现场灭火组人员迅速投入火灾扑救工作。报警人员报警时须讲清火灾原因、火势情况、火灾发生地点等，并派专人到路口接应消防车且负责保证火灾现场道路畅通。

（4）义务消防队员、抢救组、警戒组接到通知或得到火灾发生的信息后，应立即赶到现场，按照职责分工组织初起火灾的扑救工作。消防队员要根据现场实际情况利用一切可以利用的灭火器材和灭火工具，用现场配置的灭火器、黄砂、水管、水泵、附近水源等进行灭火，抢救组按照医务人员或消防指挥人员的要求迅速将伤员转移到安全区域进行抢救，并立即通知 120 急救中心救助；警戒组应对现场街道进行封锁，疏散闲杂人员，设立警戒线，禁止无关人员进入现场。

（5）公安消防队到达现场后，处置领导小组现场指挥人员要报告火势与扑救情况，以及周围电气管线、油料、易燃易爆品的安全情况，并移交指挥权，由公安消防队员统一指挥。

3. 注意事项

（1）灭火救援人员要遵守先救人、后救火的原则，若火势不大，灭火和救人可同时进行，但决不能因灭火而贻误救人时机；

（2）如有人被烟火围困不能自行逃生时，救援人员要穿上防护服或质地较厚的衣物，用水将身上浇湿，或披上湿棉被，对被困人员进行救助，对于受伤人员，除在现场进行紧急救护外，应及时送往医院抢救治疗；

（3）库房、车间起火时，要先抢运、疏散有爆炸危险的物品，立即组织人员疏散、抢救、转移仓库物资，对于不能迅速灭火和不易疏散的物品要采取冷却措施，防止爆炸。

七、安全管理措施

（一）安全目标

重大伤亡事故为零；杜绝火灾、设备、管线、食物中毒等重大事故；无业主、社会相关方和员工的投诉。

（二）安全、文明施工组织措施

1. 安全文明施工网络图（图 A-9）

2. 项目部安全组织网络及各级管理人员主要安全职责（图 A-10）

（1）项目经理：是工程的安全生产第一责任人，全面负责工程安全生产；

（2）项目副经理：按各自分工的职责范围，合理组织施工生产、后勤保障，认真执行各项安全生产规范、规定、标准及上级有关文明施工的规定要求；

（3）项目技术负责人：负责"施工组织设计"中安全技术措施的编制、实施、检查和新工艺、新技术的安全操作规程，安全技术措施指定和交底，对危险点、重要部位制订监控措施和落实人员；

（4）安全员在项目经理的领导下，认真做好日常安全管理工作，负责新进工地的人员安全教育工作，参加"四验收"、"旬查"工作及整改复查，掌握安全动态，当好项目经理参谋，负责日常的安全资料整理积累工作；

（5）施工员：按各自分工的职责范围，负责对施工班组的安全操作技术、规程、作业

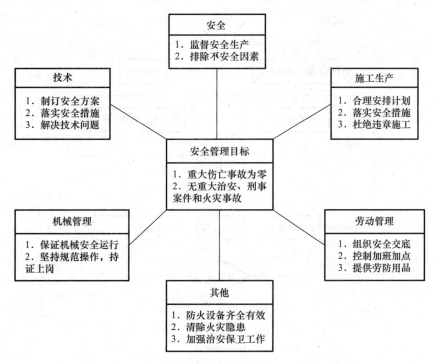

图 A-9　安全文明施工网络图

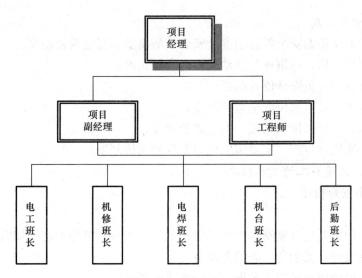

图 A-10　安全管理网络图

环境、区域的安全技术交底，并检查督促班组按交底要求进行施工；

（6）材料员：确保提供合格的安全技术措施所需物资，且有符合规定要求的产品合格证明书，并经常检查，将废损不能使用的物料及时清退；

（7）机管员：确保提供施工生产中所需的机械设备，计量器具必须经检测合格后挂牌使用。

3. 施工安全管理工作流程（图 A-11）

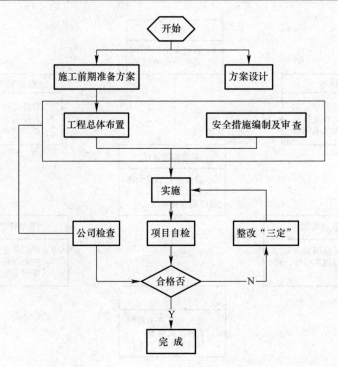

图 A-11　施工安全管理工作流程示意图

（三）安全管理制度

（1）新进工地队伍的安全教育制度、安全交底制度、安全检查制度；

（2）班组"三上岗，一讲评"活动的检查考评制度；

（3）项目部管理人员安全值日制度；

（4）安全生产、重点部位安全监护制度；

（5）危险点、重要部位（区域）安全监护制度；

（6）每月一次安全生产、文明施工例会制度和旬检制度。

（四）安全、文明施工的技术措施

1. 施工用电安全措施

1）支线架设

（1）配电箱的电缆应有套管，电线进出不混乱。大容量电箱上进线加滴水弯。

（2）支线绝缘好，无老化、破损和漏电。

（3）支线应沿墙或电杆架空敷设，并用绝缘子固定。

（4）室外支线应用橡皮线架空，接头不受拉力并符合绝缘要求（危险及潮湿场所和金属容器内的照明及手持照明灯具，应采用符合要求的安全电压）。

（5）照明导线应用绝缘子固定。严禁使用花线或塑料胶质线。导线不得绑在脚手架上。

（6）照明灯具的金属外壳必须接地或接零。单相回路内的照明开关箱必须装设漏电保护器。

（7）室外照明灯具距地面不得低于3m；金属卤化灯具的安装高度应在5m以上。灯线不得靠近灯具表面。

2）架空线

（1）架空线必须设在专用电杆（水泥杆、木杆）上，严禁架设在树或脚手架上。

（2）架空线应装设授担和绝缘珠，其规格、线间距离、档距等应符合架空线路要求，其电杆板线离地 2.5m 以上应加绝缘珠。

（3）架空线一般应离地 4m 以上，机动车道 6m 以上。

3）电箱（配电箱、开关箱）

（1）电箱应有门、锁、色标和统一编号。

（2）电箱内开关器必须完整无损，接线正确。各类接触装置灵敏可靠，绝缘良好，无积灰、杂物，箱体不得歪斜。

（3）电箱安装高度和绝缘材料等均应符合规定。

（4）电箱内应设置漏电保护器，选用合理的额定漏电动作电流进行分级配合。

（5）配电箱应设总熔丝、分熔丝、分开关，零排地排齐全。动力和照明分别设置。

（6）配电箱的开关电器应与配电线或开关项对应配合，作分路设置，以确保专路专控；总开关电器与分路开关电器的额定值、动作整定值相适应。熔丝应和用电设备实际负荷相匹配。

（7）金属外壳电箱应作接地或接零保护。

（8）开关箱与用电设备实行一机一闸一保险。

（9）同一移动开关箱严禁配有 380V 和 220V 两种电压等级。

4）接地接零

（1）接地体可用角钢、圆钢或钢管，但不得用螺纹钢，其截面不小于 $48mm^2$，一组 2 根接地体之间间距不小于 2.5m，入土深度不小于 2m，接地电阻应符合规定。

（2）橡皮线中黑色或绿/黄双色线作为接地线。与电气设备连接的接地或接零线截面最小不能低于 $2.5mm^2$ 多股芯线；手持式用电设备应采用不小于 $1.5mm^2$ 的多股铜芯线。

（3）电杆转角杆、终端杆及总箱、分配电箱必须有重复接地。

2. 施工机械安全措施

1）电焊机

（1）有可靠的防雨措施。

（2）一、二次线接线处应有齐全的防护罩，二次线应使用线鼻子。

（3）有良好的接地或接零保护。

（4）配线不得乱拉乱搭，焊把绝缘良好。

（5）电焊机、交流焊机应有灵敏可靠的二次空载降压装置。一次线不得大于 5m，并配备移动式开关箱。

2）消防措施

（1）本工程防火负责人为工程负责人，防火负责人应全面负责施工现场的防火安全工作，履行《中华人民共和国消防条例实施细则》。

（2）现场的消防器材由专人维护、管理、定期更新，保持完整有效。

（3）焊割作业点与氧气瓶、乙炔气瓶等危险品物品的距离不得小于 10m，与易燃物品的距离不得小于 30m。施工现场的动火作业必须严格执行动火审批制度，并采取有效的安全隔离措施。

3）乙炔发生器

（1）距明火距离应大于 10m。

（2）必须装有回火防止器。

（3）应有保险链，防爆膜、保险装置必须灵敏可靠，使用合理。

4）气瓶

（1）各类气瓶应有明显色标和防振圈，并不得在露天曝晒。

（2）乙炔气瓶与氧气瓶距离应大于 5m。

（3）乙炔气瓶在使用时必须装回火防止器。

（4）皮管应用夹头紧固。

（5）操作人员应持有效证上岗操作。

（6）乙炔发生器和氧气瓶的存放处之间距离不得小于 2m，使用时两者的距离不得小于 5m。

（7）氧气瓶、乙炔发生器焊割设备上的安全附件应完整有效，否则不准使用。

（8）油料必须集中管理，远离火种，并配备专用灭火器具。

（9）施工现场用电应严格执行市建委的《施工现场用电安全管理规定》，加强电源管理，防止发生电器火灾和人身伤亡事故。

（10）下班前认真检查现场，包括现场办公室、休息室、生活集装箱，熄灭一切明暗火种，切断所有机械设备电源。

八、应急响应机制

（一）建立应急机制

1. 建立应急机制的目的

建立应急机制，是为了预防、减少潜在施工安全环境事故或紧急情况对施工造成的影响，加强对可能发生的安全、火灾、中毒、坍塌等事故进行预防和控制，同时还保证了对突发事件的快速处理。

2. 应急指挥领导小组

根据本项目的实际情况，由公司组织策划成立应急指挥领导小组，对可能发生事故、火灾、台风、暴雨、中毒等突发事件编制应急预案，并准备相应的急救物资。同时，应急领导小组还承担突发事件的现场处理、紧急救护等。

3. 应急处理流程

事故一旦发生，由应急指挥领导小组通知各相关部门，包括施工单位、设计方、监理等主管领导，组成事故处理领导小组，制订处置方案，同时宣布启动应急预案，组织项目的应急预案小组进入事故处理程序。

（二）应急指挥领导小组组织机构

应急指挥领导小组：

总指挥：项目经理

副总指挥：项目副经理

成员：项目工程师、安全员、技术员、班组长（图 A-12）

（三）应急组织措施预案

（1）对于整个公司，为确保应急救助的快速反应能力和效果，就必须研究和制订安全排险救助的技术措施，做到统一指挥、分工明确、各尽其责、搞好协作和配合；就应对整个系统的各个环节进行经常性的检查，做到当突如其来的险情发生时，能够指挥得当，应对自如，真正发挥其抢险救助的作用，达到减轻或避免损失的目的。

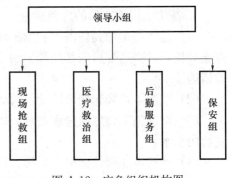

图 A-12　应急组织机构图

（2）定期召开分析会，发现问题，及时解决、处理。

（3）施工现场配备必要的医疗急救设备，随时提供救助服务，与现场附近当地医院及时联系，以确保突发疾病和受伤人员能够得到及时救治。

（4）项目部设置专人每天收集监测情况的相关资料，及时分析，如变形较大，应增加监测次数并及时上报。

（5）其他急救机构应培训急救人员，并向职工进行自救和急救知识的教育，添置必要的急救药品和器材。

（6）施工现场应有受过急救培训、掌握急救、抢救和具备工程抢险技能的专兼职人员。

（7）发生火灾时拨打"119"火警电话，并组织现场人员进行抢救。

（8）必要时积极调动社会援助力量投入抢险救助，保证事故损失降到最低点。

（四）应急救援物资

照明器材：手电筒、应急灯、36V 以下安全线路、灯具；

通信器材：电话、手机、对讲机、报警器；

应急材料：工地上准备适量的麻袋、水玻璃、快硬水泥、水泵、夹板、H 型钢、槽钢、砂包、快干水泥、黄砂。

（五）基坑施工应急预案

1. 围护结构变形超标的应急预案

围护体变形超标时，轻则引起地面沉降开裂，重则可能引起基坑坍方以及其他连锁反应。因此，如若发现有监测数据显示其变形较大时，我们将迅速分析并查明原因，以采取相应对策予以消除，减少或阻止继续变形。

2. 流砂及管涌的应急预案

对轻微的流砂现象，在基坑开挖后及时堵涌并采取加快垫层浇筑或加厚垫层的方法"压住"流砂；对较严重的流砂应增加坑内降水措施，使地下水位降至坑底以下 0.8～1m 左右。降水是防止流砂最有效的方法。

造成管涌的原因一般是由于基坑下部围护体未达标高或围护体出现较大的孔洞。发生这类管涌，应先在该桩位及桩背进行压密注浆或高压喷射注浆，保证其在开挖时不漏水，开挖后可将孔洞部位凿除，支模用混凝土浇筑填实。如果管涌十分严重，也可在围护体后再打一排钢板桩，在钢板桩与围护体之间进行注浆。

3. 基坑大幅度变形的应急措施

（1）监测每道加劲桩内力和围护变形情况，一旦发现变形速率及变形值增大，应立即停止开挖，并根据变形的部位和原因采取加强、加密加劲桩、施加预应力和其他相应的有效措施。

（2）监测基坑隆起变形情况，及时按需要抽取承压水，防止基坑隆起。

（3）雨期施工做好截排水系统，做好土坡封闭，防止地表水渗入基坑内，并及时排出基坑内积水。

（4）严格按照设计分层、对称、均衡开挖，限时封闭。

（5）认真做好基坑降水和地基加固施工，开挖前检查质量，如满足不了设计和规范要求，应重新加固直至达到要求，严禁带隐患开挖施工。

4. 基坑渗漏的应急预案

1）不同类型突发事故的预防及应急抢险措施

（1）围护墙体大面积渗漏水甚至涌土、喷砂

开挖后如发现围护体出现坑外水向内渗漏现象，应立即在渗漏附近采用双液注浆方法进行堵漏，施工时必须控制注浆压力。

（2）施工参数

深度：依据现场渗漏情况定

注浆材料：42.5级普通硅酸盐水泥，350Be水玻璃

水泥浆水灰比：约0.6

水泥浆：水玻璃＝1：0.8（表A-5）

水泥浆液配比表　　　　　　　　　　　　　　　表A-5

材料名称	水	水　泥	陶土粉
重量比	0.6	1	0.03
规格	洁净水	42.5级普通硅酸盐水泥	200目

（3）施工流程图（图A-13）

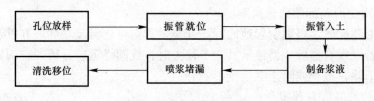

图A-13　施工流程图

（4）施工要点

① 采用振动冲击直接成孔，以保证注浆管四周的土体密实，减少冒浆。

② 采取自下而上的分层注浆方法，分层提升的高度应根据渗漏情况调整。

③ 注入的浆液需保证有足够短的初凝时间，并密切注意压力表的变化，不致让围护体变形。

（5）具体对策

① 对渗水量较小，不影响施工周边环境的情况，可采用坑底设沟排水的方法。

② 对渗水量较大，但没有泥砂带出，造成施工困难，而对周围影响不大的情况，可采用"引渗～修补"方法，即在渗漏较严重的部位先在支护墙上水平（略向上）打入一根钢管，使其穿透支护墙体进入墙背土体内，由此将水从该管引出，而后将管边支护墙的薄弱处用防水混凝土或砂浆修补封堵，待修补封堵的混凝土或砂浆达到一定强度后，再将钢管出水口封住。

③ 对渗、漏水量很大的情况，应查明原因，采取相应的措施：如漏水位置离地面不深处，可将支护墙背开挖至漏水位置下 500～1000mm，在支护墙后用密实混凝土进行封堵。如漏水位置埋深较大，可在墙后采用压密注浆方法，浆液中应掺入水玻璃，使其能尽早凝结，也可采用高压旋喷射注浆方法。

④ 如现场条件许可，可在坑外增设井点降水，以降低水位、减小水头压力。

⑤ 对轻微的流砂现象，采用加快垫层浇筑或加厚垫层；对较严重的流砂应增加坑内降水措施；坑内局部加深部位产生流砂，一般采用井点降水方法。

2）基坑边坡纵向失稳滑坡

对于深基坑工程而言，基坑边坡纵向滑坡导致围护结构破坏，一旦发生此类恶性事故，首先应在不危及人员安全的前提下补强加密桩锚；如果不能补强则应立即组织回填基坑坍方处，并组织周围人员撤离，防止事态进一步恶化。

3）坑底隆起

一旦发现坑底隆起迹象，应立即停止开挖，并应立即加设基坑外沉降监测点，迅速回填土，直至基坑外沉降趋势收敛方可停止回灌和回填。然后会同设计一起分析原因，制订下一步对策。

4）围护结构位移过大时

在本工程挖深较大后，如发生支护墙下段位移较大，往往会造成墙背土体的沉陷，主要应设法控制围护桩（墙）嵌入部分的位移，着重加固坑底部位，具体措施有：

（1）回填土设护土堆；

（2）增加桩锚数量；

（3）增设坑内降水设备，降低地下水，条件许可时，可在坑外降水；

（4）进行坑底加固，如采用注浆、高压喷射注浆等提高被动区抗力；

（5）垫层随挖随浇，基坑挖土合理分段，每段土方开挖到底后及时浇筑垫层；

（6）加厚垫层、采用配筋垫层或设置坑底支撑；

（7）如支护结构位移较大可增设大直径桩锚进行加固。

5. 应急资源

应急资源的准备是应急救援工作的重要保障，项目部应根据潜在事件性质和后果分析，配备应急救援中所需的消防手段、救援机械和设备、交通工具、医疗设备和药品、生活保障物资（表 A-6）。

主要应急机械设备储备表　　　　　　　　　　　表 A-6

序　号	材料、设备名称	单　位	数　量	规格型号	主要工作性能指标	现在何处	备注
1	小型挖掘机	辆	1	WY-4.2	0.6m³	现场	
2	液压汽车式起重机	辆	1	QY-25	25t	现场	

序　号	材料、设备名称	单　位	数　量	规格型号	主要工作性能指标	现在何处	备注
3	挖掘机	辆	1	PC200	1.6m³	现场	
4	注浆机	台	2	BW250		现场	
5	压浆机	台	2			现场	
6	电焊机	台	2			现场	
7	对讲机	台	2	GP88S		现场	
8	水泵	台	6			现场	
9	发电机	台	1		75kW	现场	

（六）雨期施工应急预案

（1）雨期施工前，项目部将根据现场和工程进展情况制订雨期阶段性计划，并提交业主和监理工程师审批后实施。

（2）雨期施工时，现场排水系统应贯通，并派专人进行疏通，保证排水沟畅通，施工道路不积水，潮汛季节随时收听气象预报，配备足够的抽水设备及防台防汛的应急材料。

（3）混凝土浇捣时，必须事先注意天气情况，尽量避开雨天，若不得已时，必须做好防雨措施，预备好足够的活动防雨棚，准备好塑料薄膜、油布等。必要时，需严格按施工规范规程允许的方式、方法，留置中止施工缝措施，事后按规程要求处理施工缝后，再续浇混凝土。

（4）雨期必须连续施工的混凝土工程，应有可靠的防雨措施，备足防雨物资，及时了解气象情况，选择合适的时间施工。如中途施工应采取覆盖及调整混凝土坍落度等方法。加强计量测试工作，及时准确地测定砂、石含水量，从而准确地调整施工配合比，确保混凝土施工质量。

（5）雨期前应组织有关人员对现场临时设施、脚手架、机电设备、临时线路等进行检查，针对检查出的具体问题，应采取相应措施，及时整改。

（七）火灾事故应急处理与救援预案

1. 目的

火灾事故一旦发生，应及时、迅速、高效地控制火灾事故的进展，最大限度地减少火灾事故损失和影响，保护国家、企业及项目部财产和人员的安全。

2. 事故处理救援程序

（1）立即报警。施工现场火灾发生后，指挥小组要立即拨打"119"火警电话，及时扑救火势、处理火灾事故，并及时通知总承包及单位相关领导。

（2）组织扑救火灾。施工现场发生火灾后，除及时报警以外，还应立即组织和指挥义务消防队员和员工进行扑救，扑救火灾时要按照"先控制、后灭火，救人重于救火"和"先重点、后一般"的灭火战术原则。并派人及时切断电源，接通消防水泵电源，组织抢救伤亡人员、疏散人员，隔离火灾危险源和重点物资，充分利用施工现场中的消防设施器材进行灭火。

（3）协助消防队灭火。在自救的基础上，当专业消防队到达火灾现场后，指挥人员应简要地向消防队负责人说明火灾情况，并全力支持消防队员灭火，听从专业消防队的指挥，齐心协力，共同灭火。

（4）现场保护。当火灾发生时和扑救完毕后，指挥小组要派人保护好现场，维护好现场秩序，等待对事故原因及责任人的调查。同时，应立即采取善后工作，及时清理，将火灾造成的垃圾分类处理并采取其他有效措施，从而将火灾事故对环境造成的污染降低到最低限度。

（5）加强自查自纠。项目部要吸取事故的教训，加强对全体作业人员的防火安全教育，提高作业人员的安全防火意识，同时加强自查自纠，消除隐患，防止同类事故的发生。

（6）立即组织安全自查自纠、消除隐患，确保施工安全；立即组织对全体施工作业人员的举一反三防火安全再教育，提高安全防范意识，做到遵章守纪，防止同类事故发生。

（八）起重伤害或机械伤害事故应急处理与救援预案

1. 目的

为确保起重伤害或机械伤害事故发生后，迅速有效地开展抢救工作，最大限度地降低员工生命安全风险，制订起重伤害或机械伤害应急处理与救援预案。

2. 事故处理救援程序

1）起重伤害或机械伤害事故发生后，事故发现第一人应立即大声呼救，报告责任人。

2）接到报告后，立即召集应急指挥小组，开展抢救工作，各岗位人员迅速到场。

3）立即抢救伤员：

（1）现场抢救，同时通知医疗急救中心（打 120 电话），应务必讲清受伤人数、受伤情况、工地地点，并派人到主要路口引导救护车，送指定医院；

（2）派人随同救护车到医院，随时了解伤情，及时反馈伤者情况；

（3）通知当事人的家属，做好接待工作，安慰、稳定家属的情绪；

（4）积极做好善后处理工作。

4）立即派人保护现场，设置警戒线、维护现场秩序、疏散人员、召集有关人员做好当事人的问讯取证记录，了解事故现场情况。

5）立即向上级领导报告，根据事故类别和等级作出应急反应。配合做好事故调查、取证、处理工作。

6）立即组织安全自查自纠、消除隐患，确保施工安全；立即组织对全体施工作业人员的举一反三的安全再教育，提高安全防范意识，做到遵章守纪，防止同类事故发生。

（九）物体打击事故应急处理与救援预案

1. 目的

为确保项目部物体打击事故发生以后，能迅速有效地开展抢救工作，最大限度地降低员工及相关人员的生命安全风险，制订物体打击应急处理与救援预案。

2. 事故处理救援程序

1）物体打击事故发生后，事故发现第一人应立即大声呼救，报告责任人。

2）接到报告后，立即召集应急指挥小组，开展抢救工作，各岗位人员迅速到场。

3）立即抢救伤员：

（1）现场抢救，同时通知医疗急救中心（打 120 电话），应务必讲清受伤人数、受伤情况、工地地点，并派人到主要路口引导救护车，送指定医院；

（2）派人随同救护车到医院，随时了解伤情，及时反馈伤者情况；

（3）通知当事人的家属，做好接待工作，安慰、稳定家属的情绪；

（4）积极做好善后处理工作。

4）立即派人保护现场，设置警戒线、维护现场秩序、疏散人员、召集有关人员做好当事人的问讯取证记录，了解事故现场情况。

5）立即向上级领导报告，根据事故类别和等级作出应急反应。配合做好事故调查、取证、处理工作。

6）立即组织安全自查自纠、消除隐患，确保施工安全；立即组织对全体施工作业人员的举一反三的安全再教育，提高安全防范意识，做到遵章守纪，防止同类事故发生。

（十）大型机械装拆、作业中突发事件应急处理与救援预案

1. 目的

为确保塔式起重机等大型机械装拆作业中突发事故发生后，能迅速有效地开展抢救工作，最大限度地降低人员生命安全风险，制订大型机械装拆作业中突发事件应急处理与救援预案。

2. 事故处理救援程序

1）塔式起重机等大型机械装拆作业中突发事故发生后，事故发现第一人应立即大声呼救，报告责任人。

2）接到报告后，立即召集应急指挥小组，开展抢救工作，人员迅速到场。

3）立即抢救伤员：

（1）现场抢救，同时通知医疗急救中心（打120电话），讲清受伤人数、受伤情况、事故地点，并派人到主要路口引导救护车，送指定医院，急救箱、担架存放在总包工程部办公室；

（2）派人随同救护车到医院，随时了解伤情，及时反馈伤者情况；

（3）通知当事人的家属，做好接待工作，安慰、稳定家属的情绪；

（4）积极做好善后处理工作。

4）保护现场，设置警戒线、维护现场秩序、疏散人员、召集有关人员做好当事人的问讯取证记录，了解事故现场情况，配合事故调查。

5）立即向上级领导报告，根据事故类别和等级作出应急反应。配合做好事故调查、取证、处理工作。

6）立即组织安全自查自纠、消除隐患，确保施工安全；立即组织对全体施工作业人员的安全再教育，提高安全防范意识，做到遵章守纪，防止同类事故发生。

（十一）管线、管道事故应急处理与救援预案

1. 目的

施工现场一旦发生管线管道（电缆、光缆、煤气、水管、通信电缆、下水道等）碰撞、挖断、挖坏等事故，造成人员伤亡、社会影响和经济损失，应最大限度地降低人员生命风险、周边环境影响和经济损失，制订管线应急救援预案。

2. 事故处理救援程序

1）不论任何人，一旦发现有电缆、光缆、煤气、水管、通信电缆、下水道等管线管道碰撞、触及、挖断、挖坏等事故或苗子，应立即疏散在场全体人员。

2）接到报告后，立即召集应急指挥小组，开展抢救工作，人员迅速到场。

3）立即抢救伤员：

（1）现场抢救，同时通知医疗急救中心（打 120 电话），应务必讲清受伤人数、人员受伤情况和工地地点，并派人到主要路口引导救护车送指定医院；

（2）派人随同救护车到医院，随时了解伤情，及时反馈伤者情况；

（3）通知当事人的家属，做好接待工作，安慰、稳定家属的情绪；

（4）积极做好善后处理工作。

4）立即派人保护现场，切断电、水源，设置警戒线、维护现场秩序（交通秩序）、疏散人员、召集有关人员做好当事人的问讯取证记录，了解事故现场情况。

5）立即向上级领导报告，根据事故类别和等级作出应急反应。配合做好事故调查、取证、处理工作。

6）立即组织安全自查自纠、消除隐患，确保施工安全；对全体施工作业人员进行举一反三的安全教育，提高安全防范意识，做到遵章守纪，防止同类事故发生。

7）受损的管线管道由相关的企业修复，在确保人员人身生命安全的前提下，组织恢复正常施工秩序。并进行原因分析、调查，采取有效措施防止事故的重复发生。地下管线应急处理措施的工作流程如图 A-14 所示。

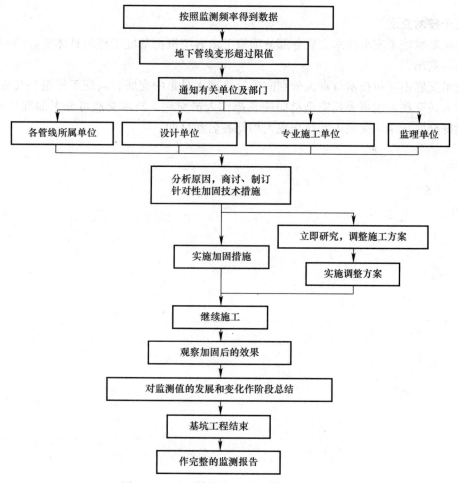

图 A-14　地下管线应急处理措施工作流程

（十二）应急结束

应急救援指挥组应根据救援处置进展情况，在确定没有被困人员、伤亡人员已转移和事故现场已稳定的情况下，由应急救援组组长（应急救援总指挥）宣布应急状态结束。

（十三）后期处置

（1）善后处理。由善后处理组按照职责工作内容进行妥善处理。

（2）调查、总结。由事故调查组按照职责工作内容进行调查处理，并写出书面总结材料上报。

（十四）宣传教育

根据公司的相关要求，有计划、有针对性地开展预防重大事故有关知识的宣传教育，提高预防事故的意识和防范能力，积极组织应急预案培训和演练，明确救援人员应急预案中应承担的责任和救援工作程序，提高防范能力和应急反应能力。

（十五）演练

应急救援预案每年演练不少于一次，通过演练（桌面演练、功能演练、全面演练）检查应急人员对应急预案、程序的了解程度，及时发现应急工作程序和应急准备中的不足，增强应急小组及人员之间的配合和协调能力，确保预案一旦启动，能及时有序地展开救援。

九、安全技术交底

各项基坑施工安全技术交底分部分项施工内容应根据基坑工程的具体实际编写，本书不再一一列出。

技术交底由项目技术负责人分别向项目管理人员集中交底、向施工班组长交底、向施工操作人员交底，也可委托安全员向施工操作人员交底。技术交底可分书面和口头交底，均须做好交底记录，交底人和被交底人均须签名和日期。

附录 B 某基坑工程施工信息化监测方案

目　　录

一、工程概况

（一）工程简况

拟建工程位于××以南、yy 路以西地块，场地南侧为 aa 港。本工程建设用地面积约 34955m²，总建筑面积约 86519m²，其中，地上建筑面积约 48440m²，地下建筑面积约 38079m²。

本工程建筑±0.000m 相当于绝对标高＋4.350m，场地自然标高均为＋4.250m，即相对标高−0.100m。

本工程包括西区及东区两部分，西区基坑在东区Ⅰ、Ⅱ块底板施工完毕后开挖。西区地下室底板顶相对标高−8.200m，底板厚 800mm，垫层 100mm，坑底标高−9.100m，基坑开挖深度 9.0m，电梯井等局部深坑加深 1.8m；东区地下室底板顶相对标高−5.900m，底板厚 700mm，垫层 100mm，坑底标高−6.700m，基坑开挖深度 6.60m，电梯井等局部深坑加深 1.35～1.80m。

本基坑采用钻孔灌注桩围护结构，三轴搅拌桩截水，西区两道混凝土支撑体系，东区一道混凝土支撑体系，坑内采用搅拌桩墩加固，局部深坑采用压密注浆封底，钻孔灌注桩结合型钢格构柱作为支撑立柱。

东区基坑围护墙体主要采用 φ700@900 钻孔灌注桩，有效桩长 12.5m，坑边局部落深处采用 φ800@1000 钻孔灌注桩，有效桩长 16.0m；西区基坑围护墙体主要采用 φ800@1000 钻孔灌注桩，有效桩长 17.5m，坑边局部落深处采用 φ900@1100 钻孔灌注桩，有效桩长 21.0m。

东区南侧及西区截水帷幕采用单排三轴 3φ850@1200 搅拌桩，轴间距 600mm，相互搭接 250mm，幅与幅间搭接 850mm，桩长 14.5、17.5m；东区其余部分截水帷幕采用单排三轴 3φ650@900 搅拌桩，轴间距 450mm，相互搭接 200mm，幅与幅间搭接 650mm，桩长 14.5、17.5m；采用一喷一搅工艺。搅拌桩与灌注桩间净距 100～200mm，围护桩与搅拌桩间设压密注浆；搅拌桩顶设 150mm 厚 C20 混凝土压顶。

坑底加固采用双轴水泥搅拌桩 2φ700@1000，加固深度坑底以下 4m；深坑采用压密注浆封底，深度自坑底至坑底下 2m。

本工程支撑体系西区采用两道混凝土支撑，东区一道混凝土支撑。详细情况如表 B-1 所示。

		支撑详情		表 B-1
支撑层数	支撑轴线标高（m）	截面尺寸（mm×mm）		
		圈梁	支撑	联系撑
第一道支撑	−1.700	1000×800	700×800	600×700
第二道支撑	−5.700	1200×800	800×800	700×800
栈桥	−1.300	栈桥板厚 250mm，栈桥梁截面为 700×800		

立柱采用钻孔灌注桩结合型钢格构柱形式，西区立柱灌注桩共 56 根，其中栈桥下立柱灌注桩 39 根，桩径 800mm，一般桩长 20m，栈桥下桩长 22m；东区立柱灌注桩共 79 根，桩径 800mm，桩长 17m；基坑底面以上采用 480mm×480mm 钢格构柱，西区型号 4L140×14，东区型号 4L125×14，插入灌注桩 2.5m（栈桥下 3.5m）。

本工程建设各方相关单位：

建设单位：某有限公司

设计单位：某建筑设计研究院有限公司

合作设计单位：xyz 建筑事务所

监测单位：某工程技术有限公司

（二）地质条件

拟建工程基坑围护设计参数详见表 B-2。

		土层参数				表 B-2
项目 层序及土名	重度	直剪固快峰值强度		静止侧压力系数（建议值）	渗透系数（建议值）	
	γ（kN/m³）	C（kPa）	Φ（°）	K_0	K（cm/s）	
②₁ 粉质黏土夹砂质粉土	18.8	7	24.5	0.45	5.0E-05	
②₃ 黏质粉土夹淤泥粉质黏土	18.2	4	22.0	0.45	1.0E-04	
⑤₁₋₁ 黏土	17.7	15	12.5	0.50	1.0E-06	

注：表中 C、Φ 为直剪固快峰值强度最小平均值。

拟建场地地下水主要有浅部土层的潜水及⑦层的承压水。对本工程地基基础设计有直接影响的主要为浅部土层的潜水，其补给来源主要为大气降水与地表径流。潜水位埋深随季节、气候等因素而有所变化。勘察期间测得钻孔中地下水埋深约 1.00～1.70m，相应绝对高程为 2.56～3.17m。

二、监测目的与技术要求

本工程包括围护施工、基坑开挖及地下结构施工等部分，且本工程施工周期较长，基坑开挖面积较大，开挖深度较深，工程周边环境的保护要求较高。

（一）影响工程监测保护的因素

根据围护结构特点、施工方法、场地工程地质及环境条件，影响本工程监测保护的因素有：

（1）本工程施工周期较长，包括围护施工、基坑开挖及地下结构施工，而且基坑开挖面积较大，施工流程较多，对周围环境的保护要求较高。

（2）本项目基坑周边道路均为市区主干道，车流量大，其道路下地下管线分布密集，其中包括管径较大的市政管线，对工程施工影响相当敏感，应严格控制土体的变形，确保周边管线的安全和正常使用。

（3）拟建场地有暗浜分布，浜底最大埋深约 3.3m。浜填土含大量黑色有机质及腐殖物，土质软弱，应注意暗浜对基础施工及基坑围护的不利影响。

（4）拟建场地南侧紧邻 aa 港，对工程施工影响相当敏感，须严格控制坑边土体变形，确保防汛墙的安全运转。

（5）第②₃层黏质粉土夹淤泥质粉质黏土为基坑开挖直接涉及土层，该层透水性较好，在水头差作用下易产生管涌、流砂等不良地质现象；应做好围护结构的止水、隔水及排水措施，以确保基坑施工安全。

因此，本工程监测工作极其重要，必须严格按有关管理部门、设计等有关变形控制的要求进行设计和实施，同时对马路、防汛墙河堤、地下管线及基坑本体作重点监测。

在基坑桩基施工期间，须周期性对周边环境进行观测，及时发现隐患，并根据监测成果相应地及时调整施工速率及采取相应的措施，确保道路、市政管线及建（构）筑物的正常使用。

（二）监测的目的

在基坑开挖过程中，由于地质条件、荷载条件、材料性质、施工条件和外界其他因素的复杂影响，很难单纯从理论上预测工程中可能遇到的问题，而且，理论预测值还不能全面而准确地反映工程的各种变化。所以，在理论指导下有计划地进行现场工程监测十分必要。特别是对与本工程类似的复杂的、规模较大的工程，就必须在施工组织设计中制订和实施周密的监测计划。本工程监测的目的主要有：

（1）通过将监测数据与预测值作比较，判断上一步施工工艺和施工参数是否符合或达到预期要求，同时实现对下一步施工工艺和施工进度的控制，从而切实实现信息化施工；

（2）通过监测及时发现围护施工过程中的环境变形发展趋势，及时反馈信息，达到有效控制施工对建（构）筑物、道路、管线影响的目的；

（3）通过监测及时调整支撑系统的受力均衡问题，使得整个基坑开挖过程能始终处于安全、可控的范畴内；

（4）通过监测及早发现基坑截水帷幕的渗漏问题，并提请施工单位进行及时、有效的堵漏准备工作，防止施工中发生大面积涌砂现象；

（5）将现场监测结果反馈给设计单位，使设计单位能根据现场工况发展，进一步优化方案，达到优质安全、经济合理、施工快捷的目的；

（6）通过跟踪监测，在换撑和支撑拆除阶段，施工科学有序，保障基坑始终处于安全运行的状态。

三、设计基本原则

（一）系统性原则

（1）所设计的监测项目有机结合，并形成有效四维空间，测试的数据相互能进行校核；

（2）运用、发挥系统功效对基坑进行全方位、立体监测，确保所测数据的准确、及时；

（3）在施工工程中进行连续监测，确保数据的连续性；

（4）利用系统功效减少监测点布设，节约成本。

（二）可靠性原则

（1）设计中采用的监测手段是已基本成熟的方法；

（2）监测中使用的监测仪器、元件均通过计量标定且在有效期内；

（3）在设计中对布设的测点进行保护设计。

（三）与结构设计相结合原则

（1）对结构设计中使用的关键参数进行监测，达到进一步优化设计的目的；

（2）对结构设计中，在专家审查会上有争议的方法、原理所涉及的受力部位及受力内容进行监测，作为反演分析的依据；

（3）依据设计计算情况，确定围护结构及支撑系统的报警值；

（4）依据业主、设计单位提出的具体要求进行针对性布点。

（四）关键部位优先、兼顾全面的原则

（1）对围护体及支撑系统中的敏感区域加密测点数和项目，进行重点监测；

（2）对勘查工程中发现地质变化起伏较大的位置，施工过程中有异常的部位进行重点监测；

（3）除关键部位优先布设测点外，在系统性的基础上均匀布设监测点。

（五）与施工相结合原则

（1）结合施工实际确定测试方法、监测元件的种类、监测点的保护措施；

（2）结合施工实际调整监测点的布设位置，尽量减少对施工质量的影响；

（3）结合施工实际确定测试频率。

（六）经济合理原则

（1）监测方法的选择，在安全、可靠的前提下结合工程经验尽可能采用直观、简单、有效的方法；

（2）监测元件的选择，在确保可靠的基础上择优选择国产及进口仪器设备；

（3）监测点的数量，在确保全面、安全的前提下，合理利用监测点之间的联系，减少测点数量，提高工作效率，降低成本。

四、设计依据

（1）《建筑地基基础设计规范》GB50007—2002

（2）《工程测量规范》GB50026—2007

（3）《建筑变形测量规范》JGJ8—2007

（4）《地基基础设计规范》DGJ08—11—1999

（5）《基坑工程设计规程》DBJ08—61—97

（6）《上海市岩土工程勘察规范》DGJ08—37—2002

（7）《基坑工程施工监测规程》DG/TJ08—2001—2006

（8）《国家一、二等水准测量规范》GB/T12897—2006

（9）本工程相关围护设计说明及图纸。

五、监测项目内容

基坑开挖施工的基本特点是先变形、后支撑。在软土地基中进行基坑开挖及支护施工过程中，每个分步开挖的空间几何尺寸和开挖部分的无支撑暴露时间，都与围护结构、土体位移等存在较强的相关性。这就是基坑开挖中经常运用的时空效应规律，做好监测工作可以可靠而合理地利用土体自身在基坑开挖过程中控制土体位移的潜力，从而达到保护环境、最大限度保护相关方面利益的目的。

根据本工程的要求、周围环境、基坑本身的特点及相关工程的经验，按照安全、经济、合理的原则，测点布置主要选择在 2 倍以上基坑开挖深度范围布点，拟设置的监测项目如下。

（一）周边环境监测

（1）地下综合管线垂直位移监测；

（2）周边河堤垂直位移、水平位移及裂缝监测。

（二）基坑围护监测

（1）围护顶部垂直、水平位移监测；

（2）围护结构侧向位移监测；

（3）坑外土体侧向位移监测；

（4）支撑轴力监测；

（5）坑外潜水水位观测；

（6）立柱桩垂直位移监测。

六、测试方法原理

为保证所有监测工作的统一，提高监测数据的精度，使监测工作有效地指导整个工程施工，监测工作采用整体布设、分级布网的原则。即首先布设统一的监测控制网，再在此基础上布设监测点（孔）。

（一）垂直位移监测高程控制网测量

在远离施工影响范围以外布置 3 个以上稳固高程基准点，这些高程基准点与施工用高程控制点联测，沉降变形监测基准网以上述稳固高程基准点作为起算点，组成水准网进行联测。

基准网按照国家Ⅱ等水准测量规范和建筑变形测量规范二级水准测量要求执行，精密水准测量的主要技术参照表 B-3。

精密水准测量的主要技术要求表　　　　表 B-3

每千米高差中误差（mm）		水准仪等级	水准尺	观测次数	往返较差、附合或环线闭合差（mm）
偶然中误差	全中误差	DS₁	因瓦尺	往返测各一次	$\pm4\sqrt{L}$或$1.0\sqrt{n}$
±1	±2				

注：L 为往返测段、环线的路线长度（以 km 计）。

外业观测使用 WILD NA2＋GPM3 自动安平水准仪（标称精度：±0.3mm/km）往返实施作业。

观测措施：本高程监测基准网使用 WILD NA2＋GPM3 自动安平水准仪及配套因瓦尺，外业观测严格按规范要求的二等精密水准测量的技术要求执行。为确保观测精度，观测措施制订如下：

（1）作业前编制作业计划表，以确保外业观测有序开展。

（2）观测前对水准仪及配套因瓦尺进行全面检验。

（3）观测方法：往测奇数站"后—前—前—后"，偶数站"前—后—后—前"；

返测奇数站"前—后—后—前"，偶数站"后—前—前—后"。往测转为返测时，两根标尺互换。

（4）测站视线长、视距差、视线高要求见表 B-4。

测量要求　　　　表 B-4

标尺类型	视线长度		前后视距差	前后视距累计差	视线高度	
	仪器等级	视距			视线长度 20m 以上	视线长度 20m 以下
因瓦	DS₁	≤50m	≤1.0m	≤3.0m	0.5m	0.3m

（5）测站观测限差见表 B-5。

观测限差　　　　表 B-5

基辅分划读数差	基辅分划所测高差之差	上下丝读数平均值与中丝读数之差	检测间歇点高差之差
0.4mm	0.6mm	3.0mm	1.0mm

（6）两次观测高差超限时重测，当重测成果与原测成果分别比较其较差均没超限时，取三次成果的平均值。

垂直位移基准网外业测设完成后，对外业记录进行检查，严格控制各水准环闭合差，各项参数合格后方可进行内业平差计算。内业计算采用 Excel 进行简易平差计算，高程成果取位至 0.01mm。

（二）监测点垂直位移测量

按国家二等水准测量规范要求，历次垂直位移监测是通过工作基点间联测一条二等水准闭合或附合线路，由线路的工作点来测量各监测点的高程，各监测点高程初始值在监测工程前期两次测定（两次取平均），某监测点本次高程减前次高程的差值为本次垂直位移，本次高程减初始高程的差值为累计垂直位移。

（三）监测点水平位移测量

采用轴线投影法。在某条测线的两端远处各选定一个稳固基准点 A、B，经纬仪架设于 A 点，定向 B 点，则 A、B 连线为一条基准线。观测时，在该条测线上的各监测点设置觇板，由经纬仪在觇板上读取各监测点至 AB 基准线的垂距 E，某监测点本次 E 值与初始 E 值的差值即为该点累计水平位移，各变形监测点初始 E 值均为取两次平均的值。

采用瑞士的 WILD T2 经纬仪来测试。

（四）围护结构侧向位移监测

在基坑围护钻孔灌注桩的钢筋笼上绑扎安装带导槽的 PVC 管，测斜管管径为 70mm，内壁有两组互成 90° 的纵向导槽，导槽控制了测试方位。埋设时，应保证让一组导槽垂直于围护体，另一组平行于基坑墙体。测试时，测斜仪探头沿导槽缓缓沉至孔底，在恒温一段时间后，自下而上逐段（间隔 0.5m）测出 X 方向上的位移。同时用光学仪器测量管顶位移作为控制值。在基坑开挖前，分两次对每一测斜孔测量各深度点的倾斜值，取其平均值作为原始偏移值。"＋"值表示向基坑内位移，"－"值表示向基坑外位移。

采用美国的 Geokon-603 测斜仪或北京航天的 CX-06 型测斜仪进行测试，测斜精度 ±0.1mm/500mm，见图 B-1。

测试原理见图 B-2。

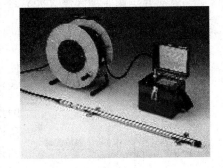

图 B-1　测斜仪

计算公式：

$$X_i = \sum_{j=0}^{i} L\sin\alpha_j = C\sum_{j=0}^{i}(A_j - B_j) \tag{B-1}$$

$$\Delta X_i = X_i - X_{i0} \tag{B-2}$$

式中　ΔX_i——i 深度的累计位移（计算结果精确至 0.1mm）；

　　　X_i——i 深度的本次坐标（mm）；

　　　X_{i0}——为 i 深度的初始坐标（mm）；

　　　A_j——仪器在 0° 方向的读数；

　　　B_j——仪器在 180° 方向上的读数；

　　　C——探头标定系数；

L——探头长度（mm）；

α_j——倾角。

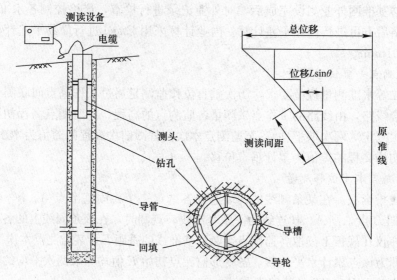

图 B-2　测试原理

（五）坑外土体侧向位移监测

采用钻孔方式埋设时可用 $\phi110$ 钻头成孔，钻进尽可能采用干钻进，埋设 $\phi70$ 的专用监测 PVC 管，下管后用中砂密实，孔顶附近再填充泥球，以防止地表水的渗入。

测试方法和原理同第（四）项"围护结构侧向位移监测"。

（六）坑外潜水水位观测

在基坑开挖施工中，须在基坑内进行大面积疏干降水以保持基坑内土体相对干燥，以

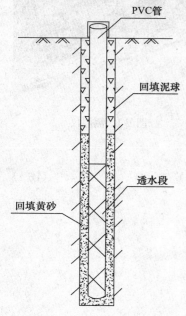

图 B-3　水位孔剖面示意图

便于土方开挖和土渣运输，如果截水帷幕的实际效果不够理想，将势必对周边环境和建筑物造成危害性影响，严重的将造成基坑管涌、坍方的危害。为了使浅层地下水位保持适当的水平，以使周边环境处于相对稳定可控状态，应加强对坑内、外浅层水位和承压水位的动态观测和分析，对于了解和控制基坑降水深度、判定围护体系的隔水性能，分析坑内、外地下水的联系程度具有十分重要的意义。

对于水位动态变化的量测，可在基坑降水前测得各水位孔孔口标高及各孔水位深度，孔口标高减水位深度即得水位标高，初始水位为连续两次测试的平均值（图 B-3）。每次测得的水位标高与初始水位标高的差即为水位累计变化量。

采用 SWJ—90 电测水位计。

基坑内水位变化观测一般由降水单位实施，可采用降水井定时停抽后量测井内水位的变化。

（七）支撑轴力监测

为掌握混凝土支撑的设计轴力与实际受力情况的差异，防止围护体的失稳破坏，须对支撑结构中受力较大的断面、应力变幅较大的断面进行监测。支撑钢筋制作过程中，在被测断面的左右两侧埋设钢筋应力计，支撑受到外力作用后产生微应变。其应变量通过振弦式频率计来测定，测试时，按预先标定的率定曲线，根据应力计频率推算出混凝土支撑钢筋所受的力。计算公式：

$$F_g = K(f_i^2 - f_0^2) \tag{B-3}$$

然后根据支撑中混凝土与钢筋应变协调的假定，可得计算公式：

$$F = \left(\frac{A_c E_c}{A_g E_g} + \frac{A_s}{A_g}\right) F_g \tag{B-4}$$

式中　F——混凝土支撑受力（kN）（计算结果精确至 1kN）；

　　　F_g——钢筋计受力（kN）（计算结果精确至 1kN）；

　　　A_s——钢筋截面积（m^2）；

　　　A_g——钢筋计截面积（m^2）；

　　　A_c——支撑混凝土截面积（m^2）；

　　　f_i——钢筋计的本次频率（Hz）；

　　　f_0——钢筋计的初始频率（Hz）；

　　　K——钢筋计的标定系数（kN/Hz^2）。

采用 ZXY—Ⅱ型振弦式频率读数仪作为二次读数仪，将由公式（B-4）解得的 F 作为混凝土支撑轴力。

（八）立柱桩垂直位移监测

由于基坑内土方的开挖，坑内土体卸载造成坑底土体回弹，带动立柱上升，回弹量的大小关系到围护结构的稳定性。

为保障监测人员人身安全和仪器的安全，甲方需负责在立柱垂直位移监测点所在的支撑上做好防护栏杆等防护措施，否则，立柱垂直位移监测将无法实施。

采用瑞士的 WILD NA2 自动安平精密水准仪来测试。

七、监测工作布置

各监测项目的测点布设位置及密度应与桩基施工的区域、围护结构类型、基坑开挖顺序、被保护对象的位置及特性相匹配；同时，参照围护桩位置、附属结构位置及开挖分段长度等参数，进行测点布置，主要为了解变形的范围、幅度、方向，从而对基坑变形信息有一个清楚、全面的认识，为围护结构体系和基坑环境安全提供全面、准确、及时的监测信息。

设计各监测项目布点情况如下。

（一）周边地下综合管线垂直、水平位移监测

1. 监测点设计原则

（1）取距施工区域最近的管线；

（2）取硬管线（如给水、煤气、排水等）；

（3）取埋设管径最大的管线；

（4）一条路上尽可能取一条最危险的管线设直接监测点；

（5）监测点尽可能设在管线出露点，如阀门、窨井上。

2. 管线情况

根据目前掌握的周边管线分布资料，拟在基坑周边的配水管线上布设变形监测点 17 点，编号 S1～S17；在排水管线上布设变形监测点 25 点，编号 Y1～Y25；在煤气管线上布设变形监测点 18 点，编号 M1～M18。共计布设管线变形测点 60 点，每条管线上测点间距为 20m。待管线协调会后，再结合实际情况确定测点的数量和位置。

对于监测的管线不便设置直接点的尽可能以管线敞开井、阀门井、窨井等的井口地面结构直接观测。具体布点时应针对不同管线性质以及与基坑的距离关系，确定不同监测力度，密切观测其变形状况。

监测点固定好后，用水准仪测得监测点的标高，并以两次测得数据的平均值作为初始标高。

（二）河堤垂直位移、水平位移、裂缝监测

对 3 倍基坑开挖深度范围内的主要建筑物进行垂直位移监测，并注意裂缝观测。在基坑开挖施工前对建筑物外观进行观察，对能布点的主要裂缝设置裂缝监测点进行观测。

根据现场踏勘，距施工区域较近的建（构）筑物主要为南侧的 aa 港河堤，拟在河堤上共计设置垂直位移、水平位移监测点 20 点，编号 H1～H20。因涉及测点布置及仪器通视问题，具体监测点位需视现场情况进行布设。

布点时，可采用在河堤顶面钻孔，埋入弯成约 8cm 长的 φ14 圆钢筋，用混凝土浇筑固定；或用射钉枪直接打入钢钉于相应部位。

（三）围护顶部垂直、水平位移监测

拟在基坑周圈围护顶面上布设墙顶垂直位移及水平位移监测点，计划共布设 48 点，编号 Q1～Q48，测点间距 15～20m 不等。

测点利用长 8cm 的带帽钢钉直接布置在新浇筑的围护顶部，并测得稳定的初始值。

（四）围护结构侧向位移监测

在基坑围护结构钢筋笼上绑扎埋设带导槽的 PVC 塑料管，以监测围护墙体侧向变形。选择在可能产生较大变形的部位，根据施工现场情况，拟在基坑周圈共布置 20 个测斜孔，编号 P1～P20，孔深基本同桩深，测孔间距约 40m。

（五）坑外土体侧向位移监测

在坑外以钻孔方式埋设带导槽的 PVC 塑料管，以监测基坑开挖过程中基坑外侧土体沿深度各点的水平位移。选择在基坑周围布置 4 个测斜孔，编号为 T1～T4，孔深约 19m。

（六）坑外潜水水位观测

拟在基坑周围 5m 范围内及基坑内部布置潜水水位观测孔，共计布置坑外潜水水位观测孔 17 孔，编号 SW1～SW17，孔深约 8m，水位孔间距约 50m。具体位置可能会视地下障碍物分布情况适当调整。

用 φ89 钻头成孔，采用清水钻进，埋设直径为 53mm 的专用水位监测 PVC 管，PVC 管外使用特殊土工布进行无缝包扎，下管后用中砂密实，孔顶附近再填充泥球，以防止地表水的渗入。埋设完成后，立即用清水洗孔，以保证水管与管外水土体系的畅通。

（七）支撑轴力监测

通过在混凝土支撑结构内安装钢筋应力计来测定支撑的轴向受力，应力计安装时分左右两侧进行，以便能准确确定轴力数值。

拟在西区基坑内设置的两道钢筋混凝土支撑基本相对应位置处分别布设 4 组轴力测点，编号 Zi-1～Zi-4（i＝1、2 支撑层数）；在东区基坑内设置的一道钢筋混凝土支撑上共布设 6 组轴力测点，编号 Z1-5～Z1-10，共计布设 14 组支撑轴力监测点 28 只钢筋应力计。

（八）立柱桩垂直位移监测

坑内土体开挖后，坑底土体会产生回隆，并带动立柱桩一起向上位移，如隆起量过大，会引起支撑的失稳。

为观测基坑开挖过程中立柱的垂直位移变化情况，掌握基坑支护系统的稳定性，了解基坑施工对立柱的影响，拟在立柱桩的顶部进行设点。共计设置垂直位移监测点 18 点，编号 L1～L18。

综上所述，布设的各类监测元件情况及数量见表 B-6。

监测原件及数量   表 B-6

监测项目	测点数量	备 注
周边地下管线垂直位移监测	60 点	
河堤垂直、水平位移监测	20 点	
围护顶部垂直、水平位移监测	48 点	
围护结构侧向位移监测	20 孔	孔深基本同桩深，约 12.5～21m
坑外土体侧向位移监测	4 孔	孔深约 19m
坑外潜水水位观测	17 孔	孔深约 8m
支撑轴力监测	14 组	28 只钢筋应力计
立柱桩垂直位移监测	18 点	

八、监测频率与资料整理提交

（一）监测初始值测定

为取得基准数据，各观测点在施工前，随施工进度及时设置，并及时测得初始值，观测次数不少于 2 次，直至稳定后作为动态观测的初始测值。

测量基准点在施工前埋设，经观测确定其已稳定时方才投入使用。稳定标准为间隔一周的两次观测值不超过 2 倍观测点精度。基准点不少于 3 个，并设在施工影响范围外。监测期间定期联测以检验其稳定性。应采用有效保护措施，保证其在整个监测期间的正常使用。

（二）施工监测频率

根据工况合理安排监测时间间隔，做到既经济又安全。根据以往同类工程的经验拟定监测频率，见表 B-7（最终监测频率须与设计、总包、业主、监理等部门协商后确定）。

监测频率表   表 B-7

监测内容	监测频率				
	围护施工	坑内降水	基坑工程开挖	底板浇筑后	支撑拆除期间
周边地下管线垂直位移监测	2 次/周	1 次/3d	1 次/1d	1 次/3d	1 次/1d
河堤垂直、水平位移监测	2 次/周	1 次/3d	1 次/1d	1 次/3d	1 次/1d

监测内容	监测频率				
	围护施工	坑内降水	基坑工程开挖	底板浇筑后	支撑拆除期间
围护顶部垂直、水平位移监测	—	—	1次/1d	1次/3d	1次/1d
围护结构侧向位移监测	—	—	1次/1d	1次/3d	1次/1d
坑外土体侧向位移监测	—	1次/3d	1次/1d	1次/3d	1次/1d
支撑轴力监测	—	—	1次/1d	1次/3d	1次/1d
立柱桩垂直位移监测	—	—	1次/1d	1次/3d	—
坑外潜水水位观测	—	1次/1d	1次/1d	1次/3d	1次/1d

说明：1. 现场监测应采用定时观测与跟踪观察相结合的方法进行。
　　　2. 监测频率可根据监测数据变化大小进行适当调整。
　　　3. 监测数据有突变时，监测频率加密到每天2~3次。
　　　4. 各监测项目的开展、监测范围的扩展，随基坑施工进度不断推进。

（三）报警指标

监测报警指标一般以总变化量和变化速率两个量控制，累计变化量的报警指标一般不宜超过设计限值。本工程报警指标初步拟定见表B-8（须得到设计单位确认）。

工程报警指标值表　　　　　　　　　　　　　表 B-8

项　目	报警指标
周边地下管线垂直位移监测	累计 10mm，2mm/d
河堤垂直、水平位移监测	累计 20mm，3mm/d
围护顶部垂直、水平位移监测	累计 30mm，3mm/d
围护结构侧向位移监测	累计 30mm，3mm/d
坑外土体侧向位移监测	累计 30mm，3mm/d
坑外潜水水位观测	累计下降 500mm
立柱桩垂直位移监测	累计 30mm，3mm/d
支撑轴力监测	设计值的 80%

（四）测试主要仪器设备（表B-9）

主要仪器设备表　　　　　　　　　　　　　表 B-9

序　号	设备仪器名称	规格型号	使用项目
1	水准仪	瑞士 WILD NA2＋GMP3 水准仪	垂直位移监测
2	经纬仪	瑞士 WILD T2 经纬仪	水平位移监测
3	测斜仪	美国 Geokon 或北京航天 CX-06 型	侧向水平位移
4	频率接收仪	国产 ZXY	应力观测
5	振弦式传感器	国产系列	轴力、压力观测
6	水位观测计	SWJ-90 水位计	水位观测
7	电子手簿	PDA	现场记录
8	笔记本电脑	Acer	数据处理
9	打印机	HP1125C	输出设备

（五）资料整理、提交及流程

在现场设立微机数据处理系统，进行实时处理。每次观察数据经检查无误后送入微机，经过专用软件处理，自动生成报表。监测成果当天提交给业主、设计、监理、总包及其他有关方面。

现场监测工程师分析当天监测数据及累计数据的变化规律，并经项目负责人审核无误后当天提交正式报告。如果监测结果超过设计的警戒值即向建设、设计、总包、监理各方发出警报，提请有关部门关注，以便及时决策并采取措施。同时，根据相关单位要求提供监测阶段报告，并附带变化曲线汇总图；监测工程结束后一个月内提供监测总结报告。

本工程工作信息流程如图 B-4 所示。

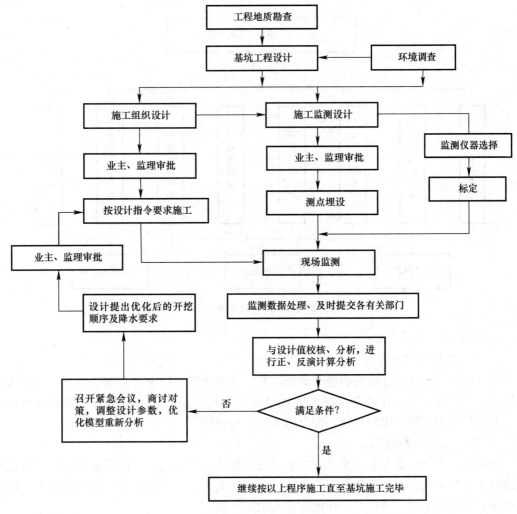

图 B-4　工作信息流程

九、质量目标和保证措施

（一）质量目标

本项目质量目标：一次性验收合格。

严格执行施工组织设计的要求，主动配合业主和总包方在施工过程中各方面的协调工作，处理好各相关单位和人员的关系。

服务于全过程。及时做好各类质量信息的收集、汇总、分析和反馈。认真完成本项目由于设计与施工变更等原因而增加的工作量，并保证要求和工作质量不变。

（二）质量保证体系（图 B-5）

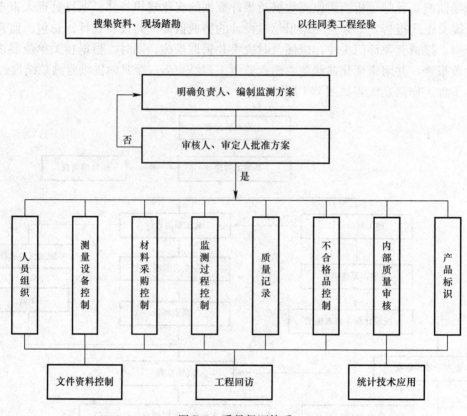

图 B-5　质量保证体系

（三）监测工作的管理

1. 实行项目经理负责制

项目组成员服从项目经理的统一调配，并在日常监测工作中严格按投标方案的要求带领作业人员实施作业，并经常保持与建设单位、总包单位的联系，及时了解场地施工进度，安排与落实监测工作的步骤，配合施工的顺利进行。

2. 监测过程的质量控制

作业人员应严格按方案要求及相应规范进行作业，发现超出允许误差时应及时纠正或进行返工。技术问题由工程负责人与审核人、审定人商量后作出决定，工程负责人与审核人实施监测过程中的质量控制，杜绝质量问题的产生。

3. 文件与资料的管理

监测工作中的相关函件以及日常监测工作中的内外业资料等应分类装订、统一管理，或者有计算机备份以防丢失。提交的监测成果资料应统一格式并进行签收登记。

（四）保证监测质量的措施

1. 仪器、仪表

（1）按设计图纸和文件以及生产厂家的产品说明书对所采购的仪器设备进行测试、校正，以防质量不合格元件的埋入。做到钻孔孔深到位，孔身垂直，回填密实。各测点初始值的测定应待测点埋设稳定后进行（一般 7～10d）。

（2）监测仪器要经国家法定计量检定机构或授权的计量机构进行校准，并取得《检定证书》后方可使用。如需更换仪表时，应先检验是否有互换性，并进行对比检测，以保持监测数据的延续性。

2. 现场作业

（1）组成强有力的项目组，抽调业务水平高、责任心强、工作认真负责的人员担任项目组主要负责人。项目组的其他管理人员、操作人员具有相应的管理水平和技术操作能力，关键、特殊岗位人员持证上岗。

（2）监测工程专业技术强，应对职工进行宣贯、培训，对职工加强质量意识教育，把"质量第一"从思想上落实到行动中去。对埋设全过程进行详细的施工记录。

（3）进场前，组织全体人员学习监测施工的技术方案，每个施工人员了解项目的总体要求，熟悉各自岗位的职责、技术要求和作业程序，严格按施工组织设计执行。

（4）加强测点的保护工作，测点周围设置明显标志并进行编号，严防施工时损坏。

3. 资料采集及整理

（1）制订有关质量文件和记录的管理办法，及时做好各类施工记录、工程检验资料、各类试验数据、鉴定报告、材料试验单、各种验证报告的收集、整理、汇总工作；

（2）外业观测资料在内业计算前均要进行检查与复检，在保证采集数据正确的前提下方可进行计算；

（3）对施工组织设计进行会审，及时编制分项施工指导性文件、制订工序质量控制文件，及时解决监测过程中出现的各种技术问题。

十、安全文明施工、环境保护目标和保证措施

（一）安全文明施工目标

（1）不发生安全、环境、文明施工的重大投诉或处罚事件；

（2）重伤、死亡事故 0 起；

（3）次责及以上责任重大交通事故 0 起；

（4）固体废物及危险废弃物受控处置达 100％。

（二）安全保证体系

由项目经理全面负责施工现场的安全。现场组织机构中设置质量安全保障部，有专人负责安全措施的实施和检查工作。整个施工期间，将负责现场作业的全部安全。对所有参加本工程的人员进行人身意外伤害保险，制订并实施一切必要的措施，保护工程现场的施工安全，维护现场生产和生活秩序。

1. 安全保障责任

（1）按有关规定履行其安全保障职责，其内容应包括安全机构的设置、专职人员的配备以及防火、防毒、防噪声、防洪、救护、警报、治安等的安全措施。

（2）加强对职工进行施工安全教育，并按有关的规定编印安全防护手册发给全体职工。工人上岗前应进行安全知识的培训，合格者才准上岗。

（3）遵守国家颁布的有关安全规程。责任区内发生重大安全事故时，立即通报发包人，并在事故发生后 24h 内向发包人提交事故情况的书面报告。

（4）加强对危险作业的安全检查，建立专门检查机构，配备专职的安检人员。

2. 劳动保护

按照国家劳动保护法的规定，定期发给在现场施工的工作人员必需的劳动保护用品，如安全帽、水鞋、雨衣、手套、手灯、防护面具和安全带等；按照劳动保护法的有关规定发给特殊工种作业人员劳动保护津贴和营养补助。

3. 照明安全

在施工作业区、施工道路、临时设施、办公区和生活区设置足够的照明，其照明度应不低于有关规范的规定。

4. 接地及避雷装置

凡可能漏电伤人或易受雷击的电器及建筑物均设置接地或避雷装置，负责避雷装置的采购、安装、管理和维修，并建立定期检查制度。

5. 消防

负责做好其自己辖区内的消防工作，配备一定数量的常规消防器材，并对职工进行消防安全训练，还将对其辖区内发生的火灾及其造成的人员伤亡和财产损失负责。

6. 洪水和气象灾害的防护

根据有关方面提供的水情和气象预报，做好洪水和气象灾害的防护工作。一旦发现有可能危及工程和人身财产安全的洪水和气象灾害的预兆时，立即采取有效的防洪和防灾措施，以确保工程和人员、财产的安全。

（三）文明施工保证措施

由项目经理全面负责施工现场的文明施工工作，以实现文明工地的目标。主要采取以下措施：

（1）对每位项目部人员进行文明施工教育。

（2）做好与其他承包人之间的协调工作，尽量减少施工干扰，减少相互之间的矛盾。

（3）服从现场监理工程师的协调。

（4）搞好生活卫生和周围环境卫生。

（5）施工现场材料、设备堆放整齐。

（6）礼貌用语，处理好与周围工作人员的关系，营造团结文明的工作环境。

（四）环境保护

1. 遵守环境保护的法律、法规和规章

遵守国家有关环境保护的法律、法规和规章，做好施工区的环境保护工作，防止由于工程施工造成施工区附近地区的环境污染和破坏。

2. 环境污染的治理

（1）按国家和地方有关环境保护法规和规章的规定控制施工的噪声、粉尘和有毒气体，保障工人的劳动卫生条件。

（2）保护施工区和生活区的环境卫生，应定时清除垃圾，并将其运至批准的地点掩埋或焚烧处理。

3. 场地清理

除合同另有规定外，在工程完工后的规定期限内，拆除施工临时设施，清除施工区和生活区及其附近的施工废弃物。